"十四五"职业教育国家规划教材

"互联网+"新形态教材

单片机应用技术

（第 4 版）

主　编　倪志莲
副主编　张怡典　翟秀丽

北京理工大学出版社
BEIJING INSTITUTE OF TECHNOLOGY PRESS

内 容 简 介

本书以 Atmel 公司的 AT89S51 单片机为例,系统地阐述了 MCS-51 单片机的基本结构、指令系统、内部资源及外部接口电路等方面的知识,同时介绍了单片机应用系统的开发过程及各种常用的开发工具,并对用 C 语言开发单片机做了简要介绍。

本书是作者在长期从事单片机课程教学的基础上编写的,内容深入浅出,层次分明,实例丰富,便于自学。同时安排了大量的实训内容,并给出了详细的硬件电路及元器件清单,便于读者制作。

本书适合高职高专电子类、通信类、电气类、计算机类学生使用,也可作为从事单片机开发的工程技术人员的培训教材,还可作为电子设计爱好者初学单片机技术的参考用书。

版权专有　侵权必究

图书在版编目（CIP）数据

单片机应用技术 / 倪志莲主编. —4 版. —北京：北京理工大学出版社，2019.8（2023.7 重印）

ISBN 978-7-5682-7550-7

Ⅰ.①单…　Ⅱ.①倪…　Ⅲ.①单片微型计算机　Ⅳ.①TP368.1

中国版本图书馆 CIP 数据核字（2019）第 190822 号

出版发行 / 北京理工大学出版社有限责任公司

社　　址 / 北京市海淀区中关村南大街 5 号

邮　　编 / 100081

电　　话 /（010）68914775（总编室）
　　　　　（010）82562903（教材售后服务热线）
　　　　　（010）68944723（其他图书服务热线）

网　　址 / http://www.bitpress.com.cn

经　　销 / 全国各地新华书店

印　　刷 / 涿州市新华印刷有限公司

开　　本 / 787 毫米 × 1092 毫米　1/16

印　　张 / 19.75　　　　　　　　　　　　　　　责任编辑 / 王艳丽

字　　数 / 460 千字　　　　　　　　　　　　　　文案编辑 / 王艳丽

版　　次 / 2019 年 8 月第 4 版　2023 年 7 月第 6 次印刷　责任校对 / 周瑞红

定　　价 / 49.00 元　　　　　　　　　　　　　　责任印制 / 施胜娟

图书出现印装质量问题，请拨打售后服务热线，本社负责调换

前言（第4版）

单片机是嵌入式系统的主要组成部件。二十大报告中提出推动战略性新兴产业融合集群发展，构建新一代信息技术、人工智能等一批新的增长引擎。而单片机嵌入系统的开发，对于人工智能的发展具有极大的价值。学习使用单片机技术，培养嵌入式系统工程技术人员对人工智能产业发展至关重要。

"单片机应用技术"是电子电气类专业的一门专业核心课程，主要用于培养高职高专学生单片机系统硬件制作、软件调试及故障分析能力。

自2007年起，为了配合教育部对高等职业教育的大力推进，针对该课程进行了全方位教学改革，改变了以教师为主导，理论教学为主的传统教学模式，逐步过渡到以学生为中心，教、学、做一体的教学模式。经过三年改革探索，于2009年年底获得江西省精品课程。为了配合课程改革的进一步深入，对《单片机应用技术》教材先后进行了三次修订，以便更好地完成项目式教学的目标，为电子电气类专业教师和学生提供更好的教材及教学资源。

在本次修订过程中，保留了原有教材的体系结构，对教材的内容做适当调整，删除已很少使用的芯片内容，更新一些常用的芯片。重点突出项目实训的具体过程和实施方法，将理论知识与操作技能有机结合，使授课教师及学生在使用教材的过程中更加方便。

此次修订主要从以下几方面进行了精心的改编。

1. 为了体现教材内容的先进性，删除了存储器扩展的相关内容，增加了 I^2C、SPI、1-Wire 三种串行总线扩展的相关知识。

2. 为了配合串行总线相关知识，增加了 AT24CXX 存储器芯片、DS1302 时钟芯片及 DS18B20 数字温度传感器芯片三种典型芯片的介绍，并增加了数字钟和数字温度计两个实训项目。

3. 将 C 语言的内容作为选学内容放入各章节中，作为对汇编语言的补充，便于知识的扩展。

4. 将显示与键盘接口、数/模及模/数转换接口单列成章，以便知识点的细化。

5. 具有更多的免费教学资源，提供教学课件、参考试卷、学习指南、课程标准等教学资源及所有实训项目的元器件清单、硬件电路图、Proteus 仿真电路图、参考程序等。

6. 本书所有实训项目的制作无须指定厂家硬件设备支持，均可自行购买电路板及元器件独立完成。为了方便读者制作，本书配套提供了硬件教学开发板的 PCB 图及元器件清单，可免费索取。教学开发板所有端口均为开放式结构，只需购买元器件，即可完成开发板的制作。

7. 本书将微课和视频及动画资源以二维码形式嵌入教材各知识点中，方便大家通过手机扫码学习。

本书由九江职业技术学院倪志莲教授担任主编并统稿，九江职业技术学院张怡典教授、孙旭日副教授、新乡职业技术学院翟秀丽副教授、中国船舶重工集团公司第七〇七研究所金荣高级工程师、台达电子企业管理（上海）有限公司谢佳伟研发主任工程师参与共同编写。

由于编者水平有限，书中难免有错误和不妥之处，恳请读者批评指正。

编 者

✔ 本门课程对应岗位群

本课程为培养电子技术、仪器仪表、通信、电气自动化、机电一体化、计算机控制等领域高技能型人才提供必要的理论知识及职业技能，通过强化训练与考核，能获得单片机设计师、单片机工程师、电子仪器仪表装调工等高级职业资格，可从事智能电子产品、计算机控制设备生产企业的设计、组装、调试、质量检验、技术支持、组织管理等岗位的工作。

✔ 岗位群需求知识点

1. 了解单片机的类型、结构及工作原理等基本概念。
2. 掌握单片机的存储结构及最小系统。
3. 掌握单片机指令系统及寻址方式。
4. 掌握单片机程序设计方法，了解汇编过程。
5. 掌握单片机中断系统、定时计数器及串行通信的寄存器参数设置及程序设计方法。
6. 掌握单片机可编程 I/O 扩展电路及程序设计。
7. 掌握单片机键盘显示接口电路及程序设计。
8. 掌握单片机 A/D、D/A 转换接口电路及程序设计。
9. 掌握单片机综合设计调试及抗干扰措施。
10. 掌握各种单片机调试工具的使用方法。

目录 Contents

▶ 第1章 认识单片机 ········· 1

本章知识点 ········· 1
先导案例 ········· 1
1.1 单片机的发展及应用 ········· 2
   1.1.1 嵌入式系统与单片机 ········· 2
   1.1.2 单片机的发展趋势 ········· 3
   1.1.3 单片机主要产品及应用 ········· 4
   1.1.4 单片机系统的开发 ········· 10
1.2 单片机的数制与编码 ········· 12
   1.2.1 计算机中的常用数制 ········· 12
   1.2.2 计算机中数的表示 ········· 14
   1.2.3 常用编码 ········· 15
本章小结 ········· 16
思考题与习题 ········· 16

▶ 第2章 单片机的最小系统 ········· 18

本章知识点 ········· 18
先导案例 ········· 18
2.1 微型计算机的基本结构及工作原理 ········· 19
   2.1.1 微型计算机的基本结构 ········· 19
   2.1.2 微型计算机的工作原理 ········· 21
2.2 AT89S51 单片机的内部结构及引脚功能 ········· 22
   2.2.1 AT89S51 单片机的基本结构 ········· 22
   2.2.2 AT89S51 单片机的引脚及封装 ········· 24
   2.2.3 AT89S51 单片机的 I/O 口 ········· 25
2.3 AT89S51 的存储结构 ········· 28
   2.3.1 程序存储器 ········· 28
   2.3.2 数据存储器 ········· 29
2.4 AT89S51 单片机的最小系统 ········· 34
   2.4.1 AT89S51 单片机最小系统的构成 ········· 34

2.4.2　时钟电路 …………………………………… 34
　　2.4.3　复位电路 …………………………………… 35
　2.5　C51 的数据结构 ………………………………… 37
　　2.5.1　C51 的常量 ………………………………… 37
　　2.5.2　C51 的变量与存储类型 …………………… 37
　2.6　单片机常用开发工具 …………………………… 43
　　2.6.1　Keil μVision4 仿真调试软件包 …………… 43
　　2.6.2　Proteus 仿真软件 …………………………… 48
　任务训练　单片机最小系统电路制作 ……………… 51
　知识拓展 ……………………………………………… 55
　本章小结 ……………………………………………… 56
　思考题与习题 ………………………………………… 57

▶第3章　单片机的指令系统 ………………………… 58

　本章知识点 …………………………………………… 58
　先导案例 ……………………………………………… 58
　3.1　单片机的编程语言及格式 ……………………… 58
　　3.1.1　单片机编程语言分类及特点 ……………… 58
　　3.1.2　汇编语言的指令格式 ……………………… 60
　　3.1.3　指令的分类及符号含义 …………………… 61
　3.2　寻址方式 ………………………………………… 61
　　3.2.1　立即寻址 …………………………………… 62
　　3.2.2　直接寻址 …………………………………… 62
　　3.2.3　寄存器寻址 ………………………………… 63
　　3.2.4　寄存器间接寻址 …………………………… 64
　　3.2.5　变址寻址 …………………………………… 64
　　3.2.6　相对寻址 …………………………………… 65
　　3.2.7　位寻址 ……………………………………… 66
　3.3　数据传送类指令 ………………………………… 67
　　3.3.1　内部 RAM 数据传送指令 …………………… 67
　　3.3.2　外部 RAM 数据传送指令 …………………… 69
　　3.3.3　查表指令 MOVC ……………………………… 70
　　3.3.4　典型应用 …………………………………… 71
　3.4　算术运算类指令 ………………………………… 73
　　3.4.1　加法指令 …………………………………… 73
　　3.4.2　减法指令 …………………………………… 75
　　3.4.3　乘除指令 …………………………………… 76
　　3.4.4　典型应用 …………………………………… 77
　3.5　逻辑运算类指令 ………………………………… 78

3.5.1　基本逻辑运算指令 ………………………………………………………… 78
　　3.5.2　移位指令 …………………………………………………………………… 80
　　3.5.3　典型应用 …………………………………………………………………… 81
3.6　控制转移类指令 …………………………………………………………………… 83
　　3.6.1　无条件转移指令 …………………………………………………………… 83
　　3.6.2　条件转移指令 ……………………………………………………………… 84
　　3.6.3　调用及返回指令 …………………………………………………………… 85
　　3.6.4　典型应用 …………………………………………………………………… 87
3.7　位操作指令 ………………………………………………………………………… 89
　　3.7.1　位操作指令 ………………………………………………………………… 89
　　3.7.2　典型应用 …………………………………………………………………… 90
3.8　C51 的运算符 ……………………………………………………………………… 92
任务训练　流水灯控制电路的设计与制作 ……………………………………………… 94
　先导案例解决 …………………………………………………………………………… 97
　生产学习经验 …………………………………………………………………………… 97
　本章小结 ………………………………………………………………………………… 97
　思考题与习题 …………………………………………………………………………… 97

▶第 4 章　单片机的软件编程 …………………………………………………………… 100

　本章知识点 ……………………………………………………………………………… 100
　先导案例 ………………………………………………………………………………… 100
4.1　软件编程的步骤及方法 …………………………………………………………… 100
　　4.1.1　软件编程的步骤 …………………………………………………………… 100
　　4.1.2　软件编程中的技巧 ………………………………………………………… 101
4.2　汇编语言源程序的汇编过程 ……………………………………………………… 102
　　4.2.1　伪指令 ……………………………………………………………………… 103
　　4.2.2　源程序的汇编过程 ………………………………………………………… 106
4.3　典型程序设计举例 ………………………………………………………………… 108
　　4.3.1　顺序结构程序设计 ………………………………………………………… 108
　　4.3.2　分支结构程序设计 ………………………………………………………… 109
　　4.3.3　循环结构程序设计 ………………………………………………………… 112
　　4.3.4　子程序设计 ………………………………………………………………… 117
4.4　C51 的函数 ………………………………………………………………………… 121
　　4.4.1　C51 的常用控制语句 ……………………………………………………… 121
　　4.4.2　C51 程序的基本构成 ……………………………………………………… 125
　　4.4.3　函数的分类及定义 ………………………………………………………… 127
　　4.4.4　函数的说明与调用 ………………………………………………………… 128
　　4.4.5　简单的 C51 程序实例 ……………………………………………………… 129
任务训练　交通灯控制电路设计与制作 ………………………………………………… 130

生产学习经验 ··· 134
本章小结 ··· 135
思考题与习题 ··· 135

第5章 AT89S51单片机的内部资源 ·· 137

本章知识点 ··· 137
先导案例 ··· 137
5.1 AT89S51的中断系统 ·· 137
5.1.1 中断的基本概念 ··· 137
5.1.2 中断源与中断请求标志 ·· 139
5.1.3 中断控制 ··· 141
5.1.4 中断的响应过程 ··· 143
5.1.5 中断程序设计 ··· 145
5.2 AT89S51的定时/计数器 ·· 146
5.2.1 定时/计数器的结构 ·· 146
5.2.2 定时/计数器的控制 ·· 147
5.2.3 定时/计数器的工作方式 ·· 148
5.2.4 定时/计数器的程序设计 ·· 150
5.3 AT89S51的串行通信 ··· 153
5.3.1 串行通信的基本概念 ··· 153
5.3.2 串行口的结构及工作方式 ·· 156
5.3.3 串行通信的程序设计 ··· 160
5.3.4 串行通信的常用标准接口 ·· 166
5.4 C51的中断函数及应用 ·· 169
5.4.1 C51的中断函数 ··· 169
5.4.2 C51的中断及定时器编程实例 ·· 170
任务训练1 音乐播放器电路设计与制作 ·· 171
任务训练2 双机通信电路设计与制作 ·· 175
本章小结 ··· 177
思考题与习题 ··· 178

第6章 AT89S51单片机的显示及键盘接口 ··· 180

本章知识点 ··· 180
先导案例 ··· 180
6.1 显示器及其接口电路 ·· 181
6.1.1 LED数码显示器及其接口电路 ·· 181
6.1.2 点阵显示器 ··· 186
6.1.3 液晶显示器 ··· 188
6.2 键盘及其接口电路 ·· 192

6.2.1　独立式键盘 ………………………………………………………………… 192
　　6.2.2　矩阵式键盘 ………………………………………………………………… 193
　　6.2.3　键盘的接口及程序设计 …………………………………………………… 194
任务训练1　秒表电路设计与制作 ………………………………………………………… 196
任务训练2　电子琴电路设计与制作 ……………………………………………………… 199
　本章小结 …………………………………………………………………………………… 203
　思考题与习题 ……………………………………………………………………………… 204

第7章　AT89S51单片机的数/模及模/数转换接口　205

　本章知识点 ………………………………………………………………………………… 205
　先导案例 …………………………………………………………………………………… 205
7.1　数/模转换接口 ………………………………………………………………………… 206
　　7.1.1　D/A转换的基本知识 ……………………………………………………… 206
　　7.1.2　8位D/A转换器DAC0832 ………………………………………………… 207
　　7.1.3　串行D/A转换器TLC5615及接口电路 ………………………………… 211
7.2　模/数转换接口 ………………………………………………………………………… 213
　　7.2.1　A/D转换的基本知识 ……………………………………………………… 213
　　7.2.2　8位A/D转换器ADC0809 ………………………………………………… 215
　　7.2.3　串行A/D转换器TLC549及接口电路 …………………………………… 217
任务训练1　数控电源设计与制作 ………………………………………………………… 220
任务训练2　数字电压表设计与制作 ……………………………………………………… 222
　本章小结 …………………………………………………………………………………… 225
　思考题与习题 ……………………………………………………………………………… 226

第8章　AT89S51单片机的系统扩展　227

　本章知识点 ………………………………………………………………………………… 227
　先导案例 …………………………………………………………………………………… 227
8.1　AT89S51单片机的总线结构 ………………………………………………………… 228
　　8.1.1　单片机系统总线 …………………………………………………………… 228
　　8.1.2　单片机与外部芯片的并行扩展 …………………………………………… 229
8.2　并行接口的扩展 ……………………………………………………………………… 230
　　8.2.1　并行I/O口的简单扩展 …………………………………………………… 231
　　8.2.2　8155可编程接口芯片 ……………………………………………………… 232
8.3　I^2C总线扩展 ………………………………………………………………………… 238
　　8.3.1　I^2C串行总线概述 ………………………………………………………… 238
　　8.3.2　24CXX系列存储器使用 …………………………………………………… 239
　　8.3.3　AT24CXX系列存储器接口电路与编程 ………………………………… 242
8.4　SPI总线的扩展 ………………………………………………………………………… 245
　　8.4.1　SPI串行总线概述 ………………………………………………………… 245

8.4.2　DS1302时钟芯片的使用 …………………………………………………… 246
　　8.4.3　DS1302的接口电路与编程 ………………………………………………… 250
　8.5　单总线的扩展 ……………………………………………………………………… 252
　　8.5.1　单总线简介 …………………………………………………………………… 252
　　8.5.2　DS18B20的引脚及硬件连接 ……………………………………………… 253
　　8.5.3　DS18B20的使用方法 ……………………………………………………… 254
　任务训练1　数字钟设计与制作 ………………………………………………………… 260
　任务训练2　温度控制器设计与制作 …………………………………………………… 267
　先导案例解决 …………………………………………………………………………… 276
　本章小结 ………………………………………………………………………………… 276
　思考题与习题 …………………………………………………………………………… 277

▶第9章　单片机应用系统开发　278

　本章知识点 ……………………………………………………………………………… 278
　先导案例 ………………………………………………………………………………… 278
　9.1　单片机应用系统设计过程 ………………………………………………………… 278
　　9.1.1　单片机应用系统设计要求 …………………………………………………… 278
　　9.1.2　单片机应用系统的组成 ……………………………………………………… 279
　　9.1.3　单片机应用系统设计步骤 …………………………………………………… 280
　9.2　单片机的选型 ……………………………………………………………………… 283
　　9.2.1　单片机的性能指标 …………………………………………………………… 283
　　9.2.2　单片机的选型原则 …………………………………………………………… 284
　9.3　单片机的抗干扰技术 ……………………………………………………………… 285
　　9.3.1　干扰的来源 …………………………………………………………………… 285
　　9.3.2　硬件抗干扰技术 ……………………………………………………………… 287
　　9.3.3　软件抗干扰技术 ……………………………………………………………… 288
　本章小结 ………………………………………………………………………………… 292
　思考题与习题 …………………………………………………………………………… 292

▶附录A　ASCII码表　293

▶附录B　AT89S51单片机指令表　295

▶附录C　常用芯片引脚　300

▶参考文献　303

第 1 章 认识单片机

本章知识点

- 单片机的主要类型、发展及应用。
- 各种数制的转换方法。
- 单片机系统开发步骤。

先导案例

如图 1-1 所示，单片机体积小，仅仅是一块芯片。它和计算机有什么异同，二者存在什么关系呢？

(a)

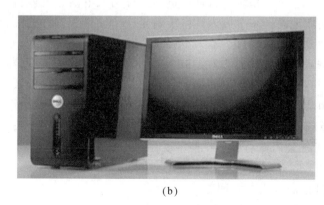
(b)

图 1-1 单片机与计算机
(a) 单片机；(b) 计算机

单片机属于嵌入式计算机，是计算机微型化的结果，它将计算机中的主要部件集成在一块芯片中，可以方便地嵌入到控制对象中以实现对象的智能化。而通用的微型计算机主要是为了实现高速及海量的数据处理。了解单片机的发展及主要产品对单片机的选型有着重要意义。

1.1 单片机的发展及应用

1.1.1 嵌入式系统与单片机

自 1946 年计算机诞生以来，它始终是用于实现数值计算的大型设备。直到 20 世纪 70 年代，微处理器的出现，才使得计算机技术的发展有了历史性的变化。人们以应用为中心，将微型计算机嵌入到一个应用对象体系中，以实现对象智能化控制的要求。这样的计算机就有别于通用的计算机系统，它失去了通用计算机的标准形态和功能。这种以应用为中心，以计算机技术为基础，软硬件可裁剪，针对具体应用系统，对功能、可靠性、成本、体积、功耗严格要求的专用计算机系统被称为嵌入式系统。

微课：单片机分类及应用

由于嵌入式计算机系统要嵌入到对象体系中，实现的是对象的智能化控制，因此，它有着与通用计算机系统完全不同的技术要求与技术发展方向。通用计算机的微处理器迅速从 286、386、486 发展到奔腾系列，操作系统则迅速扩张计算机基于高速海量的数据文件处理能力，使通用计算机系统进入尽善尽美阶段。而嵌入式计算机则走上了芯片化道路，它完全按照嵌入式应用要求设计全新的体系结构、微处理器、指令系统、总线方式、管理模式，将计算机做在一个芯片上，这就是嵌入式系统独立发展的单片机时代。随着微电子工艺水平的提高，其后发展的产品 DSP 迅速提升了嵌入式系统的技术水平，使嵌入式系统无处不在。

今天，嵌入式系统几乎包括了生活中的所有电器设备，如掌上 PDA、移动计算设备、电视机顶盒、手机、数字电视、多媒体、汽车、微波炉、数码相机、家庭自动化系统、电梯、空调、安全系统、自动售货机、蜂窝式电话、工业自动化仪表与医疗仪器等。

简单地说，一个嵌入式系统就是一个硬件和软件的集合体。硬件包括嵌入式处理器、存储器及外部设备器件、输入/输出端口、图形控制器等；软件包括操作系统和应用程序。

嵌入式系统的核心就是嵌入式处理器。嵌入式处理器对实时和多任务有很强的支持能力、对存储区的保护功能强、具有可扩展的处理器结构及低功耗等特点。据不完全统计，目前全世界嵌入式处理器的品种总量已经超过 1 000 种，流行的体系结构有 30 多个系列。其中 8051 体系占多一半，生产这种单片机的半导体厂家有 20 多个，共有 350 多种衍生产品，仅 Philips 公司就有近 100 种。现在几乎每个半导体制造商都生产嵌入式处理器。

嵌入式处理器可分成下面几类。

（1）嵌入式微处理器

嵌入式微处理器（Embedded Micro Processor Unit，EMPU）采用"增强型"通用微处理器。对工作温度、电磁兼容性以及可靠性方面的要求较高，在功能方面与标准的微处理器基本上是一样的。嵌入式微处理器组成的系统将嵌入式微处理器及其存储器、总线、外部设备等安装在一块电路主板上，具有体积小、质量轻、成本低、可靠性高的优点，但系统的技术保密性较差。目前主要的嵌入式处理器类型有 Am186/88、386EX、SC-400、Power PC、68000、MIPS、ARM/StrongARM 系列等。

(2) 微控制器

微控制器（Micro Controller Unit，MCU）又称单片机，它将整个计算机系统集成到一块芯片中。微控制器一般以某种微处理器内核为核心，根据某些典型的应用，在芯片内部集成了 ROM、EPROM、RAM、总线、总线逻辑、定时/计数器、看门狗、I/O 口、串行口、脉宽调制输出、A-D、D-A、Flash ROM、E^2PROM 等各种必要的功能部件和外部设备。为适应不同的应用需求，可对功能的设置和外部设备的配置进行必要的修改和裁减定制。和嵌入式微处理器相比，微控制器使应用系统的体积大大减小、功耗和成本大幅下降、可靠性提高，使得微控制器成为嵌入式系统应用的主流。目前 MCU 约占嵌入式系统市场份额的 70%。最典型的就是 MCS-51 系列产品。

(3) 嵌入式 DSP 处理器

由于实际应用中对数字信号进行处理的要求，使 DSP 算法被大量应用于嵌入式系统。DSP 应用从在通用单片机中以普通指令实现 DSP 功能，过渡到采用嵌入式 DSP 处理器。DSP 处理器在系统结构和指令等方面进行了特殊设计，使之更适用于运算量较大，特别是向量运算、指针线性寻址等较多的场合。目前应用最为广泛的嵌入式 DSP 处理器是德州仪器（TI）的 TMS320C2000/C6000 系列、英特尔（Intel）的 MCS-296。

(4) 片上系统

随着 EDA 的推广和 VLSI 设计的普及化，以及半导体工艺的迅速发展，可以在一块硅片上实现一个更为复杂的系统，这就产生了 SoC（System on Chip，SoC）技术。它结合了许多功能块，以 ARM RISC、MIPS RISC、DSP 或其他的微处理器为核心，加上通信的接口单元，如通用串行端口（USB）、TCP/IP 通信单元、GPRS 通信接口、GSM 通信接口、IEEE1394、蓝牙模块接口等，将它们做在一个芯片上。这样应用系统电路板将变得很简单，对于减小整个应用系统的体积和功耗、提高可靠性非常有利。

SOC 可以分为通用和专用两类。通用系列包括英飞凌（Infineon）的 TriCore、摩托罗拉（Motorola）的 M-Core、某些 ARM 系列器件、埃施朗（Echelon）和摩托罗拉（Motorola）联合研制的 Neuron 芯片等。专用 SOC 一般专用于某个或某类系统中，不为一般用户所知。一个有代表性的产品是 Philips 的 Smart XA，它将 XA 单片机内核和支持超过 2 048 位复杂 RSA 算法的 CCU 单元制作在一块硅片上，形成一个可加载 JAVA 或 C 语言的专用的 SOC，可用于公众互联网如 Internet 安全方面。

1.1.2 单片机的发展趋势

单片机的应用面极广，发展速度很快，其发展大致经历了以下 3 个历史阶段。

1974~1978 年，为单片机芯片化阶段。第一代单片机始于 1974 年，以 Intel 公司的 MCS-48 系列为代表，其特点是专门的结构设计。单片机在片内集成了 8 位 CPU、并行 I/O 端口、8 位定时/计数器、RAM、ROM 等，资源少、无软件，只能保证基本的控制功能。这一代单片机产品，还有 Motorola 公司的 6801 系列和 Zilog 公司的 Z8 系列。

1978~1983 年，为单片机完善阶段。以 Intel 公司的 MCS-51 系列为代表，其技术特点是具有完善的总线结构，包括 8 位数据总线、16 位地址总线及相应的控制总线组成的三总线结构及串行总线；具有强大的指令系统，其中大量的位操作指令与片内位地址空间构成了单片机所独有的布尔操作系统，建立了计算机外围功能电路的 SFR 集中管理模式；具有多级中断处理、16 位定时/计数器，较大容量的片内 RAM 和 ROM，有的单片机内部还带有 A-D 转换接口。这一代单片机真正开创了单片机作为微控制器的发展方向。

1983 年至今，为单片机向微控制器过渡阶段。在这一时期，一方面不断完善高档 8 位单片机，另一方面发展 16 位单片机及专用单片机。将许多测控系统中所使用的电路技术、接口技术及可靠性技术应用于单片机中，如程序运行监视器（WDT）、脉冲宽度调制器（PWM）、高速 I/O 口、A-D、D-A 等，将这些满足嵌入式应用要求的外围扩展加入到芯片内部使单片机内部的外围功能电路得到增强，使其更符合智能控制器的特征。同时加强了各种总线扩展技术，如 SPI、I^2C、CAN 等总线接口，以及电源管理功能等。

单片机在目前的发展形势下，表现出以下几大趋势。

① 采用多核 CPU 提高处理能力。

② 加大存储容量，采用新型存储器，方便用户擦写程序及数据，加强程序的保密措施。

③ 单片机内部所集成的部件越来越多，和模拟电路结合越来越紧密，使其应用水平不断提高。如 NS 公司（美国国家半导体公司）已将语音、图像部件也集成到单片机中。

④ 通信和联网功能不断加强。

⑤ 集成度不断提高，功耗越来越低，电源电压范围加宽。

随着半导体工艺技术的发展及系统设计水平的提高，单片机还会不断产生新的变化和进步，最终人们可能发现，单片机与微机系统之间的距离越来越小，甚至难以区别。

1.1.3 单片机主要产品及应用

随着集成电路的飞速发展，单片机从问世到现在发展迅猛，拥有繁多的系列，五花八门的机种。根据控制单元设计方式与采用技术的不同，可将目前市场上的单片机分为两大类型：复杂指令集（CISC）和精简指令集（RISC）。采用 CISC 结构的单片机数据线和指令线分时复用，指令丰富，功能较强，但取指令和取数据不能同时进行，速度受限，价格偏高。采用 RISC 结构的单片机数据线和指令线分离，即所谓哈佛结构。这使得取指令和取数据可同时进行，执行效率更高，速度亦更快。

微课：单片机主要产品

属于 CISC 结构的单片机有 Intel 的 MCS-51/96 系列、Motorola 的 M68HC 系列、Atmel 的 AT89 系列、中国台湾 Winbond（华邦）的 W78 系列、荷兰 Philips 的 PCF80C51 系列等；属于 RISC 结构的有 Microchip 公司的 PIC16C5X/6X/7X/8X 系列、Zilog 公司的 Z86 系列、Atmel 公司的 AT90S 系列等。一般来说，控制关系较简单的小家电，可以采用 RISC 型单片机；控制关系较复杂的场合，如通信产品、工业控制系统应采用 CISC 单片机。

各类单片机的指令系统各不相同，功能也各有所长，其中最具代表性的当属 Intel 的 8051 系列单片机。世界上许多知名厂商都生产与 8051 兼容的芯片，如 Philips、Siemens、Dallas、Atmel 等公司，通常把这些公司生产的与 8051 兼容的单片机统称为 MCS-51 系列。特别是在近年来，MCS-51 系列又推出了一些新产品，主要是改善单片机的控制功能，如内部集成了高速 I/O 口、ADC、PWM、WDT 等，以及低电压、微功耗、电磁兼容、串行扩展总线、控制网络总线性能等。由于它应用广泛且功能不断完善，因此成为单片机初学者的首选机型。

现将国际上较大的单片机公司以及产品销量大、发展前景看好的各系列 8 位单片机简介如下。

1. Intel 公司的 MCS-51 系列单片机

Intel 公司的 MCS-51 系列单片机的型号及性能指标如表 1-1 所示。

表 1-1 MCS-51 系列单片机的型号及性能指标

公司	型号	片内存储器 ROM EPROM Flash ROM	RAM	I/O 口线	串行口	中断源	定时器	看门狗	工作频率/MHz	A/D 通道/位数	引脚与封装
Intel	80（C）31	—	128	32	UART	5	2	N	24	—	40
	80（C）51	4 KB ROM	128	32	UART	5	2	N	24	—	40
	87（C）51	4 KB EPROM	128	32	UART	5	2	N	24	—	40
	80（C）32	—	256	32	UART	6	3	Y	24	—	40
	80（C）52	8 KB ROM	256	32	UART	6	3	Y	24	—	40
	87（C）52	8 KB EPROM	256	32	UART	6	3	Y	24	—	40
Atmel	AT89C51	4 KB Flash ROM	128	32	UART	5	2	N	24	—	40
	AT89C52	8 KB Flash ROM	256	32	UART	6	3	N	24	—	40
	AT89C1051	1 KB Flash ROM	64	15	—	2	1	N	24	—	20
	AT89C2051	2 KB Flash ROM	128	15	UART	5	2	N	25	—	20
	AT89C4051	4 KB Flash ROM	128	15	UART	5	2	N	26	—	20
	AT89S51	4 KB Flash ROM	128	32	UART	5	2	Y	33	—	40
	AT89S52	8 KB Flash ROM	256	32	UART	6	3	Y	33	—	40
	AT89S53	12 KB Flash ROM	256	32	UART	6	3	Y	24	—	40
	AT89LV51	4 KB Flash ROM	128	32	UART	6	2	Y	16	—	40
	AT89LV52	8 KB Flash ROM	256	32	UART	8	3	N	16	—	40
Philips	P87LPC762	2 KB EPROM	128	18	I²C, UART	12	2	Y	20	—	20
	P87LPC764	4 KB EPROM	128	18	I²C, UART	12	2	Y	20	—	20
	P87LPC768	4 KB EPROM	128	18	I²C, UART	12	2	Y	20	4/8	20
	P8XC591	16 KB ROM/EPROM	512	32	I²C, UART	15	3	Y	12	6/10	44
	P89C51RX2	16~64 KB Flash ROM	1 024	32	UART	7	4	Y	33	—	44
	P89C66X	16~64 KB Flash ROM	2 048	32	I²C, UART	8	4	Y	33	—	44
	P8XC554	16 KB ROM/EPROM	512	48	I²C, UART	15	3	Y	16	8/10	64

其中，带有 "C" 的型号为 CHMOS 工艺的低功耗芯片，否则为 HMOS 工艺芯片；MCS-51 系列单片机大多采用 DIP、PLCC 封装形式。

2. 89 系列单片机

89 系列单片机与 MCS-51 系列单片机完全兼容，已成为使用者的首选主流机型，其特征为片内 Flash ROM 是一种高速 E^2PROM，可在内部存放程序，能方便地实现单片系统、扩展系统、多机系统。

（1）Atmel 公司的 AT89 系列单片机

美国 Atmel 公司推出的 AT89 系列单片机是一种 8 位 Flash ROM 单片机，采用 8031CPU 的内核设计，产品性能指标如表 1-1 所示，其型号含义如图 1-2 所示。

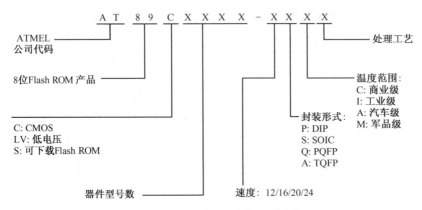

图 1-2　AT89 系列单片机型号含义

Atmel 单片机型号由前缀、型号和后缀 3 个部分组成。例如，AT89CXXXX-XXXX，其中，"AT"是前缀，"89CXXXX"是型号，型号之后的"XXXX"是后缀。

其中"AT"表示公司代码，"C"为 CMOS 工艺产品，"LV"表示低电压，"S"表示该器件含有系统可编程功能（ISP）。芯片采用 DIP、SOIC、TQFP 等封装形式。

AT89 系列单片机还有 AT89C1051、AT89C2051 和 AT89C4051 等产品，这些芯片是在 AT89C51 的基础上将一些功能精简后形成的精简版，它们兼容 MCS-51 指令系统，但只有 20 条引脚。例如：AT89C4051 去掉了 P0 口和 P2 口，内部的 Flash ROM 为 4 KB，封装形式也由 40 脚改为 20 脚的 DIP 或 SOIC 封装。这几种产品还在芯片内集成了一个精密比较器，为测量一些模拟信号提供了极大的方便，在外加几个电阻和电容的情况下，就可以测量电压、温度等常见的模拟量信号，特别适合在一些智能玩具、手持仪器、家用电器等程序量不大的产品上使用。

目前，市场占有率最高的 Atmel 公司已经宣布停止生产 AT89C51/52 等 C 系列产品，全面生产 AT89S51/52 等 S 系列产品。S 系列的最大特点就是具有在系统可编程（In System Programming，ISP）功能。用户只需要连接好下载电路，就可以在不拔下 51 芯片的情况下，直接对芯片进行编程操作。这一系列产品还具有工作频率更高、电源范围更宽、编程次数更多、加密功能更强等优点，而且自带了看门狗电路。

（2）Philips 公司的 P89 系列单片机

荷兰 Philips 公司推出的 P89 系列单片机也是一种 8 位的 Flash 单片机，与 Atmel 的 AT89 系列产品类似，各档次单片机性能指标如表 1-1 所示。

3. Motorola 公司的 MC68HC 系列单片机

MC68HC 系列单片机是 Motorola 公司推出的 8 位单片机，其型号繁多，但是同一系列单片机的 CPU 均相同，指令系统也相同。它与 51 系列单片机不兼容，程序指令也不相同。其单片机的型号命名方法如图 1-3 所示。

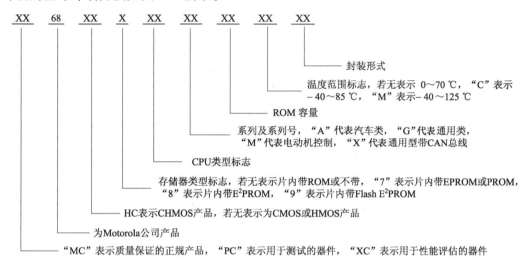

图 1-3 MC68HC 系列单片机型号含义

MC68HC08 系列单片机的性能指标如表 1-2 所示。其中 PWM 为脉冲宽度调制功能。

表 1-2 MC68HC08 系列单片机的性能指标

型号	片内存储器	定时器	I/O 口	串口	A/D 通道/位数	PWM	总线频率 /MHz
MC68HC08AZ0	1 KB RAM 512E^{2}PROM	定时器 1：4 通道 定时器 2：2 通道	48	SCISPI	8/8	16 位	8
MC68HC08AZ32	32 KB ROM 1 KB RAM 512E^{2}PROM	定时器 1：4 通道 定时器 2：2 通道	48	SCISPI	8/8	16 位	8
MC68HC908AZ60	2 KB RAM 60 KB Flash ROM	定时器 1：6 通道 定时器 2：2 通道	48	SCISPI	15/8	16 位	8
MC68HC908GP20	512RAM 20 KB Flash ROM	定时器 1：2 通道 定时器 2：2 通道	33	SCISPI	8/8	16 位	8
MC68HC908GP32	512RAM 32 KB Flash ROM	定时器 1：2 通道 定时器 2：2 通道	33	SCISPI	8/8	16 位	8
MC68HC908JK1	128RAM 15 KB Flash ROM	定时器 1：2 通道	15	—	10/8	16 位	8
MC68HC908JK3	128RAM 4 KB Flash ROM	定时器 1：2 通道	15	—	10/8	16 位	8
MC68HC08MR4	192RAM	定时器 1：2 通道 定时器 2：2 通道	22	SCI	4 或 7/8	12 位	8
MC68HC08MR8	256RAM 8 KB Flash ROM	定时器 1：2 通道 定时器 2：2 通道	22	SCI	4 或 7/8	12 位	8

4. Microchip 公司的 PIC 系列单片机

PIC 系列单片机是由美国 Microchip（微芯）公司推出的 8 位高性能单片机，该系列单片机是首先采用 RISC 结构的单片机系列。PIC 的指令集只有 35 条指令，4 种寻址方式，同时指令集中的指令多为单字节指令。指令总线和数据总线分离，允许指令总线宽于数据总线，即指令线为 14 位，数据线为 8 位。PIC 有的型号单片机只有 8 个引脚，为世界上最小的单片机。PIC 单片机的主要特点是：精简了指令集，使得指令少、执行速度快。同时，功耗低，驱动能力强，有的型号还具有 I²C 和 SPI 串行总线端口，有利于单片机串行扩充外围器件。常用的 PIC 系列单片机特性如表 1-3 所示。

表 1-3 常用的 PIC 系列单片机特性

型号	ROM	RAM	I/O 口	定时器	看门狗	工作频率/MHz	管脚	封装
PIC12C508A	512	25	6	1	Y	4	8	PDIP SOIC
PIC12C509A	1 024	41				4		
PIC12C671	1 024	128				10		
PIC12C672	2 048	128				10		
PIC16C55	512	24	20			20	28	
PIC16C56	1 024	25	12				18	
PIC16C57	2 048	72	20				28	

5. Atmel 公司的 AVR 系列单片机

AVR 单片机是 1997 年由 Atmel 的工程师研发出 RISC 精简指令集的高速 8 位单片机。采用 RICS 指令集，运行效率高，同时 AVR 比 51 能处理更多的任务。相对看来，AVR 也比 51 功耗更小。目前 AVR 被广泛用于工业控制、小家电控制、医疗设备等应用领域。

Atmel 公司的 ATmega 系列 AVR 单片机型号含义如图 1-4 所示，其主要产品特性见表 1-4。

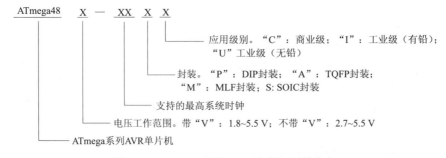

图 1-4 ATmega 系列 AVR 单片机型号含义

例如 ATmega48-20AU，不带"V"表示工作电压为 2.7~5.5V，"20"表示可支持最高为 20MHz 的系统时钟，"A"表示 TQFP 封装，"U"表示无铅工业级。

表 1-4 常用 AVR 系列单片机的主要产品特性

Devices	FLASH /KB	EEPROM /KB	SRAM/B	I/O 口	最大频率 /MHz	16 位定时器	8 位定时器	PWM	UART	看门狗	外部中断
ATmega48	4	0.256	512	23	20	1	2	6	1	Y	26
ATmega88	8	0.5	1024	23	20	1	2	6	1	Y	26
ATmega168	16	0.5	1024	23	20	1	2	6	1	Y	26
ATmega8	8	0.5	1024	23	16	1	2	3	1	Y	2
ATmega16	16	0.5	1024	32	16	1	2	4	1	Y	3
ATmega32	32	1	2048	32	16	1	2	4	1	Y	3
ATmega64	64	2	4096	53	16	2	2	8	2	Y	8
ATmega128	128	4	4096	53	16	2	2	8	2	Y	8
ATmega1280	128	4	8192	86	16	4	2	16	4	Y	32
ATmega162	16	0.5	1024	35	16	2	2	6	2	Y	3
ATmega169	16	0.5	1024	53	16	1	2	4	1	Y	17
ATmega8515	8	0.5	512	35	16	1	1	3	1	Y	3
ATmega8535	8	0.5	512	32	16	1	2	4	1	Y	3

AVR 单片机是高速嵌入式单片机，具有预取指令功能，即在执行一条指令时，预先把下一条指令取进来，使得指令可以在一个时钟周期内执行。具有 32 个通用工作寄存器、多累加器型，数据处理速度快。有多个固定中断向量入口地址，可快速响应中断。AVR 单片机功耗低，看门狗关闭时为 100 nA，更适用于电池供电的应用设备，有的器件最低 1.8 V 电压即可工作。AVR 单片机保密性能好，具有不可破解的位加密锁技术（Lock Bit），保密位单元深藏于芯片内部。

AVR 单片机的 I/O 口是真正的 I/O 口，能正确反映 I/O 口输入/输出的真实情况。工业级产品，具有大电流（灌电流）10~40 mA，可直接驱动晶闸管 SCR 或继电器，节省了外围驱动器件。AVR 单片机有串行异步通信 UART 接口，不占用定时器和 SPI 同步传输功能，因其具有高速特性，故可以工作在一般标准整数频率下，而波特率可达 576 kb/s。

AVR 单片机内带模拟比较器，I/O 口可用作 A/D 转换，可组成廉价的 A/D 转换器。ATmega48/8/16 等器件具有 8 路 10 位 A/D。它的定时/计数器 T/C 有 8 位和 16 位，可用于比较器。计数器外部中断和 PWM（也可用于 D/A）用于控制输出，是作为电机无级调速的理想器件。

由于单片机的种种优点和特性，其应用领域无所不至，无论是工业部门、民用部门还是家用等领域，处处可以见到它的身影。单片机主要应用于以下几个方面。

1. 在智能仪器仪表中的应用

这是单片机应用最多、最活跃的领域之一。结合各种传感器，可以在电压、功率、温度、压力、长度、厚度等各种测量仪表中引入单片机，使仪器仪表智能化，提高测试的自动化水平和精度,简化仪器仪表的硬件结构,提高性价比。

2. 在工业方面的应用

单片机广泛用于工业生产过程的自动控制、物理量的自动检测与数据采集、工业机器人、自动化流水线、各种报警系统、电梯智能化控制等领域中。

3. 在计算机网络和通信领域的应用

通过单片机的通信接口,可以方便地与计算机进行数据通信,现代通信设备基本都实现了单片机的智能控制,如小型程控交换机、手机、电话机、楼宇自动呼叫系统、列车无线通信系统、智能线路运行控制等方面。

4. 在汽车电子领域的应用

单片机被广泛应用于汽车电子领域,如电子燃油喷射系统、电子控制自动变速器、ABS防抱死系统、制动系统、胎压检测等方面,为提高发动机工作效率、降低污染排放起到了重要作用。

5. 在消费电子领域的应用

在消费电子领域,单片机被广泛应用于智能家居(家用电器远程控制、电动窗帘、智能音响)、智能穿戴(如智能手环、智能手表)等方面。目前国内外各种家用电器已普遍采用单片机代替传统的控制电路。例如:单片机广泛用于电视机、洗衣机、电冰箱、空调机、微波炉、电饭煲等家用电器产品中,提高了电器的自动化水平,同时还能增加无线通信、节能环保等功能,提高了人们生活质量。

单片机除了以上各方面的应用之外,还广泛应用于办公自动化领域、商业营销领域、航空航天领域、军事国防领域以及医疗设备等各种其他场合。

1.1.4 单片机系统的开发

对于一个单片机控制系统(或称为目标系统),从提出任务到设计、调试、最终正确地投入运行并完成既定的功能,这一过程称为开发。单片机的应用开发可分为5个步骤,如图 1-5 所示。

（1）总体方案设计

首先要明确系统的运行环境与条件,制定总体方案。制定总体方案时,应注意方案的完整性与合理性,不但要满足系统的功能指标要求,而且要保证系统的可靠性。也就是说,制定总体方案不但要进行功能性设计,同时还要进行系统的可靠性设计。

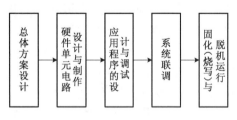

图 1-5 单片机系统开发步骤

可靠性设计应贯穿于项目研发的每个环节,从总体方案的确定、外围单元电路的选型、PCB设计、元器件的安装焊接一直到软件的编写调试,无论哪个环节处理不当都会影响系统的可靠运行,甚至会造成灾难性的后果。另外,对大多数嵌入式系统,在制定总体方案时还要进行机械结构方面的设计。

制定总体方案时,应根据系统的具体要求,如存储容量、通道数目、精度、响应时间及可靠性等,设计出多种方案,经过系统论证,最后选择一种最佳方案实施。

（2）硬件单元电路设计与制作

总体方案确定后，便可以开始设计各单元电路。根据总体方案的要求，应明确对各单元电路功能和技术指标的具体要求，合理选择元器件并确定电路形式。设计系统原理图和PCB，并完成器件的安装焊接。

（3）应用程序的设计与调试

根据系统要求及硬件设计，编写应用程序，可使用各种汇编工具软件进行源程序的编写、编译及调试等。

（4）系统联调

使用仿真器对硬件进行在线调试或使用软件进行仿真调试，不断修改、完善硬件和软件。

仿真可以分为软件模拟仿真和仿真器硬件仿真两大类。目前模拟仿真软件 Proteus 已成为各类单片机开发人员必备的软件仿真系统，但软件模拟仿真的缺点是不能进行硬件系统的调试和故障诊断。因此，在开发过程中，硬件仿真是必不可少的。硬件仿真器采用通用微型计算机加仿真接口方式构成。仿真接口与通用微型计算机间以串行通信的方式连接。这种开发方式必须有微型计算机的支持，利用微型计算机系统配备的组合软件进行源程序的编辑、汇编和仿真调试。如伟福（WAVE）仿真器。

（5）固化（烧写）与脱机运行

用专用的单片机编程器（烧写器）将编译完成的二进制文件或十六进制文件写入单片机芯片中，进行系统的脱机运行与调试。

拓展阅读

我国的 51 单片机——STC 单片机

STC 单片机是深圳宏晶科技公司生产的单时钟/机器周期的单片机，结合了 51 单片机和 AVR 单片机的优点，是高速、低功耗、超强抗干扰的新一代 8051 单片机，其指令代码完全兼容传统 8051，内部集成有时钟及复位电路，不需要使用外部晶体振荡器及复位电路。以 STC15 系列单片机为例，在片内提供有 6 路 PWM 及 8 路高速 10 位 A/D 转换器，7 个定时器/计数器模块及 4 个高速串口，采用低功耗宽电压技术，具有系统在线仿真、在线编程、远程升级功能。

STC 系列的单片机现在在中国的 51 单片机市场上占有较大比例。STC 单片机内的 8051 CPU 核是高性能、运行速度经过优化的 8 位中央处理单元（CPU）。它 100%兼容工业标准的 8051 CPU，STC 8051 CPU 的特性主要包括：

（1）采用流水线 RISC 结构，其执行速度比工业标准 8051 快十几倍。

（2）与工业标准 8051 指令集 100%兼容。

（3）大多数指令使用 1 个或 2 个时钟周期执行。以 STC15 系列单片机为例，其指令集中有 22 条指令，这些指令可以在一个周期内执行完，平均速度比传统 51 单片机提高 8-12 倍。

（4）256 个字节的内部数据 RAM。

（5）使用双 DPTR 扩展标准 8051 结构。

(6) 提供了片外扩展的 64 KB 外部数据存储器。
(7) 提供了多达 21 个中断源。
(8) 新特殊功能寄存器使能快速访问 STC 单片机 I/O 端口，以及控制 CPU 时钟频率。

STC 单片机成功的原因主要取决于以下几个核心技术：

(1) 采用极简编程技术：宏晶科技把简单、快捷、方便和廉价的下载程序的 ISP 技术作为核心竞争力，始终如一，为工程师开发节省时间，使用户开发产品更加方便。

(2) 专注自主内核：宏晶科技始终在自主 1T 单片机内核上专注优化升级，让单片机自身功耗尽可能的做到最小，速度尽可能的最高。

(3) 专注可靠性技术：STC15 系列单片机是宏晶科技的代表作品，该系列芯片，抗干扰能力不输于国外同类产品，不断提升单片机的可靠性。

(4) 专注软硬件开源：宏晶科技为工程师提供了各种详尽的数据手册、参考实例软件源码、硬件电路、元件封装、仿真说明、下载软件等资料。

STC 单片机从 1999 年创立到如今，坚持走自主创新的道路，持续专研、升级和优化产品，获得了电子行业工程师的广泛认可。由此可见，中国必须走自主创新的道路，才能实现民族复兴的伟大梦想。

1.2 单片机的数制与编码

单片机是计算机的一种类型，因此所采用的数制与编码也和计算机中的相同。

计算机内部是由各种基本的数字电路构成的，只能识别和处理数字信息。而数字电路中的各种数据都是以二进制数表示，因为它易于物理实现。同时，数据的存储、传送、处理简单可靠，不仅可以实现数值运算，而且还可以实现逻辑运算。但二进制数书写时太长，不方便阅读和记忆，因此，常采用十六进制数来书写。

1.2.1 计算机中的常用数制

1. 进位计数制的概念

使用有限个基本数码来表示数据，按进位的方法进行计数称为进位计数制。包含两大要素：基数和位权。

基数：用来表示数制基本数码的个数，大于此数后必须进位。

位权：数码在表示数据时所处的数位所具有的单位常数，简称"权"。

任意一个 J 进制数的表示方法为

$$S_J = \sum_{i=-m}^{n-1} K_i J^i$$

其中，$K_i = 0, 1, \cdots, J-1$，为第 i 位的数码；m 为小数部分位数；n 为整数部分位数。

2. 单片机中常用的数制

(1) 十进制（Decimal）数

特点：① 基数为 10，有 0，1，…，9 共 10 个数码，逢 10 进 1；② 各位的权为 10^i。

任意一个十进制数的表示方法为

$$S_{10} = \sum_{i=-m}^{n-1} K_i 10^i$$

其中，$K_i = 0, 1, 2, 3, 4, 5, 6, 7, 8, 9$。

例如：$(273.45)_{10} = 2\times 10^2 + 7\times 10^1 + 3\times 10^0 + 4\times 10^{-1} + 5\times 10^{-2}$。

（2）二进制（Binary）数

特点：① 基数为2，有0，1两个数码，逢2进1；② 各位的权为 2^i。

任意一个二进制数的表示方法为

$$S_2 = \sum_{i=-m}^{n-1} K_i 2^i$$

其中，$K_i = 0, 1$。

例如：$(1011.101)_2 = 1\times 2^3 + 0\times 2^2 + 1\times 2^1 + 1\times 2^0 + 1\times 2^{-1} + 0\times 2^{-2} + 1\times 2^{-3}$。

（3）十六进制（Hexadecimal）数

特点：① 基数为16，有0~9和A，B，C，D，E，F（对应十进制10~15）共16个数码，逢16进1；② 各位的权为 16^i。

任意一个十六进制数的表示方法为

$$S_{16} = \sum_{i=-m}^{n-1} K_i 16^i$$

其中，$K_i = 0$~9，A~F。

例如：$(A87.E79)_{16} = A\times 16^2 + 8\times 16^1 + 7\times 16^0 + E\times 16^{-1} + 7\times 16^{-2} + 9\times 16^{-3}$。

为了区别这几种数制，可在数的后面加上数字下标2、10、16，也可以加一字母。用B表示二进制数；D表示十进制数；H表示十六进制数。如果后面的数字或字母被省略，则表示该数为十进制数。

3. 各种数制间的转换

（1）J 进制转换为十进制

方法：只需按权展开相加即可。

例如：

$$\begin{aligned}101101B &= 1\times 2^5 + 0\times 2^4 + 1\times 2^3 + 1\times 2^2 + 0\times 2^1 + 1\times 2^0 \\ &= 32 + 0 + 8 + 4 + 0 + 1 \\ &= 45\end{aligned}$$

（2）十进制转换为 J 进制

十进制转换为 J 进制时，必须将整数部分和小数部分分开转换。

① 整数部分的转换：把十进制的整数不断地除以所需要的基数 J，直至商为零，所得余数依倒序排列，就能转换成以 J 进制数的整数部分，这种方法称为除基取余法。

② 小数部分的转换：要将一个十进制小数转换成 J 进制小数时，可不断地将十进制小数部分乘以 J，并取整数部分，直至小数部分为零或达到一定精度时，将所得整数依顺序排列，就可以得到 J 进制数的小数部分，这种方法称为乘基取整法。

例如：

$$115.375D = 1110011.011B$$

116.84375D = 74.D8H

（3）二进制与十六进制数的相互转换

由于二进制的基数是 2，而十六进制的基数为 $16=2^4$，即 4 位二进制数正好对应一位十六进制数，因此二者之间的转换十分方便。方法如下：

以小数点为中心，整数部分从右向左，每 4 位二进制数对应为一位 16 进制数，整数部分不足 4 位高位加 0；小数部分从左向右，每 4 位二进制数对应一位 16 进制数，小数部分不足 4 位低位加 0。

例如：

$$B6.8H = 1011\ 0110.1000B = 10110110.1B$$
$$11011.011B = 0001\ 1011.0110B = 1B.6H$$

1.2.2 计算机中数的表示

在实际控制过程中，数是有正有负的，而计算机只能识别 0、1 两种信息，那么正、负数在计算机中如何表示呢？

1. 机器数与真值

机器数是指机器中数的表示形式。它将数值连同符号位一起数码化，表示成一定长度的二进制数，其长度通常为 8 的整数倍。机器数通常有两种：有符号数和无符号数。有符号数的最高位为符号位，代表了数的正负，其余各位用于表示数值的大小；无符号数的最高位不作为符号位，所有各位都用来表示数值的大小。

真值是指机器数所代表的实际正负数值。

有符号数的符号数码化的方法通常是将符号用"0 正 1 负"的原则表示，并以二进制数的最高位作为符号位。

2. 有符号数的表示方法

有符号数的表示方法有原码、反码和补码 3 种。以下均以长度为 8 位的二进制数表示有符号数。

(1) 原码表示法

将 8 位二进制数的最高位 (D7 位) 作为符号位 (0 正 1 负),其余 7 位 D6~D0 表示数值的大小。

例如:+55 的原码为　0 0110111B
　　　-55 的原码为　1 0110111B

有符号数的原码表示范围为 -127~+127 (FFH~7FH),其中 0 的原码有两个 00H 和 80H,分别是 +0 的原码和 -0 的原码。原码表示简单,与真值转换方便,但进行加、减运算时电路实现较为繁杂。

(2) 反码表示法

正数的反码与原码相同,但负数的反码其符号位不变,其余各数值位按位取反。

例如:+0 的反码为　0 0000000B;　+127 的反码为　0 1111111 B
　　　-0 的反码为　1 1111111 B;　-127 的反码为　1 0000000 B

有符号数的反码表示的范围为 -127~+127,其中 0 的反码与原码类似,也有两个值。

(3) 补码表示法

正数的补码与原码相同,负数的补码等于其反码加 1 (即相应数值的原码按位取反,再加 1)。

例如:-127 的补码为　1 0000001B;-1 的补码为　1 1111111B。

有符号数补码表示的范围为 -128~+127,其中 0 的补码只有一种表示,即 +0 = -0 = 00000000。当有符号数用补码表示时,可以把减法转换为加法进行计算。

1.2.3　常用编码

1. BCD 码

由于人们习惯于使用十进制数,但计算机又不能识别十进制数,为了将十进制数用二进制表示,并按十进制的运算规则运算,就出现了 BCD(Binary Code Decimal)码。BCD 码就是二—十进制编码。它用 4 位二进制数表示一位十进制数,称为压缩的 BCD 码。因为 4 位二进制数共有 $2^4 = 16$ 种组合状态,故可选其中 10 种编码来表示 0~9 这 10 个数字,不同的选法对应不同的编码方案。按编码方案的不同又可分为有权码和无权码。有权码主要有 8421、2421 等,无权码有余 3 码、格雷码等。这里主要介绍 8421BCD 码。

8421 BCD 码是一种最常用的编码。4 位二进制码的权分别为 8、4、2、1。其特点如下:

① 由 4 位二进制数 0000~1001 分别表示十进制数 0~9。

② 每 4 位二进制数进位规则应为逢 10 进 1。

③ 当进行两个 BCD 码运算时,为了得到 BCD 码结果,需进行十进制调整。调整方法为:加(减)法运算的和(差)数所对应的每一位十进制数大于 9 时或低 4 位向高 4 位产生进(借)位时,需加(减)6 调整。

例 1-1　9172 = (1001 0001 0111 0010)BCD

例 1-2　用 BCD 码运算 48+69＝？

```
   0100 1000  （48）
 +0110 1001  （69）
 ─────────────────
   1011 0001  （B1）;  高4位值大于9且低4位向高4位产生了进位，要进行调整
 +0110 0110           在高低4位分别进行+6调整
 ─────────────────
 1 0001 0111  （117）; 调整结果正确，为十进制值
```

在计算机中有专门的调整指令用于完成调整操作，不需要编程完成加6操作。

2. ASCII 码

美国标准信息交换码简称 ASCII（American Standard Code for Information Interchange）码，用于表示在计算机中需要进行处理一些字母、符号等。ASCII 码是由 7 位二进制数码构成的字符编码，共有 $2^7=128$ 种组合状态。用它们表示了 52 个大小写英文字母、10 个十进制数、7 个标点符号、9 个运算符号及 50 个其他控制符号。在表示这些符号时，用高 3 位表示行码，低 4 位表示列码，详见附录 A。

本章小结

嵌入式系统的核心就是嵌入式处理器，单片机作为嵌入式处理器的典型代表，因其良好的性价比已成为嵌入式系统的主流控制器件，在工业、家电、航空、军事等领域得到了广泛的应用。

由于各制造厂商的不同，单片机的型号和封装形式有一定的区别。同一厂商生产提供的单片机由于其型号和产品序列号的不同，内部配置也有所不同，在实际应用过程中，应注意进行适当的选择。

单片机系统的开发主要包括硬件系统设计与调试、软件设计与调试、系统联调、程序的固化及脱机运行 5 个主要部分。

单片机采用与计算机相同的数制，通常有二进制和十六进制两种，它们与十进制数可以相互转换。在单片机中有原码、反码和补码 3 种表示方法，每种码的首位均为符号位，正数的 3 种码一样，负数的原码、反码和补码形式有一定的区别。计算机中还有两种特殊的编码形式：BCD 码和 ASCII 码。

思考题与习题

1. 什么叫嵌入式系统？它与单片机的关系如何？
2. 单片机主要应用在哪些方面？
3. 请对我国单片机产业发展现状进行调研，并对我国与国外单片机企业技术差距进行分析。
4. 单片机系统的开发过程分几步进行？
5. 下表每一行给出了一种数制的无符号数，试将它转换为其他两种数制，并填入表中。

二进制	十进制	十六进制
010110011B		
110010010B		
	245	
	108	
		0FFH
		76H

6. 试写出下列真值所对应的机器数。
① +1010011B ② -1011010B
③ +0101110B ④ -0111111B

7. 试写出下列机器数所对应的真值。
① 11000000B ② 01111111B
③ 01011011B ④ 11111111B

8. 下表每一行给出原码、反码或补码中的一个值，试求出其他两个码，并填入表中。

原码	反码	补码
01111111B		
10000000B		
	11110000B	
	01010101B	
		0FEH
		03H

9. 将下列有符号数的二进制补码转换为十进制数，并注明它的正负。
① 11111111B ② 01111111B
③ 10000011B ④ 11111100B
⑤ 00000011B ⑥ 01111100B

10. 一个字节的十六进制数最大值相当于多大的十进制数，两个字节的十六进制数最大值相当于多大的十进制数？

第 2 章 单片机的最小系统

本章知识点

- 微型计算机的结构及工作原理。
- AT89S51 单片机的内部结构及引脚功能。
- AT89S51 单片机存储结构及地址分配。
- AT89S51 单片机的 I/O 口特性及应用方法。
- AT89S51 单片机最小系统的构成。
- C51 的数据类型及定义方法。
- 编程及仿真工具 Keil μVision 4 及 Proteus 软件的使用方法。

先导案例

微型计算机主要由中央处理器、总线、接口电路、存储器、I/O 设备等几部分组成，如图 2-1 所示。

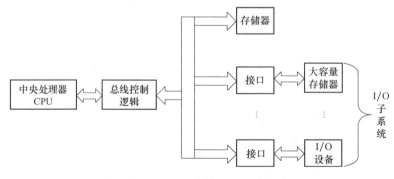

图 2-1　微型计算机内部结构

AT89S51 单片机是一块芯片，在它的内部集成了微型计算机的所有基本电路，只不过单片机中的 CPU 频率最大为 33MHz、数据总线为 8 位、地址总线为 16 位、数据存储器为 128B、程序存储器为 4MB，有 4 个 8 位并行口和一个全双口串行口，各部分相对于微型计算机比较简单。

为了让 AT89S51 单片机正常工作，光靠一块芯片是不够的，至少需要加上时钟电路和复位电路，才能满足单片机的基本工作要求。

2.1 微型计算机的基本结构及工作原理

计算机是由运算器、控制器、存储器、输入及输出设备 5 大部件组成的，如图 2-2 所示。其中，运算器用来完成算术运算和逻辑运算；控制器主要用于解释输入计算机的命令并发出相应的控制信号；存储器用来存放程序、数据及运算结果等信息；输入及输出设备用于输入外部命令及数据，输出运算结果等。微型计算机将控制器和运算器集成在一块芯片上，称为微处理器（CPU）。下面分别介绍微型计算机的基本结构及工作原理。

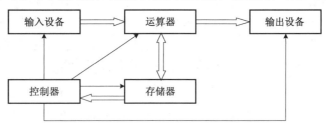

图 2-2 计算机的基本组成结构

2.1.1 微型计算机的基本结构

微型计算机（Microcomputer）是以微处理器（CPU）为核心，加上内存储器 ROM 和 RAM、I/O 接口电路以及系统总线组成，如图 2-3 所示。

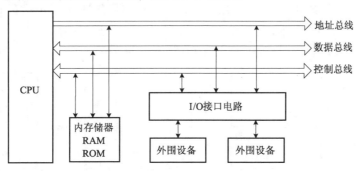

图 2-3 微型计算机的基本结构框图

1. 微处理器

微处理器是微型计算机的"核心"，是系统的运算中心和控制中心。不同型号的微型计算机之间性能上的差别首先表现在微处理器的不同，每种处理器有其特有的指令系统。但所有的处理器的结构基本一致，主要包括运算器、控制器、寄存器组几个部分。

运算器主要用于算术和逻辑运算。

控制器由指令寄存器、指令译码器和微操作控制电路组成。它将指令从存储器调入指令寄存器中，通过指令译码器译码后，由微操作控制电路按照译码后的控制命令发出一系列的控制信息，使微型计算机的各个部件协调动作，完成程序指定的工作。

CPU 内部的寄存器主要用来暂存参与运算的操作数、中间结果和运算结果，同时记录程序运行中的某些状态等。因此，寄存器可以分为两大类：专用寄存器和通用寄存器。专用寄存器有累加器 ACC、标志寄存器 PSW、程序计数器 PC 等，其中累加器 ACC 用于参与程序的各种运算；标志寄存器 PSW 标识程序运行过程中的各种状态，如是否产生进位，是否超出了运算范围等；程序计数器 PC 用于控制程序执行的顺序。

2. 三总线

总线是微处理器、内存储器和 I/O 接口电路之间相互交换信息的公共通道。微型计算机的总线由数据总线（Data Bus）、地址总线（Address Bus）和控制总线（Control Bus）三总线构成。数据总线（DB）的功能是完成微处理器与内存、I/O 接口电路之间的数据传送，通过数据总线可以实现数据的双向传送；地址总线（AB）是微处理器向内存和 I/O 接口电路传送地址信息的通路，是单向传送方式；控制总线（CB）是微处理器向内存和 I/O 接口电路发出的命令信息或由外界向微处理器传送的状态信息的通路。

3. 存储器

微型计算机内部的存储器都是半导体存储器，其中只读存储器可以是 ROM、PROM、EPROM、E²PROM、Flash ROM（闪存）等类型，主要用于存放各种程序，如汇编程序、编译程序、标准子程序以及各种常用数据表格；读/写存储器包括各种形式的 RAM，用于存放用户程序、数据及部分系统信息。

读/写存储器的结构如图 2-4 所示。其中存储单元矩阵是存储器的主体，用来存储信息。存储单元矩阵由许多存储单元组成，每个存储单元在存储单元矩阵中的位置用"地址"表示。存储单元的总数决定了该存储器的容量。存储器中地址译码器的作用是对地址进行译码，以选择所指定的存储单元。地址线的多少与存储容量的关系满足：存储容量 $=2^n$（n 为地址线的数量）。利用地址译码器就可以用较少的地址线选择更多的存储单元。

存储器要进行读写操作，首先必须由 CPU 发出地址信号，由地址总线（AB）传送至地

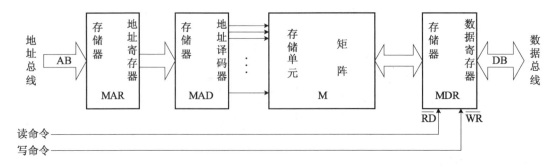

图 2-4　存储器基本结构框图

址寄存器暂存，通过地址译码器选择指定的存储单元，再由 CPU 通过控制总线（CB）发出读/写控制信号，决定存储器中数据传送的方向，如果要进行读操作，则将存储器中的数据送入数据寄存器，然后通过数据总线（DB）送至 CPU，如果进行写操作，则将 CPU 通过数据总线（DB）传送到数据寄存器中的数据存入存储单元中。

按存储器地址空间分配形式的不同，可将微型计算机的存储器分为两类：普林斯顿结构和哈佛结构。普林斯顿结构的特点是计算机只有一个地址空间，CPU 访问 ROM 和 RAM 用相同的访问指令，8086、奔腾等微型计算机就采用这种结构。哈佛结构将 ROM 和 RAM 分别安排在相互独立的两个地址空间，ROM 和 RAM 可以有相同的地址，但用不同的指令访问，单片机就是采用这种结构。

4. I/O 接口电路

微型计算机与 I/O 设备之间不能直接交换信息，必须通过 I/O 接口电路作为它们之间联系的桥梁。I/O 接口电路通过各种符合标准的总线传递外围设备与 CPU 之间的信息，并对信息做一些必要的处理。

5. 外围设备

常见的外围设备包括打印机、显示器、键盘、鼠标、绘图仪、外存储器（如磁盘、光盘、磁带等）以及一些互联网装置等。

2.1.2 微型计算机的工作原理

微型计算机在工作时，先将程序存放在存储器中，由 CPU 严格地按时序不断地从存储器中取出指令、对指令进行译码、执行指令规定的操作，即按指令的要求发出地址信号和控制信号，将数据或命令通过总线在 CPU、存储器及 I/O 接口之间进行交流，完成指定的功能。下面以 51 系列单片机执行 "3+2" 的操作为例，说明计算机的工作过程。

动画：单片机工作原理

微课：单片机工作原理

首先由编程人员写出汇编语言源程序，通过汇编程序将其编译成机器语言程序，其代码如下：

机器码	汇编语言源程序	注释
7403H	MOV A，#03H	；(A) = 3
2402H	ADD A，#02H	；(A) = 3+2
80FEH	SJMP $	；暂停

将机器语言程序（即机器码）依次存放在存储器中，程序计数器 PC 装入初值 0000H，以便程序从第一条指令处执行，如图 2-5 所示。

当计算机开始工作时，微操作控制器将程序计数器 PC 中的初值 0000H 送入地址寄存器 AR 中，发出"读"（$\overline{\text{RD}}$）命令，同时使 PC 中的内容自动加 1，为取下一字节数据做准备。存储器在读命令控制下，将 0000H 单元的内容"74H"送入数据寄存器 DR 中，由微操作控制器将其经指令寄存器 IR 及指令译码器 ID 翻译后产生新的控制命令，该命令要求将存储器第二个地址单元 0001H 中的数据送入累加器中，同时 PC 又自动加 1。存储器在新的控制命令作用下，将 0001H 中的内容"03H"送入数据寄存器 DR 中，并通过内部数据总线送入累加器。这样，第一条指令就执行完了。

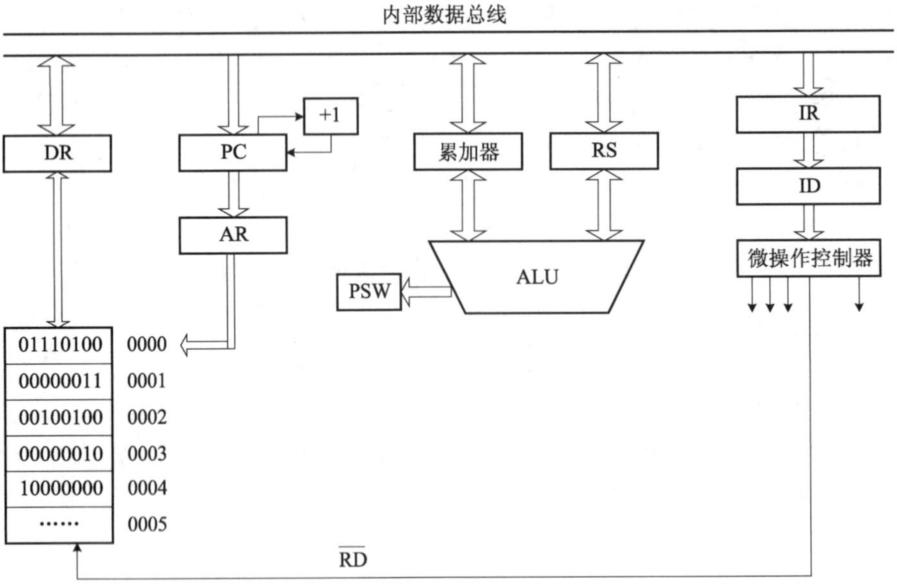

```
                        内部数据总线
     ↕                ↕            ↕      ↕              ↕
                    ┌──┐ +1
   ┌──┐           ┌──┐              ┌────┐┌────┐      ┌──┐
   │DR│           │PC│              │累加器││ RS │      │IR│
   └──┘           └──┘              └────┘└────┘      └──┘
     ↕              ↓                   ↕    ↕           ↓
                  ┌──┐                ┌──────────┐     ┌──┐
                  │AR│                │   ALU    │     │ID│
                  └──┘         ┌───┐  │          │     └──┘
                               │PSW│⇐ │          │       ↓
                               └───┘  └──────────┘    ┌──────┐
                                                      │微操作│
                                                      │控制器│
                                                      └──────┘
                                                       ↓↓↓↓
   ┌────────┬────┐
   │01110100│0000│←
   │00000011│0001│
   │00100100│0002│
   │00000010│0003│
   │10000000│0004│
   │ ......  │0005│
   └────────┴────┘
                       ‾R‾D‾
```

图 2-5 计算机工作过程示意图

DR—数据寄存器；PC—程序计数器；AR—地址寄存器；PSW—程序状态字；
ALU—算术逻辑运算单元；RS—工作寄存器；IR—指令寄存器；ID—指令译码器

下面两条指令的执行过程与第一条指令类似。

2.2 AT89S51 单片机的内部结构及引脚功能

AT89 系列单片机的各种型号均是以 8031 为核心电路发展起来的，具有 51 系列单片机的基本结构与软件特征。Atmel 公司新推出的可在系统编程（ISP）的 MCS-51 兼容单片机 AT89S51/52 将全面替代 AT89C51/52 单片机。其中 AT89S51 现已成为 AT89 系列单片机的主流产品，本书以 AT89S51 单片机为例介绍 MCS-51 系列单片机。

2.2.1 AT89S51 单片机的基本结构

AT89S51 的内部结构如图 2-6 所示，其基本组成部分包括如下几部分

- 适于控制应用的 8 位 CPU。
- 一个片内振荡器及时钟电路，最高工作频率可达 33MHz。
- 工作电压 4.0~5.5V。
- 4KB Flash 程序存储器，支持在系统编程（ISP）1000 次擦写周期。
- 128B 数据存储器。
- 可寻址 64KB 外部数据存储器空间及 64KB 程序存储器空间的控制电路。
- 32 根双向可按位寻址的 I/O 接口线。
- 1 个全双工串行口。
- 2 个 16 位定时/计数器。

微课：51 单片机内部结构

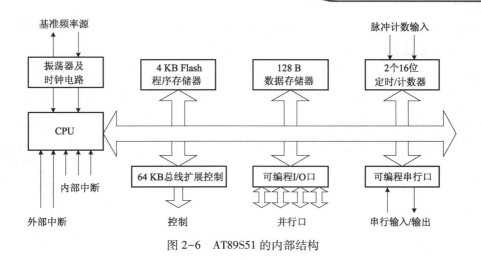

图 2-6　AT89S51 的内部结构

- 5 个中断源，具有两个优先级。
- 三级程序加密。
- 低功耗支持 Idle 和 Power-down 模式，Power-down 模式支持中断唤醒。
- 看门狗定时器。
- 双数据指针。
- 上电复位标志。

若程序存储器带有 4KB Flash，即为 51 子系列；若 RAM/Flash 容量为 256B/8KB，则为 52 子系列。

下面分别介绍 AT89S51 单片机内部各部分的主要功能。

1. 微处理器

AT89S51 单片机的微处理器（MPU）与一般的微型计算机类似，也是由运算器和控制器组成。运算器可以对半字节（4 位）、单字节等数据进行算术、逻辑运算，并将结果送至状态寄存器。运算器中还包括一个专门用于位数据操作的布尔处理器。控制器包括程序计数器 PC、指令寄存器、指令译码器、振荡器、时钟电路及控制电路等部件，它可以根据不同指令产生的操作时序控制单片机各部分工作。

2. 存储器

单片机的存储器分两种：一种用于存放已编写好的程序及数据表格，称为程序存储器，常用 ROM、EPROM、E^2PROM 等类型，AT89S51 中采用的就是 Flash E^2PROM，其存储容量为 4 KB。另一种用于存放输入与输出数据、中间运算结果，称为数据存储器，常用 RAM 类型，AT89S51 中的数据存储器较小，存储容量仅 128 B。若存储器空间不够用，可以外部扩展。

单片机存储器采用哈佛结构，它将程序存储器和数据存储器分开编址，各自有自己的寻址方式。

3. 输入/输出接口

AT89S51 的输入/输出（I/O）接口包括 4 个 8 位并行口及 1 个全双工的串行口。4 个并行口既可作为 I/O 端口使用，又可作为外部扩展电路时的数据总线、地址总线及控制总线。内部的串行口是一个可编程的全双工串行通信接口，具有通用异步接收/发送器（UART）

的全部功能，可以同时进行数据的接收和发送，还可以作为一个同步移位寄存器使用。

4. 其他内部资源

AT89S51 内部还有 2 个 16 位定时/计数器及中断系统。定时/计数器可以通过对系统时钟计数实现定时，也可用于对外部事件的脉冲进行计数。中断系统可以对 5 个中断源进行中断允许及优先级的控制。5 个中断源中有 2 个为外部中断，由单片机的外围引脚$\overline{INT0}$、$\overline{INT1}$引入；3 个为内部中断，分别由 2 个定时/计数器及串行口产生。

2.2.2 AT89S51 单片机的引脚及封装

AT89S51 单片机的封装共分为 DIP、PLCC 及 PQFP 3 种形式，常用为 DIP 封装方式。其外形及引脚分配如图 2-7 所示。

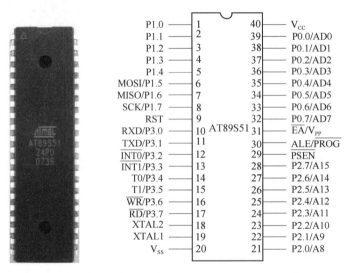

微课：单片机外围引脚

微课：单片机封装

图 2-7 AT89S51 外形及引脚分配图

AT89S51 共 40 个引脚，大致可分为 4 类。

（1）电源引脚

V_{CC}：电源端，+5V。

V_{SS}：接地端（GND）。

（2）时钟电路引脚

XTAL1：外接晶振输入端。

XTAL2：外接晶振输出端。

（3）I/O 引脚

P0.0~P0.7/AD0~AD7：一组 8 位漏极开路型双向 I/O 口，也是地址/数据总线复用口。作输入/输出口用时，必须外接上拉电阻，它可驱动 8 个 TTL 门电路。当访问片外存储器时，用作地址/数据分时复用口线。在 Flash 编程时，P0 口接收指令，而在程序校验时，输出指令，校验时，要求外接上拉电阻。

P1.0~P1.7：一组内部带上拉电阻的 8 位准双向 I/O 口，可驱动 4 个 TTL 门电路。

Flash 编程和程序校验期间，P1 接收低 8 位地址。P1.5~P1.7 用于 ISP 编程控制。

P2.0~P2.7/A8~A15：一组内部带上拉电阻的 8 位准双向 I/O 口，可驱动 4 个 TTL 门电路。当访问片外存储器时，用作高 8 位地址总线。Flash 编程和程序校验期间，P2 亦接收高位地址及其他控制信号。

P3.0~P3.7：一组内部带上拉电阻的 8 位准双向 I/O 口。出于芯片引脚数的限制，P3 端口每个引脚具有第二功能。

（4）控制线引脚

RST：复位端。当 RST 端出现持续两个机器周期以上的高电平时，可实现复位操作。

$\overline{EA}$/V_{PP}：片外程序存储器选择端/Flash 存储器编程电源。若要访问外部程序存储器则 $\overline{EA}$ 端必须保持低电平。V_{PP} 端用于 Flash 存储器编程时的编程允许电源+12V 输入端。

ALE/$\overline{PROG}$：地址锁存允许端/编程脉冲输入端。当访问外部程序存储器或数据存储器时，ALE 输出脉冲用于锁存 P0 口分时送出的低 8 位地址（下降沿有效）。不访问外部存储器时，该端以时钟频率的 1/6 输出固定的正脉冲信号，可用作外部时钟。对内部 Flash 存储器编程期间，该引脚用于输入编程脉冲。

$\overline{PSEN}$：读片外程序存储器选通信号输出端。当 AT89S51 从外部程序存储器取指令时，该脚有效（上升沿）。每个机器周期$\overline{PSEN}$均产生两次有效输出信号。

2.2.3 AT89S51 单片机的 I/O 口

AT89S51 单片机有 4 个 8 位并行 I/O 口，P0~P3，共 32 根口线。每个端口都包括：锁存器（即 SFR 中的 P0~P3）、输出驱动器、两个三态缓冲器以及控制电路。

微课：IO 端口控制

1. I/O 口的特性

（1）P0 口

P0 口的位结构示意图如图 2-8 所示，其特点如下。

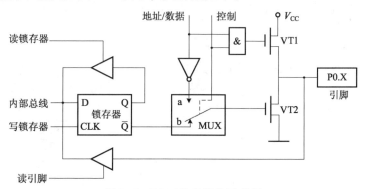

图 2-8　P0 口的位结构示意图

① 控制端高电平时，作为低 8 位地址和 8 位数据分时复用口，供扩展时使用。

② 控制端低电平时，作 I/O 口使用。场效应晶体管 VT1 截止，使 VT2 漏极开路，需外接上拉电阻。

③ 当作输入口时,具有"读引脚"和"读锁存器"两种情况。前一种情况是数据由引脚输入,此时需先向锁存器写1,使场效应晶体管 VT1 和 VT2 都截止;后一种情况是读锁存器 Q 端的状态。

④ 每位最多可带 8 个 LSTTL 负载。

（2）P1 口

P1 口的位结构示意图如图 2-9 所示,其特点如下。

① 只作为 I/O 端口使用,内部用上拉电阻代替了场效应晶体管 VT1。

② 与 P0 口一样,也有读引脚和读端口两种情况,操作方法与 P0 口相似。

③ 每位可带 4 个 LSTTL 电路。

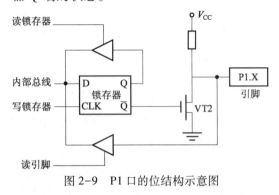

图 2-9　P1 口的位结构示意图

（3）P2 口

P2 口的位结构示意图如图 2-10 所示,其特点如下。

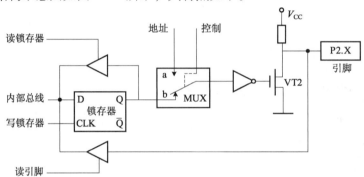

图 2-10　P2 口的位结构示意图

① 控制端高电平时,作为高 8 位地址输出口。

② 控制端低电平时,作为 I/O 端口使用,使用方法与 P0、P1 口相同。

③ 每位可带 4 个 LSTTL 负载。

（4）P3 口

P3 口位结构示意图如图 2-11 所示,其特点如下。

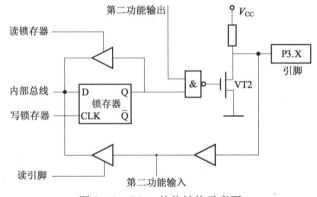

图 2-11　P3 口的位结构示意图

① 具有第二功能,如表 2-1 所示。

表 2-1 P3 口第二功能表

引　脚	第　二　功　能	功　能　说　明
P3.0	RXD	串行口数据接收端
P3.1	TXD	串行口数据发送端
P3.2	$\overline{INT0}$	外部中断输入 0
P3.3	$\overline{INT1}$	外部中断输入 1
P3.4	T0	定时/计数器 0 外部计数输入端
P3.5	T1	定时/计数器 1 外部计数输入端
P3.6	$\overline{WR}$	外部数据存储器写信号
P3.7	$\overline{RD}$	外部数据存储器读信号

② 第二功能输出端为"1"时,与非门的输出由锁存器输出端 Q 决定,P3 口作为通用输出口使用。

③ 当 P3 口作为第二功能输出使用时,锁存器输出端 Q 置"1",与非门的输出由第二功能输出端决定。

④ 当 P3 口作为读引脚或第二功能输入使用时,应将锁存器输出端 Q 及第二功能输出端均置"1",使场效应晶体管 VT2 截止。

⑤ 每位可带 4 个 LSTTL 负载。

2. I/O 的应用

由 AT89S51 各端口的特性可知,P0 口既可作为地址/数据总线口,又可作为通用 I/O 口。在作地址/数据总线口时,它是真正的双向口,可以直接驱动 MOS 输入,不需要加上拉电阻。当它作为通用 I/O 口时,必须外接上拉电阻才能驱动 MOS 输入。对 P1、P2、P3 口而言,内部已接有上拉电阻,因此不必外接任何电阻就可驱动 MOS 输入。

P0 口和 P1、P2、P3 口作为通用 I/O 口时一样,在输入时分为"读锁存器"和"读引脚"两种操作,这两种操作是用不同的指令区分的。

当 CPU 在执行"读—修改—写"类指令时,如"ANL P1,A",则采用读锁存器的操作方式。它将锁存器 Q 端的数据读入进行运算修改后,将结果送回到端口锁存器并输出到引脚。

CPU 执行"MOV"类指令时,则进行"读引脚"操作。在读引脚前必须先对锁存器写"1",使场效应晶体管 VT2 截止,才能正确输入引脚上的信息。因此,把具有这种特性的端口称为准双向口。

例如:将 P1 口的状态输入累加器 A 中,必须执行两条指令。

```
MOV    P1,#0FFH    ;将 P1 口的锁存器写"1"
MOV    A,P1        ;将 P1 口引脚状态读入 A 中
```

总的来说,由于单片机 I/O 口的电气特性决定了单片机端口的驱动能力有限,只能提供很小的驱动电流,所以带负载时应当在单片机的 I/O 口加上驱动芯片。

2.3 AT89S51 的存储结构

AT89S51 单片机的存储器配置在物理结构上有 4 个存储空间：片内程序存储器、片外程序存储器、片内数据存储器、片外数据存储器。从逻辑上来看，有 3 个存储器地址空间：片内、外统一编址的程序存储器地址空间，片内数据存储器地址空间和片外数据存储器地址空间。在访问 3 个不同的逻辑空间时，应采用不同形式的指令，以产生不同的内部控制信号，用来选择所需的逻辑空间。图 2-12 表示了 AT89S51 单片机存储器空间结构。

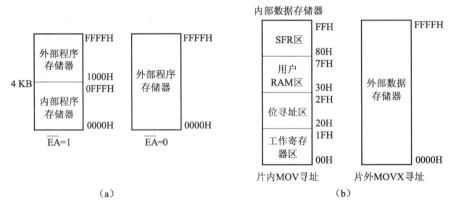

图 2-12 AT89S51 单片机存储器空间结构
（a）程序存储器地址分配；（b）数据存储器地址分配

2.3.1 程序存储器

单片机的程序存储器一般用于存放编好的程序、表格和常数。AT89S51 单片机的程序存储器地址分配如图 2-13（a）所示。其中，单片机内部有 4 KB 的程序存储器，地址为 0000H~0FFFH。片外最多可扩展空间达 64 KB，地址为 1000H~FFFFH，片内与片外程序存储器的最大寻址范围为 64 KB（即地址为 0000H~FFFFH）。由于单片机的程序存储器采用片内、片外统一编址，所以范围为 0000H~0FFFH 的地址空间是在片内存储器还是片外存储器，取决于单片机外围引脚 $\overline{EA}$ 的状态。如果 $\overline{EA}$ 接高电平（即 $\overline{EA}=1$），表示 0000H~0FFFH 在片内程序存储器中；如果 $\overline{EA}$ 接低电平（即 $\overline{EA}=0$），则表示 0000H~0FFFH 在片外程序存储器中。

动画：单片机的程序存储器

微课：程序存储器

一般来说，对于有内部程序存储器的单片机，应将引脚 $\overline{EA}$ 接高电平，使程序从内部程序存储器开始执行。当程序超出内部程序存储器的容量时，自动转向外部程序存储器 1000H~FFFFH 地址范围执行。

AT89S51 单片机执行程序时，与微型计算机执行程序类似，也是由程序计数器 PC 控制程序执行的顺序。单片机中的程序计数器 PC（Program Counter）是一个 16 位的专用寄存器，用来存放即将执行的下一条指令所在的地址。它具有自动加 1 的功能。当 CPU 要取指令时，PC 的内容送至地址总线上，从 PC 所指向的存储器地址中取出指令，PC 内容则自动加 1，指向下一条指令，以保证程序按顺序执行。当单片机接通电源时，PC 会被复位为 0000H，此时，单片机从 0000H 开始将指令依次取出执行。

AT89S51 的程序存储器中有 5 个特殊地址单元，用于中断程序的入口地址。
- 0003H：外部中断 0 入口地址。
- 000BH：定时/计数器 0 中断入口地址。
- 0013H：外部中断 1 入口地址。
- 001BH：定时/计数器 1 中断入口地址。
- 0023H：串行口中断入口地址。

由于 0000H 单元与这些中断程序入口地址之间的存储空间有限，为了不影响这些中断入口地址的正常使用，常在 0000H 单元及这些中断入口处都放置一条绝对无条件跳转指令，使程序跳转到用户指定的主程序或中断服务程序的存储空间中执行。

2.3.2 数据存储器

数据存储器（RAM）用于存放运算中间结果、数据暂存和缓冲、待调试的程序。数据存储器在物理上和逻辑上都分为两个地址空间：一个是由 128 B 的片内 RAM 和 26 个特殊功能寄存器（SFR）构成的内部数据存储器，另一个是片外最大可扩充 64 KB 的数据存储器，如图 2-12（b）所示。

微课：数据存储器

片外数据存储器的使用通常出现在单片机内部 RAM 容量不够的情况下。扩展容量可由用户根据需要确定，最大可扩充 64 KB，地址范围 0000H~FFFFH。需要注意的是，AT89S51 单片机扩展的 I/O 接口与片外数据存储器统一编址。

动画：单片机的
数据存储器

使用片内和片外数据存储器时采用不同的指令加以区别。在访问片内数据存储器时，可使用 MOV 指令；要访问片外数据存储器可使用 MOVX 指令。片外数据存储器只能采用间接寻址方式，可使用 R0、R1 和 DPTR 作间址寄存器。R0、R1 作为 8 位地址指针，寻址范围为 256 B；而 DPTR 是 16 位地址指针，故寻址范围可达 64 KB。

AT89S51 单片机的内部数据存储器只有地址为 00~7FH 的共 128 B RAM 可供用户使用，与片内 RAM 统一编址的 80H~FFH 地址空间中，只有 26 个存储空间被特殊功能寄存器（SFR）占用。

1. 片内数据存储区（00~7FH）

片内数据存储区地址为 00~7FH 的空间划分为工作寄存器区、位寻址区及用户 RAM 区 3 部分。

（1）工作寄存器区（00H~1FH）

工作寄存器区共 32 个存储单元，分为 4 组，每组由 8 个地址单元组成通用寄存器 R0~R7，其地址分配如表 2-2 所示。每组寄存器均可作为 CPU 当前的工作寄存器，当前工作寄存器可通过特殊功能寄存器中的程序状态字 PSW 的 RS1、RS0 两位进行设置。例如，如果

RS1 RS0=01H，则表示选中了第 1 组，即地址为 08H~0FH 的单元构成当前的工作寄存器 R0~R7。

表 2-2　单片机工作寄存器地址分配表

组　号	RS1	RS0	R0~R7
0	0	0	00H~07H
1	0	1	08H~0FH
2	1	0	10H~17H
3	1	1	18H~1FH

当 CPU 复位后，自动选中第 0 组工作寄存器。一旦选中了一组工作寄存器，其他 3 组的地址空间只能用于数据存储器，不能作为寄存器。如果要使用必须重新设置 RS1、RS0 的状态。

（2）位寻址区（20H~2FH）

位寻址区共 16B，每 1B 为 8 位，共 128 位，这 128 位用位地址编号，范围为 00H~7FH。这些位地址单元构成了布尔处理器的存储空间，其地址分布如表 2-3 所示。位寻址区既可采用位寻址方式访问，也可以采用字节寻址方式访问，这种位寻址能力是 51 系列单片机一个重要特点。

表 2-3　位地址分配表

字节地址	位地址							
	D7	D6	D5	D4	D3	D2	D1	D0
2FH	7FH	7EH	7DH	7CH	7BH	7AH	79H	78H
2EH	77H	76H	75H	74H	73H	72H	71H	70H
2DH	6FH	6EH	6DH	6CH	6BH	6AH	69H	68H
2CH	67H	66H	65H	64H	63H	62H	61H	60H
2BH	5FH	5EH	5DH	5CH	5BH	5AH	59H	58H
2AH	57H	56H	55H	54H	53H	52H	51H	50H
29H	4FH	4EH	4DH	4CH	4BH	4AH	49H	48H
28H	47H	46H	45H	44H	43H	42H	41H	40H
27H	3FH	3EH	3DH	3CH	3BH	3AH	39H	38H
26H	37H	36H	35H	34H	33H	32H	31H	30H
25H	2FH	2EH	2DH	2CH	2BH	2AH	29H	28H
24H	27H	26H	25H	24H	23H	22H	21H	20H
23H	1FH	1EH	1DH	1CH	1BH	1AH	19H	18H
22H	17H	16H	15H	14H	13H	12H	11H	10H
21H	0FH	0EH	0DH	0CH	0BH	0AH	09H	08H
20H	07H	06H	05H	04H	03H	02H	01H	00H

(3) 用户 RAM 区（30H~7FH）

用户 RAM 区共 80 个单元，可作为堆栈或数据缓冲使用。

2. 特殊功能寄存器区（80H~FFH）

AT89S51 单片机中共有 26 个特殊功能寄存器（SFR），这些寄存器离散地分布在内部数据存储器的 80H~FFH 这 128 B 的地址空间中。

这些特殊功能寄存器只能采用直接寻址及位寻址，其中，地址为 X0H 和 X8H 的各寄存器可位寻址，如表 2-4 所示，表中用"*"表示可位寻址的寄存器。

表 2-4 特殊功能寄存器（SFR）地址分配表

名 称	符号	D7			位地址				D0	字节地址
寄存器 B	B*	F7	F6	F5	F4	F3	F2	F1	F0	F0H
累加器 A	ACC*	E7	E6	E5	E4	E3	E2	E1	E0	E0H
程序状态字	PSW*	D7	D6	D5	D4	D3	D2	D1	D0	D0H
		CY	AC	F0	RS1	RS0	OV	—	P	
中断优先级寄存器	IP*	BF	BE	BD	BC	BB	BA	B9	B8	B8H
		—	—	—	PS	PT1	PX1	PT0	PX0	
P3 端口	P3*	B7	B6	B5	B4	B3	B2	B1	B0	B0H
		P3.7	P3.6	P3.5	P3.4	P3.3	P3.2	P3.1	P3.0	
中断允许寄存器	IE*	AF	AE	AD	AC	AB	AA	A9	A8	A8H
		EA	—	—	ES	ET1	EX1	ET0	EX0	
看门狗寄存器	WDTRST									A6H
双时钟指针寄存器	AUXR1	—							DPS	A2H
P2 端口	P2*	A7	A6	A5	A4	A3	A2	A1	A0	A0H
		P2.7	P2.6	P2.5	P2.4	P2.3	P2.2	P2.1	P2.0	
串口数据缓冲器	SBUF									99H
串行口控制寄存器	SCON*	9F	9E	9D	9C	9B	9A	99	98	98H
		SM0	SM1	SM2	REN	TB8	RB8	TI	RI	
P1 端口	P1*	97	96	95	94	93	92	91	90	90H
		P1.7	P1.6	P1.5	P1.4	P1.3	P1.2	P1.1	P1.0	
辅助寄存器	AUXR	—	—	—	WDIDLE	DISRTO	—	—	DISALE	8EH
定时器 1 高 8 位	TH1									8DH
定时器 0 高 8 位	TH0									8CH
定时器 1 低 8 位	TL1									8BH
定时器 0 低 8 位	TL0									8AH
定时器方式选择	TMOD	GATE	$C/\overline{T}$	M1	M0	GATE	$C/\overline{T}$	M1	M0	89H

续表

名称	符号	D7			位地址				D0	字节地址
定时器控制	TCON*	8F	8E	8D	8C	8B	8A	89	88	88H
		TF1	TR1	TF0	TR0	IE1	IT1	IE0	IT0	
电源控制	PCON	SMOD	—	—	—	GF1	GF0	PD	IDL	87H
数据指针1高8位	DP1H									85H
数据指针1低8位	DP1L									84H
数据指针0高8位	DP0H									83H
数据指针0低8位	DP0L									82H
堆栈指针	SP									81H
P0端口	P0*	87	86	85	84	83	82	81	80	80H
		P0.7	P0.6	P0.5	P0.4	P0.3	P0.2	P0.1	P0.0	

说明：
① 带"*"的 SFR 表示可位寻址。
② "—"表示保留位。

这些特殊功能寄存器（SFR）都和单片机的相关部件有关，如 ACC、B、PSW 与 CPU 有关，SP、DPTR 与存储器有关，P0~P3 与 I/O 端口有关，IP、IE 与中断系统有关，TCON、TMOD、TH0、TL0、TH1、TL1 与定时/计数器有关，SCON、SBUF 与串行口有关，PCON 与电源有关。这些 SFR 专门用来设置单片机内部的各种资源，记录电路的运行状态，参与各种运算及输入/输出操作，如设置中断和定时器的工作方式、进行并行及串行输入/输出等。

下面简述几个常用的特殊功能寄存器的功能。

（1）累加器 ACC

ACC 是一个具有特殊用途的 8 位寄存器，主要用于存放操作数或运算结果。AT89S51 指令系统中大多数指令的执行都要通过累加器 ACC 进行。因此，在 CPU 中，累加器的使用频率是很高的。当采用寄存器寻址时，可用 A 表示累加器。

（2）寄存器 B

寄存器 B 在乘、除法指令中用于暂存数据。乘法指令的两个操作数分别取自于 A 和 B，其结果存放在 BA 寄存器对中。具体应用见第 3 章中有关乘法、除法指令的内容。

（3）程序状态字 PSW

PSW 是一个可编程的 8 位寄存器，用来存放与当前指令执行结果相关的状态。AT89S51 有些指令的执行会自动影响 PSW 相关位的状态，在编程时要加以注意。同时，PSW 中某些位的状态也可通过指令设置。PSW 各标志位的定义如表 2-5 所示。

表 2-5 PSW 各标志位

D7	D6	D5	D4	D3	D2	D1	D0
CY	AC	F0	RS1	RS0	OV	—	P

CY：进位标志位。当累加器 A 的最高位有进位（加法）或借位（减法）时，CY＝1；否则 CY＝0。在布尔操作时，它是各种位操作的"累加器"。CY 在指令中常简记为 C。

AC：辅助进位标志位。当累加器 A 的 D3 位向 D4 位进位或借位时，AC＝1；否则为 0。有时 AC 也被称为半进位标志。

F0：用户标志位。可以根据需要用程序将其置位或清 0，以控制程序的转向。

RS1、RS0：工作寄存器区选择位。RS1、RS0 可由指令置位或清 0，用来选择单片机的工作寄存器区，其选择方法见表 2-2。

OV：溢出标志位。当有符号数采用补码运算时，其结果超出范围（-127～+128）时，有溢出，OV＝1；否则 OV＝0。

—：保留位。

P：奇偶校验位。指示累加器 A 中操作结果的"1"的个数的奇偶性。凡是改变累加器 A 中内容的指令均影响 P 标志位。当 A 中有奇数个"1"，则 P＝1；否则 P＝0。此标志位对串行通信中的数据传输有重要的意义，在串行通信中常采用奇偶校验的方法来校验数据传输的可靠性。

（4）堆栈指针 SP

堆栈是存储区中一个存放数据地址的特殊区域，主要是用来暂存数据和地址的，操作时按先进后出的原则存放数据，其生成方向由低地址到高地址。

堆栈指针 SP 是一个 8 位特殊功能寄存器，指示堆栈的底部在片内 RAM 中的位置。系统复位后，SP 的初始值为 07H。由于 08H～1FH 单元分属于工作寄存器区 1～3，所以一般将 SP 的初值改变至片内 RAM 的高地址区（30H 以上）。

（5）数据指针 DPTR

DPTR 是一个 16 位地址寄存器，主要用来存放 16 位地址，作间接寻址寄存器使用，可用于读写外接数据存储器或 I/O 端口。AT89S51 单片机提供了两个数据指针 DP0 和 DP1，可通过双时钟指针寄存器 AUXR1 来选择，如表 2-4 所示。当 DPTR 选择位 DPS 为 0 时，选择 DP0；为 1 时，选择 DP1。它们也可以拆成两个独立的 8 位寄存器使用，即 DPH（高 8 位）和 DPL（低 8 位）。

（6）端口 P0～P3

P0～P3 分别表示 I/O 端口中的 P0～P3 锁存器。在 AT89S51 中可以把 I/O 端口当作一般的特殊功能寄存器来使用，不再专设端口操作指令，均采用统一的 MOV 指令，使用方便。

（7）串行数据缓冲器 SBUF

串行数据缓冲器 SBUF 用于存放串行通信中待发送或已接收到的数据。它实际上是由两个独立的寄存器组成，一个是发送缓冲器，一个是接收缓冲器。

（8）定时/计数器 TH1、TL1、TH0、TL0

AT89S51 中有两个 16 位定时/计数器 T0 和 T1。它们各自由两个独立的 8 位寄存器组成，共为 4 个寄存器 TH1、TL1、TH0 和 TL0，可以分别对这 4 个寄存器寻址，但不能把 T0、T1 当 16 位寄存器来对待。由于定时/计数器工作方式的不同，定时器使用的有效位数会发生变化。具体应用见第 5 章相关章节。

除上述 SFR 以外，另外还有 IE、IP、TMOD、TCON、SCON 和 PCON 等寄存器，将在以后的章节中介绍。

2.4　AT89S51 单片机的最小系统

2.4.1　AT89S51 单片机最小系统的构成

在单片机实际应用系统中，由于应用条件及控制要求的不同，其外围电路的组成各不相同。单片机的最小系统就是指在尽可能少的外部电路条件下，能使单片机独立工作的系统。

微课：单片机最小系统

由于 AT89S51 内部已经有 4 KB 的 Flash E^2PROM 及 128 B 的 RAM，因此只需要接上时钟电路和复位电路就可以构成单片机的最小系统，如图 2-13 所示。

2.4.2　时钟电路

时钟电路对单片机系统而言是必需的。由于单片机内部是由各种各样的数字逻辑器件（如触发器、寄存器、存储器等）构成，这些数字器件的工作必须按时间顺序完成，这种时间顺序就称为时序。时钟电路就是提供单片机内部各种操作的时间基准的电路，没有时钟电路单片机就无法工作。

1. 时钟电路的产生方式

根据 AT89S51 单片机产生时钟方式的不同，可将时钟电路分为内部时钟方式及外部时钟方式两种。

在 XTAL1 和 XTAL2 引脚之间外接石英晶体振荡器及两个谐振电容，就可以构成内部时钟电路，如图 2-13 所示的电路。内部时钟电路的石英晶体振荡器频率一般选择在 4～12 MHz，谐振电容采用 20～30 pF 的瓷片电容。

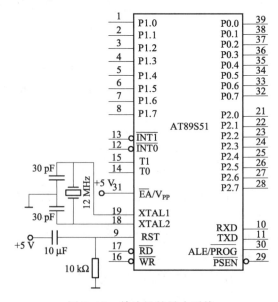

图 2-13　单片机的最小系统

如果单片机的时钟采用某一个外接的时钟信号，则可以按图 2-14（a）、图 2-14（b）所示连接。对于 AT89S51 一般可采用如图 2-14（b）所示外接时钟信号。

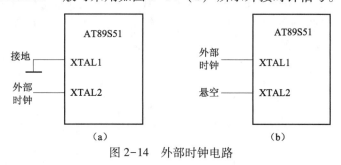

图 2-14　外部时钟电路

2. 单片机的时序单位

时钟电路产生的最小时序单位称为时钟周期，它是由石英晶体振荡器的振荡频率决定的，又称振荡周期。

将石英晶体振荡器的振荡频率进行二分频，就构成了状态周期，一个状态周期等于两个时钟周期。将这两个时钟周期称为两个节拍，用 P1、P2 表示。

6 个状态周期就构成了 1 个机器周期，机器周期是单片机执行一次基本操作所需要的时间单位。6 个状态依次用 S1~S6 表示。

单片机执行一条指令所需要的时间称为指令周期，通常由 1~4 个机器周期组成。它是由不同指令来决定时间长短的，附录 B 中列出了各种指令所需要的时间。一般 AT89S51 系列单片机的指令分为单机器周期、双机器周期及四机器周期指令。

各时序单位间的关系如图 2-15 所示。

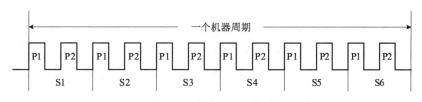

图 2-15　各时序单位间的关系

例如：石英晶体振荡器的频率为 $f_{osc} = 12$ MHz，则有

$$时钟周期 = \frac{1}{f_{osc}} = \frac{1}{12 \text{ MHz}} = 0.083\ 3\ \mu s$$

$$状态周期 = 2 \times 时钟周期 = 0.167\ \mu s$$

$$机器周期 = 12 \times 时钟周期 = 1\ \mu s$$

$$指令周期 = (1~4) 机器周期 = 1~4\ \mu s$$

2.4.3　复位电路

单片机的复位就是对单片机进行初始化操作，使单片机内部各寄存器处于一个确定的初始状态，以便进行下一步操作。

1. 复位电路的构成

要实现复位操作，只需在 AT89S51 单片机的 RST 引脚上施加 5 mV 的高电平信号即可。单片机的复位电路有两种形式：上电复位和按钮复位。图 2-16（a）所示为上电复位，图 2-16（b）所示为按钮复位。

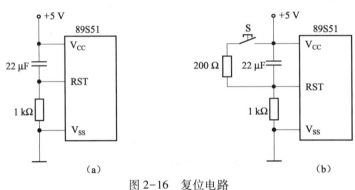

图 2-16 复位电路
（a）上电复位；（b）按钮复位

上电复位是利用电容充电来实现的，即上电瞬间 RST 端的电位与 V_{CC} 相同，随着电容上储能增加，电容电压也增大，充电电流减少，RST 端的电位逐渐下降。这样在 RST 端就会建立一个脉冲电压，调节电容与电阻的大小可对脉冲持续的时间进行调节。通常晶振为 6 MHz 时，复位电路元件为 22 μF 的电解电容和 1 kΩ 的电阻，若晶振频率为 12 MHz 时，复位电路元件为 10 μF 的电解电容和 10 kΩ 的电阻。

按钮复位电路是通过按下复位按钮时，电源对 RST 端维持两个机器周期的高电平实现复位的。

2. 复位后各寄存器的状态

单片机进行复位操作后，各寄存器的内容被初始化。复位后各寄存器的状态如表 2-6 所示。

表 2-6 AT89S51 单片机复位后各寄存器的状态

寄存器名称	复位值	寄存器名称	复位值
PC	0000H	IE	0××00000B
ACC	00H	TMOD	00H
B	00H	TCON	00H
PSW	00H	TH0	00H
SP	07H	TL0	00H
DPTR	0000H	TH1	00H
P0~P3	FFH	TL1	00H
SBUF	不定	SCON	00H
IP	×××00000B	PCON	0×××0000B

由表可知，除 SP、P0~P3 及 SBUF 外，其余各寄存器的值均为 0。PC=0000H 代表单片机从地址为 0 处开始执行程序。端口 P0~P3 为 FFH 表明所有端口锁存器均被置"1"，可进行输入/输出数据的操作。

2.5　C51 的数据结构

C51 与 C 语言相同，其数据有常量和变量之分。常量是在程序运行中不能改变值的量，可以是字符、十进制数或十六进制数（用 0x 表示）。变量是在程序运行过程中不断变化的量。无论是常量还是变量，其数据结构是以数据类型决定的。

2.5.1　C51 的常量

常量就是在程序执行过程中不能改变值的量。常量的数据类型有整型、浮点型、字符型、字符串型及位类型。

1. 整型常量

整型常量可用十进制、十六进制表示，如果是长整数则在数字后面加 L。举例如下。十进制整数：1234，-56；十六进制整数：0x123，-0xFF；长整数：6789L、0xAB12L。

2. 浮点型常量

浮点型常量可用十进制和指数两种形式表示。

十进制由数字和小数点组成，整数和小数部分为 0 可以省略，但小数点不能省略。例如：0.1234，.1234，1234.，0.0 等。

指数表示形式为［±］数字［. 数字］e［±］数字。例如：123.4e5，-6e-7 等。

3. 字符型常量

字符型常量为单引号内的字符，如'e'、'k'等。对于不可显示的控制符，可在该字符前用反斜杠"\"构成转义字符表示。如表 2-7 所示为一些常用的转义字符。

4. 字符串型常量

字符串型常量为双引号内的字符，如"ABCD""@#%"等。当双引号内没有字符时，表示空字符串。在 C51 中字符串常量是作为字符型数组来处理的，在存储字符串时系统会在字符串的尾部加上转义字符"\0"作为该字符串的结束符。所以字符串常量"A"与字符常量'A'是不同的。

5. 位常量

位常量的值只能取 1 或 0 两种。

2.5.2　C51 的变量与存储类型

变量是一种在程序执行过程中值不断变化的量。变量在使用之前，必须进行定义，用一个标识符作为变量名并指出它的数据类型和存储模式，以便编译系统为它分配相应的存储单元。C51 对变量的定义格式如下：

微课：C51 变量的定义

［存储种类］数据类型［存储器类型］变量名表

常用的转义字符如表 2-7 所示。

表 2-7 常用的转义字符表

转义字符	含 义	ASCII 码
\ 0	空字符（NULL）	0x00
\ n	换行符（LF）	0x0A
\ r	回车符（CR）	0x0D
\ t	水平制表符（HT）	0x09
\ b	退格符（BS）	0x08
\ f	换页符（FF）	0x0C
\ '	单引号	0x27
\ "	双引号	0x22
\ \	反斜杠	0x5C

下面分别介绍变量定义格式中的各项。

1. 存储种类

存储种类项为可选项。变量的存储种类有 4 种：自动（auto）、外部（extern）、静态（static）和寄存器（register）。如果在定义变量时省略该项，则默认为自动（auto）变量。

自动变量（auto）指被说明的对象放在内存的堆栈中。只有在定义它的函数被调用或是定义它的复合语句被执行时，编译器才为其分配内存空间。当函数调用结束返回时，自动变量所占用的空间就被释放。

外部变量（extern）指在函数外部定义的变量，也称为全局变量。只要一个外部变量被定义后，它就被分配了固定的内存空间，即使函数调用结束返回，其存储空间也不被释放。

静态变量（static）分为内部静态变量和外部静态变量两种。如果希望定义的变量在离开函数后到下次进入函数前变量值保持不变，就需要使用静态变量说明。使用这种类型对变量进行说明后，变量的地址是固定的。

寄存器变量（register）指定将变量放在 CPU 的寄存器中，程序执行效率最高。

2. 数据类型

C 语言的数据类型可分为基本数据类型和复杂数据类型，其中复杂数据类型又是由基本数据类型构造而成。C51 中的数据类型既包含与 C 语言中相同的数据类型，也包含其特有的数据类型。

微课：C51 中的基本数据类型

（1）char：字符型

字符型数据的长度为一个字节。有 signed char（有符号数）和 unsigned char（无符号数）两种，默认值为 signed char。unsigned char 类型数据可以表达的数值范围是 0~255；signed char 类型数据的最高位表示符号位，"0" 为正数，"1" 为负数。负数用补码表示，其表达的数值范围是 −128~+127。

(2) int：整型

整型数据的长度为双字节。有 signed int 和 unsigned int 两种，默认值为 signed int。unsigned int 类型数据可以表达的数值范围是 0~65 535；signed int 类型数据的最高位表示符号位，"0"为正数，"1"为负数，其表达的数值范围是-32 768~+32 767。

(3) long：长整型

长整型数据的长度为 4 个字节。有 signed long 和 unsigned long 两种，默认值为 signed long。unsigned long 类型数据可以表达的数值范围是 0~4 294 967 295；signed long 类型数据的最高位表示符号位，"0"为正数，"1"为负数，其表达的数值范围是-2 147 483 648~+2 147 483 647。

(4) float：浮点型

浮点型数据是指符合 IEEE-754 标准的单精度浮点型数据，其长度为 4 个字节。在内存中的存放格式如下。

字节地址	+0	+1	+2	+3
浮点数内容	S EEEEEEE	E MMMMMMM	MMMMMMMM	MMMMMMMM

其中，S 表示符号位，"0"为正数，"1"为负数。E 为阶码，占 8 位二进制数。阶码的 E 值是以 2 为底的指数再加上偏移量 127 表示的，其取值范围是 1~254。M 为尾数的小数部分，用 23 位二进制数表示，尾数的整数部分永远是"1"，因此被省略，但实际是隐含存在的。一个浮点数的数值可表示为 $(-1)^S \times 2^{E-127} \times (1.M)$。

例如，-7.5=0xC0F00000，以下为该数在内存中的格式。

字节地址	+0	+1	+2	+3
浮点数内容	1 1000000	1 1110000	00000000	00000000

除以上几种基本数据类型外，还有以下一些数据类型。

(5) *：指针型

指针型数据与前 4 种数据结构不同的是，它本身就是一个变量，在这个变量中存放的不是数据而是指向另一个数据的地址。C51 中的指针变量的长度一般为 1~3 B。其变量类型的表示方法是在指针符号"*"的前面冠以数据类型的符号，如 char * point1 表示 point1 是一个字符型的指针变量。

指针型变量的用法与汇编语言中的间接寻址方式类似，表 2-8 表示两种语言的对照用法。

表 2-8 汇编语言与 C 语言的对照用法

汇编语言	C 语言	说　明
MOV R1, #m	P=&[①]m	送地址 m 到指针型变量 P（即 R1）中
MOV n, @R1	n= *[②]P	m 的内容送 n
注：① & 表示取地址运算符。 　　② * 为取内容运算符。		

(6) bit：位类型

位类型是 C51 编译器的一种扩充数据类型，利用它可以定义一个位变量，但不能定义位指针，也不能定义位数组。它的值只可能为 0 或 1。

(7) sfr：特殊功能寄存器类型

特殊功能寄存器类型也是 C51 编译器的一种扩充数据类型，利用它可以定义 51 系列单片机的所有内部 8 位特殊功能寄存器。sfr 型数据占用一个内存单元，取值范围为 0~255。例如：sfr P0=0x80，表示定义 P0 为特殊功能寄存器型数据，且为 P0 口的内部寄存器，在程序中就可以使用 P0=255 对 P0 口的所有引脚置高电平。

(8) sfr16：16 位特殊功能寄存器类型

与 sfr 一样，sfr16 是用于定义 51 系列单片机内部的 16 位特殊功能寄存器。它占用两个内存单元，取值范围为 0~65 535。

(9) sbit：可寻址位类型

可寻址位类型也是 C51 编译器的一种扩充数据类型，利用它可以访问 51 系列单片机内部 RAM 的可寻址位及特殊功能寄存器中的可寻址位。例如：

sfr P1 = 0x90

sbit P1_1 = P1^1

sbit OV = 0xD0^2

表 2-9 列出了 C51 的所有数据类型。

表 2-9 C51 的所有数据类型

数 据 类 型	长　　度	值　　域
unsigned char	单字节	0~255
signed char	单字节	-128~+127
unsigned int	双字节	0~65 535
signed int	双字节	-32 768~+32 767
unsigned long	4 字节	0~4 294 967 295
signed long	4 字节	-2 147 483 648~+2 147 483 647
float	4 字节	±1.175 494E-38~±3.402 823E+38
*	1~3 字节	对象的地址
bit	位	0 或 1
sfr	单字节	0~255
sfr16	双字节	0~65 535
sbit	位	0 或 1

在 C51 中，如果出现运算对象的数据类型不一致的情况，按以下优先级（由低到高）顺序自动进行隐式转换。

bit → char → int → long → float → singed → unsigned，转换时由低向高进行。

(10) 数组

C51 编译器除了能支持以上这些基本数据类型外，还能支持复杂的构造类型，如数组、结构体、联合体等,数组就是一种常用的数据类型。

1)数组定义

在 C51 中,数组必须先定义后使用。一维数组的定义格式如下:

类型说明符 数组名[常量表达式];

类型说明符是指数组中的各个数组元素的数据类型;数组名是用户定义的数组标识符;方括号中的常量表达式表示数组元素的个数,也称为数组的长度。

例如:

  int a[10];   //定义整型数组 a,有 10 个元素

  char ch[20]; //定义字符数组 ch,有 20 个元素

定义数组时,应注意以下几点:

① 数组的类型实际上是指数组元素的取值类型。对于同一个数组,所有元素的数据类型都是相同的。

② 数组名的书写规则应符合标识符的书写规定。

③ 数组名不能与其他变量名相同。

④ 方括号中常量表达式表示数组元素的个数,如 a[5] 表示数组 a 有 5 个元素。数组元素的下标从 0 开始计算,5 个元素分别为 a[0]、a[1]、a[2]、a[3]、a[4]。

⑤ 方括号中的常量表达式不可以是变量,但可以是符号常数或常量表达式。

2)数组元素

数组元素也是一种变量,其标志方法为数组名后跟一个下标。下标表示该数组元素在数组中的顺序号,只能为整型常量或整型表达式。如为小数时,C51 编译器将自动取整。定义数组元素的一般形式为:

  数组名[下标]

在程序中不能一次引用整个数组,只能逐个使用数组元素。例如,数组 a 包括 10 个数组元素,累加 10 个数组元素之和,必须使用下面的循环语句逐个累加各数组元素:

int a[10], sum;

sum = 0;

for (i=0; i<10; i++) sum=sum+a[i];

不能用一个语句累加整个数组,下面的写法是错误的:

sum = sum+a;

3)数组赋值

结合数组赋值的方法有赋值语句和初始化赋值两种。

① 数组赋值语句赋值。在程序执行过程中,可以用赋值语句对数组元素逐个赋值,例如:

for (i=0; i<10; i++)

  num[i] = i;

② 数组初始化赋值。这种方式在数组定义时给数组元素赋予初值,是在编译阶段进行的,可以减少程序运行时间,提高程序执行效率。初始化赋值的一般形式为:

  类型说明符 数组名[常量表达式] = {值,值,…,值};

其中,在 {} 中的各数据值即为相应数组元素的初值,各值之间用逗号间隔,例如:

  int num[10] = {0, 1, 2, 3, 4, 5, 6, 7, 8, 9};

相当于：
　　num[0] =0; num[1] =1; …; num[9] =9;

3. 存储器类型

该项为可选项。Keil Cx51 编译器完全支持 51 系列单片机的硬件结构和存储器组织，对每个变量可以定义表 2-10 中的存储器类型。

表 2-10　Keil Cx51 编译器所能识别的存储器类型

存储器类型	说　明
DATA	直接寻址的片内数据存储器（128 B），访问速度最快
BDATA	可位寻址的片内数据存储器（16 B），允许位与字节混合访问
IDATA	间接访问的片内数据存储器（256 B），允许访问全部片内地址
PDATA	分页寻址的片外数据存储器（256 B），用 MOVX @ Ri 指令访问
XDATA	片外数据存储器（64 KB），用 MOVX @ DPTR 指令访问
CODE	程序存储器（64 KB），用 MOVC @ A+DPTR 指令访问

若在定义变量时省略了存储器类型项，则按编译时使用的存储器模式来确定变量的存储器空间。Keil Cx51 编译器的 3 种存储器模式为 SMALL、LARGE 和 COMPACT，这 3 种模式对变量的影响如表 2-11 所示。

表 2-11　存储器模式对变量的影响

存储器模式	描　述
SMALL	变量放入直接寻址的片内数据存储器（默认存储器类型为 DATA）
COMPACT	变量放入分页寻址的片外数据存储器（默认存储器类型为 PDATA）
LARGE	变量放入片外数据存储器（默认存储器类型为 XDATA）

变量应用举例如下。

```
char data var;                /* 在 data 区定义字符型变量 var */
int a=5;                      /* 定义整型变量 a，同时赋初值等于 5，变量 a
                                 位于由编译器的存储器模式确定的默认存储
                                 区中 */
char code text[ ] = "HELLO!"; /* 在 code 区定义字符串数组 */
unsigned int xdata time;      /* 在 xdata 区定义无符号整型变量 time */
extern float idata x, y, z;   /* 在 idata 区定义外部浮点型变量 x, y, z */
char xdata * px;              /* 指针 px 指向 char 型 xdata 区，指针 px 自身
                                 在默认存储区，指针长度为双字节 */
char pdata * data py;         /* 指针 py 指向 char 型 pdata 区，指针 py 自身
                                 在 data 区，指针长度为单字节 */
static bit data port;         /* 在 data 区定义了一个静态位变量 port */
```

```
int bdata x;            /* 在 bdata 区定义了一个整型变量 x */
sbit x0=x^0;            /* 在 bdata 区定义了一个位变量 x0 */
sfr P0=0x80;            /* 定义特殊功能寄存器名 P0 */
sfr16 T2=0xCC;          /* 定义特殊功能寄存器名 T2 */
```

2.6 单片机常用开发工具

随着单片机开发技术的不断发展,从使用汇编语言开发到使用高级语言 C 开发,单片机的开发软件也在不断的发展。目前最流行的 51 系列单片机开发软件就是 Keil μVision4。它既可用于汇编语言的开发,也可用于 C 语言的开发。当程序调试正确无误后,需要用专用的编程器将编译后的程序代码下载到 51 芯片中。而对 AT89S51 来说,只需用 ISP 线进行下载即可。

2.6.1 Keil μVision4 仿真调试软件包

Keil μVision4 是美国 Keil Software 公司出品的 51 系列兼容单片机软件开发系统。它提供了包括 C 编译器、宏汇编、连接器、库管理和一个功能强大的仿真调试器在内的完整的开发方案,通过一个集成开发环境(μVision)将这些部分组合在一起。Keil μVision4 的最大优点就是编译后生成的汇编代码效率非常高,很容易理解,因此 Keil μVision4 也成为开发人员使用 C 语言开发系统首选的工具软件。这里仅以汇编语言程序的开发过程为例,介绍 Keil μVision4 软件的使用方法。

微课:keil C51 软件使用

1. Keil μVision4 的安装与启动

Keil μVision4 的安装只需要进入 setup 目录下,双击 setup.exe 程序进行安装,按照安装程序提示,输入相关内容,就可以自动完成安装过程了。安装完成后,双击桌面上的 Keil μVision4 图标,就可以进入 Keil μVision4 的界面了。如图 2-17 所示。

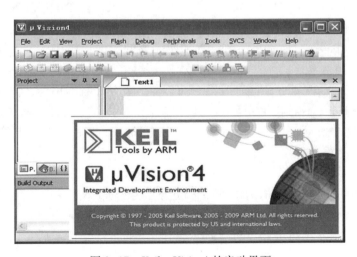

图 2-17 Keil μVision4 的启动界面

视频:keil 软件使用—窗口的打开和关闭

视频:文本字体和颜色的修改

在图 2-17 中，最上面的是标题栏，其下方的是 Keil μVision4 的菜单栏，菜单栏下方是工具栏。在工具栏下面，有三个窗口区，左边 Project 窗口是项目管理窗口，用于管理当前工程及各种项目文件；右边是 Keil μVision4 的工作区，用于编辑程序源代码。左下方 Build Output 窗口是 Keil μVision4 的输出信息窗口，用于显示编译的状态、错误和警告信息。

2. 程序的编辑及参数设置

（1）新建源程序

选择菜单 File 下 New 命令，或者单击工具栏上的新建文件按钮，即可在项目窗口的右侧打开一个新的文本编辑窗口，在该窗口中输入汇编语言源程序或 C51 程序。如图 2-18 所示。

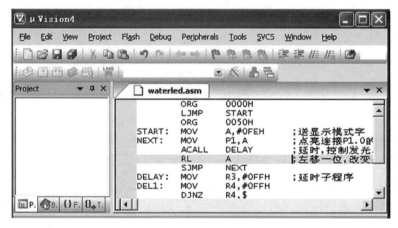

图 2-18 新建源程序文件

保存该文件，并加上扩展名，如 waterled.asm。汇编语言源程序一般用 .asm 为扩展名，C51 源程序用 .c 为扩展名。

（2）新建工程文件

在项目开发中，并不是只有一个源程序就可以了，有些项目会由多个文件组成。为了管理和使用文件方便，也为了这个项目的参数设置（如选择合适的 CPU，确定编译、汇编、连接的参数，指定调试的方式等），通常将参数设置和所需要的文件都放在一个工程中，使开发人员可以轻松地管理它们。

单击 Project 菜单下的 New μVision Project 命令，可以打开新建工程对话框，输入所需建立的工程文件名，如 waterled（不需要扩展名），单击"保存"按钮。打开选择 CPU 对话框，如图 2-19 所示。在这个对话框中选择 Atmel 公司的 AT89S51 芯片，单击"确定"按钮，工程文件就建好了。

（3）加载源程序文件

在项目管理窗口中，单击 Target1 前面的+号，展开下一层 Source Group1，用鼠标右键单击 Source Group1，在出现的快捷菜单中选择 Add Files To Group 'Source Group1' 命令，如图 2-20 所示。在对话框中，查找源程序文件，如 waterled.asm，将其选定后，加入 Source Group1。

第 2 章 单片机的最小系统

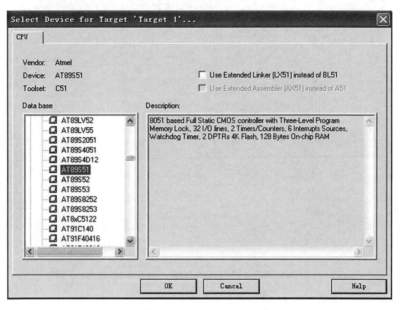

图 2-19 选择 CPU 对话框

返回到主界面后，可看到 Source Group1 前面出现了"+"号，单击"+"号，展开下一层后，可看到加入的源程序文件 waterled.asm。双击该文件，可打开该程序文件。

（4）设置工程参数

在编译、调试前，还需要对工程进行详细的参数设置。

用鼠标右键单击项目管理窗口中的 Target1，在弹出的快捷菜单中选择 Options For Target 'Target1'命令，打开属性设置对话框。也可通过单击图标 打开属性设置对话框，如图 2-21 所示。在属性对话框中，包括 11 个选项卡，这里仅介绍几个常用选项卡，其余的请参考相关书籍。

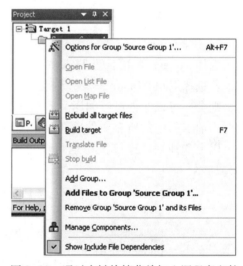

图 2-20 通过右键快捷菜单加入源程序文件

在 Target 选项卡中，Xtal 用于设置硬件所用的晶振频率，可根据外部实际硬件电路晶振频率设置。Memory Model 用于 C51 编译器对默认的存储器类型模式进行设置，有三个选项，Small 是所有变量都在单片机的内部 RAM 中；Compact 是可以使用 256B 外部扩展 RAM，而 Large 则是可以使用全部外部扩展的 RAM。Code Rom Size 用于设置 ROM 空间的使用情况，同样也有三个选项，Small 是指程序存储空间为 2 KB；Compact 是指单个函数代码量不能超过 2 KB，整个程序可以使用 64 KB 空间；而 Large 则可以使用全部 64 KB 空间。

在 Output 选项卡中，Create HEX File 用于生成提供给编程器写入的可执行代码文件，如果要进行编程器写入操作就必须选定该项。

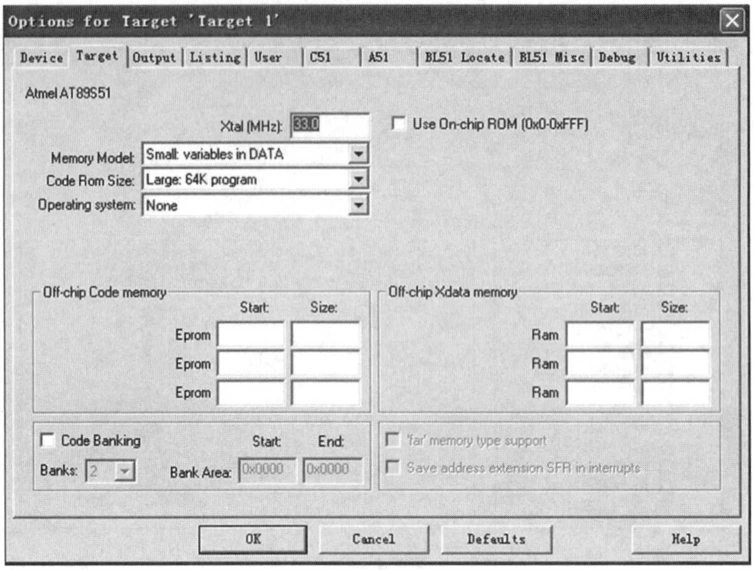

图 2-21 属性设置对话框

属性设置对话框中的其他页与 C51 编译选项、A51 汇编选项、BL51 连接器的连接选项的设置有关，这里就不一一介绍了。

3. 编译及调试

选择 Project 菜单下的 Translate 命令，就可以对当前文件进行编译了。若选择 Build Target 命令，则会对当前工程进行连接，如果文件已修改，则会先对该文件进行编译。若选择 Rebuild all target files 命令，则将会对当前工程中的所有文件重新进行编译并连接。

以上 3 种编译连接操作也可通过编译连接工具栏完成，如图 2-22 (a) 所示。

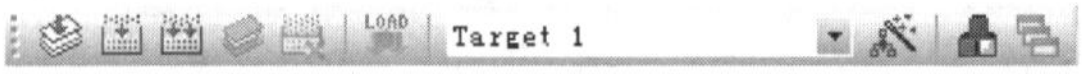

视频：keil C51 软件的使用—编译输出 Hex 文件

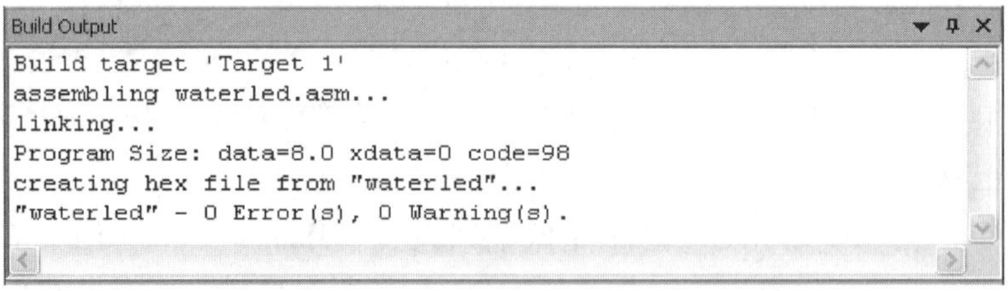

图 2-22 编译连接工具栏及信息窗口
(a) 编译连接工具栏；(b) 编译正确信息提示

编译连接过程中的信息将会出现在主界面下方的信息窗口中，如果源程序有语法错误，会有错误报告出现，双击可定位到出错行，若修改完成后，会在信息窗口出现如图 2-22 (b) 所示的信息。此时，可进入仿真调试工作。

第 2 章　单片机的最小系统

视频：调试窗口简介

视频：存储器窗口

视频：工具栏打开与关闭

视频：单步调试

选择 Debug 菜单下的 Start/Stop Debug Session 命令，或单击工具栏上的图标 ⓠ，就可以进入调试状态了。此时，工具栏中会出现调试及运行工具栏，如图 2-23（a）所示。从左到右依次是：RST：Reset（复位）；：Run（运行）；：Stop（停止）；：Step（单步）；：Step Over（不进子程序单步）；：Step Out（从子程序中退出单步）；：Run to Cursor Line（运行到光标所在行）；：Show Next Statement（显示当前程序计数器状态）；：命令窗口；：反汇编窗口；：符号窗口；：寄存器窗口；：调用堆栈窗口；：观察窗口；：存储器窗口；：串行口窗口；：逻辑分析窗口；：指令跟踪窗口等命令。通过这些命令并观察相应的窗口状态就可以进行程序调试了。例如：在图 2-23（b）中，从左侧的项目管理窗口中的寄存器页可以观察到运行程序时各寄存器的状态改变。当再次单击工具栏上的"开始/停止调试"图标 ⓠ，就可以退出调试状态。

（a）

视频：断点调试

视频：连续运行调试

（b）

图 2-23　调试工具栏及调试界面
（a）调试工具栏；（b）调试界面

2.6.2 Proteus 仿真软件

微课：Proteus 软件使用

Proteus 软件是英国 Labcenter 公司开发的电路分析与实物仿真软件，是一种电子设计自动化软件，运行于 Windows 操作系统上，提供可仿真数字和模拟、交流和直流等数千种元器件及多种现实存在的虚拟仪器仪表，还提供图形显示功能，可以将线路上变化的信号，以图形的方式实时地显示出来。它提供 Schematic Drawing、SPICE 仿真与 PCB 设计功能，可以仿真、分析（SPICE）各种模拟器件和集成电路，同时可以仿真 51 系列、AVR、PIC 等单片机和 LED 发光二极管、键盘、电机、A/D 及 D/A 等外围接口设备。它还提供软件调试功能，具有全速、单步、设置断点等调试功能，同时可以观察各个变量、寄存器等的当前状态，同时支持第三方的软件编译和调试环境，如 Keil μVision4 等软件。下面以流水灯仿真为例介绍该软件的基本使用方法。

1. 在 Proteus 仿真环境下画出流水灯电路图

打开 Proteus ISIS 7 Professional，进入 Proteus 的原理图编辑界面，如图 2-24 所示。在此界面下，包括菜单栏、工具栏及多个窗口。其中，图形编辑区用于绘制电路原理图；工具箱中有各种常用工具，包括选择工具、拾取元器件工具、放置节点工具、标注工具、文本工具、终端工具、引脚工具、激励源工具、虚拟仪器工具等；对象选择器选择不同的工具箱图标按钮决定当前状态显示的内容，显示的内容包括元器件、终端、引脚、图形符号、图表等。

在绘制原理图之前，首先应选择所需的元器件。选择 Library→Pick Device/Symbol，或单击图标 ，也可单击图 2-25 中的图标 P 打开元器件拾取对话框，如图 2-26 所示。

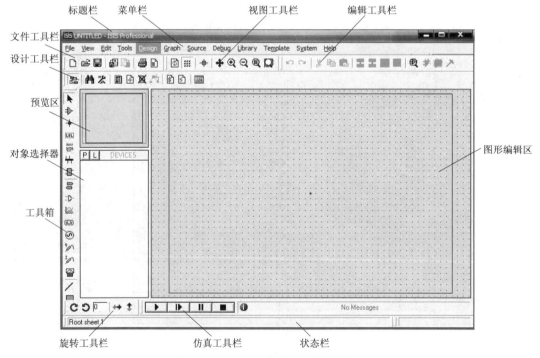

图 2-24 Proteus 的原理图编辑界面

以查找 AT89S51 单片机为例，在类列表中选择 Microprocessor ICs 类，并在子类列表中选择 8051 Family 子类，则在元器件列表区域出现期望的元器件，如图 2-26 所示。这里没有 AT89S51，可以选 AT89C51 代替。流水灯硬件电路的其他元器件也可按相同的方法找到，流水灯硬件电路所需元器件，如表 2-12 所示。

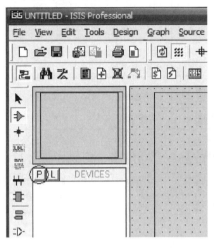

图 2-25　拾取元器件按钮

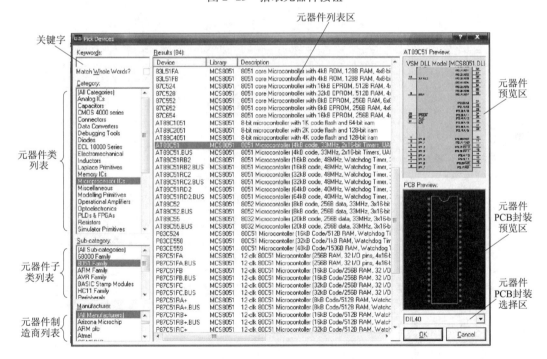

图 2-26　元器件拾取对话框

表 2-12　流水灯元器件清单

元器件名	类	子类	参数	备注
AT89C51	Microprocessor ICs	8051 Family		代替 AT89S51

续表

元器件名	类	子类	参数	备注
CAP	Capacitors	Generic	30 pF	瓷片电容,用于起振
CAP-ELEC	Capacitors	Generic	10 μF	电解电容,用于复位
CRYSTAL	Miscellaneous		12 MHz	晶振
LED-RED	Optoelectronics	LEDs		红色发光二极管
RES	Resistors	Generic	220 Ω	发光二极管限流电阻
RES	Resistors	Generic	10 kΩ	复位电阻、上拉电阻
RES	Resistors	Generic	100 Ω	复位电路泄流电阻
BUTTON	Switches & Relays	Switches		复位按钮

用鼠标单击对象选择器中的某一元器件名,把鼠标指针移动到图形编辑区,单击鼠标左键,元器件即可被设置到编辑区中。将所有流水灯硬件电路所需元器件依次放置到图形编辑区,可利用鼠标右键快捷菜单对已放置的元器件位置进行调整,还可用鼠标右键双击元器件删除它,如图 2-27 所示。

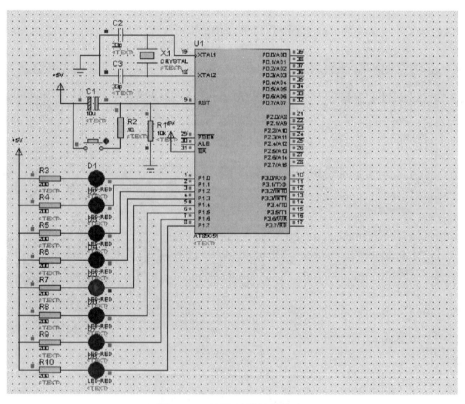

图 2-27 放置元器件并仿真

将所有元器件按图 2-27 连线,Proteus 连线非常智能化,只需用鼠标左键单击编辑区元器件的一个端点,再用鼠标左键单击所需连接的另一个元器件的端点即可。

最后用鼠标左键双击每个元器件,通过元器件编辑对话框修改所有元器件参数,包括电容值、电阻值、元器件序号等，如图 2-28 所示。

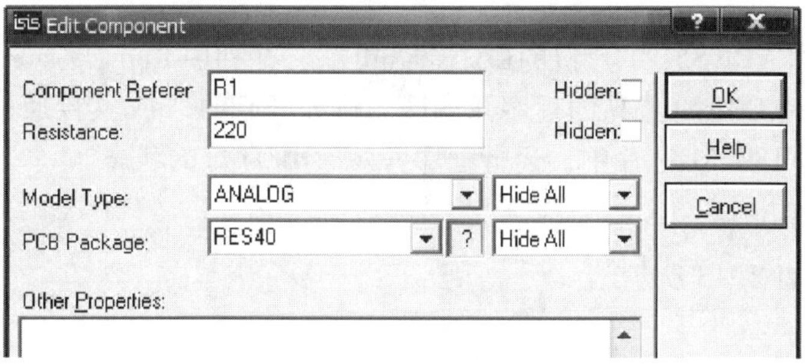

图 2-28 编辑元器件对话框

将所有元器件接线完成后，存盘即可。

2. 将流水灯编译后的 .hex 文件加入 Proteus 中，进行虚拟仿真

双击 AT89C51 单片机芯片，可打开元器件编辑对话框，如图 2-29 所示。在 Program File 栏中，单击"打开"按钮，选取流水灯的 hex 文件。在 Clock Frequency 栏中设置时钟频率为 12 MHz，如图 2-29 所示。Proteus 仿真运行时，时钟频率以单片机编辑对话框中设置的频率值为准，所以在 Proteus ISIS 界面中设计电路原理图时，可以略去单片机的时钟电路。另外，复位电路也可略去。

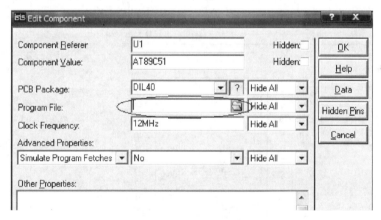

图 2-29 加载目标代码文件

在 Proteus 仿真界面中的仿真工具栏中单击按钮，启动全速仿真，此时 LED 灯就会依次从上到下点亮，如图 2-27 所示。用鼠标单击仿真工具栏中的按钮，即可停止仿真。

任务训练　单片机最小系统电路制作

1. 训练目的

① 了解单片机最小系统的构成及电路制作。

② 掌握单片机的简单调试方法。

2. 训练内容

按图 2-30 制作 AT89S51 单片机的最小系统电路，并利用 Keil μVision4 软件包，编写一个使 LED 灯点亮的程序并编译。将编译后的 .hex 文件通过 ISP 下载接口写入 AT89S51 芯片中，运行程序并观察 LED 灯的状态。

仿真：单灯点亮

3. 元器件清单

元器件清单如表 2-13 所示。

表 2-13 元器件清单

序号	元器件名称	规　　格	数量
1	51 单片机	AT89S51	1 个
2	晶振	12 MHz 立式	1 个
3	起振电容	30 pF 瓷片电容	2 个
4	复位电容	10 μF 16 V 电解电容	1 个
5	复位电阻	10 kΩ 电阻	1 个
6	限流电阻	220 Ω 电阻	1 个
7	发光二极管	红色/绿色 LED	1 个
8	DIP 封装插座	40 脚集成插座	1 个
9	ISP 下载接口	DC3-10P 牛角座	1 个
10	万能板	150 mm×90 mm	1 块

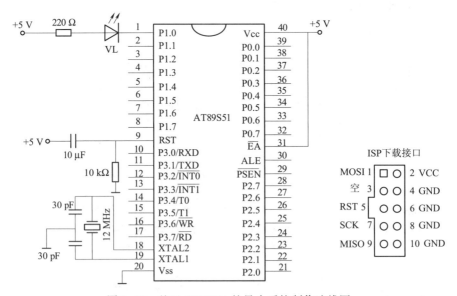

图 2-30 基于 AT89S51 的最小系统制作连线图

4. 操作步骤

(1) 焊接最小系统硬件电路

1）准备

准备焊接测试工具：电烙铁、焊锡丝、松香、吸锡器、斜口钳、镊子、万用表等，如图 2-31 所示。

微课：最小系统制作

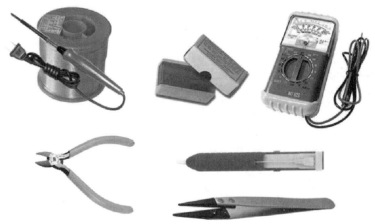

图 2-31　焊接测试工具

准备好元器件，如图 2-32 所示。

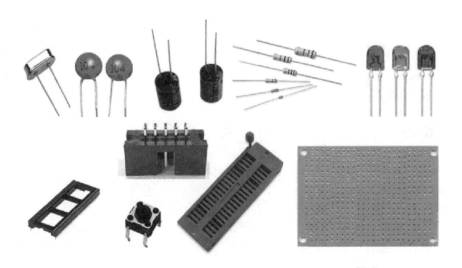

图 2-32　元器件实物

2）焊接

将构成单片机最小系统的元器件焊接到万能板上。

（2）编程并下载

1）编程

在 Keil μVision2 编程软件界面下输入以下程序并编译。

① 汇编语言源程序：

```
                ORG     0000H
                LJMP    START
                ORG     0050H
START:  CLR     P1.0
        SJMP    $               ; $代表当前指令的起始地址
        END
```

② C51 源程序：
```
#include<reg51.h>
sbit P1_0=P1^0;
void main（void)
{
    while（1）
    {
        P1_0=0;
    }
}
```

2）下载

将 ISP 下载线接口接入已焊接好的最小系统电路板，将编译生成的.hex 文件下载至 51 系列单片机中。

（3）观察运行结果

将 ISP 下载线拔除，观察 LED 灯的亮灭。

（4）思考题

如何使 LED 灯闪烁？

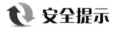 安全提示

视频：ISP 下载软件的使用

电烙铁安全使用规范

电烙铁是手工焊接单片机电路板的重要工具，在使用过程中应严格遵守安全制度和操作规程，以防出现安全事故。操作电烙铁时，应注意以下几点：

（1）电烙铁应采取保护接地或保护接零，工作前应检查电源线与插头是否完好，不准使用电源线受损的电烙铁。

（2）电烙铁在使用中不准乱甩，防止焊锡掉在线间造成短路或者焊锡溅出伤人。

（3）工作中暂时不用电烙铁，必须将其放在金属支架上，放置地点应远离可燃、易燃物附近，以免电烙铁高温引发火灾。

（4）工作完毕，切断电源，冷却后妥善保管。

（5）电烙铁应定期校验，并粘贴合格证，超过有效期禁止使用。

知识拓展

1. AT89S51 的 ISP 编程技术

Atmel 公司现已停止生产 AT89CXX 单片机，取而代之的是带 ISP 功能的 AT89SXX 系列单片机。该系列单片机包括 AT89S51、AT89S52、AT89S53、AT89S8252 等产品。与过去的 AT89CXX 单片机相比，AT89SXX 拥有更高的性价比，除了具有 AT89CXX 的原有功能外，还增加了看门狗及在线编程功能，给编程及程序升级带来了极大方便。

在系统可编程（In System Programming，ISP）是指不需要把可编程器件从电路板上取下来，用户把已编译好的用户代码直接写入目标电路板上的可编程器件即可，并且对于已经编程的器件也可以用 ISP 方式擦除或再编程。目前，无论是在单片机上，还是在 CPLD/FPGA 上，ISP 技术都得到了广泛的应用，是未来仪器仪表、控制设备发展的方向。Atmel 公司的单片机 AT89S51、AT89S52、AT89S53 等都提供了一个串行外围接口（Serial Peripheral Interface，SPI）可利用 ISP 技术实现对 Flash 存储器的编程。

用传统的编程方式对芯片编程时，必须把单片机从电路板上取下来，然后插入到专用的编程器中进行编程，把程序代码写入片内程序存储器，编程之后再把单片机插回到电路板上进行调试或运行。在产品的研发阶段，用传统编程方式往往要频繁地插拔单片机，大大降低了开发效率，而且容易损坏器件。而 ISP 技术彻底改变了传统的开发模式，它只要在电路板上留下一个接口电路，再配一条下载电缆，不用拔出芯片，就可以在电路板上直接对单片机进行编程（称为"在线编程"或"下载编程"）。这就大大缩短了系统的开发周期，降低了开发成本。

AT89S51 单片机支持传统的编程方法，也支持在线编程。在线编程时，P1.5 用于指令输入 MOSI，P1.7 是时钟输入 SCK，P1.6 用于数据读出 MISO。但需要注意的是：在使用 ISP 下载时应保证复位电路和晶振电路正常工作。

2. AT89S51 的空闲工作方式和掉电工作方式

AT89S51 有两种可用软件来选择的省电方式：空闲工作方式和掉电工作方式。这两种方式是由电源控制寄存器 PCON 中 PD（PCON.1）和 IDL（PCON.0）位来控制的。PD 是掉电方式位，当 PD=1 时，激活掉电工作方式。IDL 是空闲方式位，当 IDL=1 时，激活空闲工作方式。若 PD 和 IDL 同时为 1，则先激活掉电方式。

（1）空闲工作方式（IDLE 模式）

执行完一条 IDL（PCON.0）置 1 的指令后，单片机就进入空闲方式。该指令是 CPU 执行的最后一条指令，这条指令执行完以后 CPU 停止工作。在空闲方式下，CPU 处于睡眠状态，但片内的其他部件如定时计数器、串行口、外中断系统可继续工作，而且片内 RAM 的内容和所有专用寄存器的内容在空闲方式期间都保持原来的值。

有两条途径可以终止空闲方式。一种方法是任何一个被允许的中断都可以结束空闲工作方式。当中断产生时，IDL（PCON.0）将被硬件清除，CPU 先响应中断，进入中断服务子程序。在中断服务子程序中执行 RETI 之后，返回到下一条要执行的指令（使单片机进入空闲方式的那条指令的后面一条指令）。

终止空闲方式的另一种方法是通过硬件复位终止。要注意的是，当空闲方式是靠硬件复位来结束时，CPU通常都是从激活空闲方式那条指令的下一条指令开始继续执行。但要完成内部复位操作，硬件复位信号则需保持两个机器周期有效。

（2）掉电工作方式

为了进一步降低功耗，通过软件就可以实现掉电模式。执行完一条把PD（PCON.1）置1的指令后，单片机就进入掉电方式。激活掉电方式的那条指令是CPU执行的最后一条指令，这条指令执行完以后，CPU停止工作。在掉电方式下，片内振荡器停止工作。由于时钟被"冻结"，CPU的一切功能都将停止。

硬件复位或外部中断$\overline{INT0}$或$\overline{INT1}$可终止掉电方式。复位时会重新定义专用寄存器中的值，但不改变片内RAM的内容，即在掉电方式下，只有片内RAM的内容保持不变。必须注意的是：在进入掉电方式之前，V_{cc}不能降下来，在掉电方式终止前，V_{cc}就应该恢复到正常工作水平。复位终止了掉电方式，也释放了振荡器，所以在V_{cc}恢复到正常水平之前，不应该复位。复位时，要保持足够长的复位有效时间（通常不小于10ms），以保证振荡器重新启动并达到稳定状态。

使用外部中断$\overline{INT0}$和$\overline{INT1}$退出掉电方式时，必须使$\overline{INT0}$和$\overline{INT1}$使能有效，且配置为电平触发方式，先将$\overline{INT0}$或$\overline{INT1}$管脚电平拉低，使振荡器重新启动，退出掉电模式后再将管脚恢复为高电平。一旦中断被响应，执行RETI之后所执行的是进入掉电模式指令的后一条指令。

3. 辅助寄存器AUXR

AUXR是AT89S51新增加的一个寄存器，占用地址为8EH，各位定义如下所示。

	D7	D6	D5	D4	D3	D2	D1	D0
AUXR（8EH）	—	—	—	WDIDLE	DISRTO	—	—	DISALE

DISALE：ALE的禁止/使能位。

0——ALE输出脉冲频率为振荡器频率的1/6。

1——ALE仅在执行MOVX或MOVC期间输出脉冲。

DISRTO：RST输出功能的禁止/使能位。

0——复位引脚RST在看门狗WDT溢出时变高。

1——复位引脚RST始终为输入。

WDIDLE：IDLE（空闲）模式下WDT的禁止/使能位。

0——IDLE模式下WDT继续计数。

1——IDLE模式下WDT停止计数。

—：未定义。

本章小结

微型计算机主要是由微处理器、存储器、I/O接口及三总线构成。微处理器主要包括运算器、控制器、寄存器组几个部分；内存储器由RAM、ROM或EPROM等组成；I/O接口作为CPU和外围设备的连接桥梁，进行内外数据的传递；三总线分别为数据总线（DB）、地址总线（AB）、控制总线（CB）。

AT89S51 单片机的封装形式主要有 3 种：DIP、PLCC、PQFP。根据引脚功能的不同，引脚可分为 4 类：电源引脚、时钟引脚、控制引脚及 I/O 引脚。

AT89S51 单片机的存储器根据其功能分为程序存储器和数据存储器。AT89S51 的内部程序存储器有 4 KB Flash E^{2}PROM，外部可扩展 64 KB。是否使用内部程序存储器，采用 $\overline{EA}$ 信号区分。AT89S51 内部数据存储器包括 128 B 供用户使用的片内数据存储区及 21 个特殊功能存储器区。其中片内数据存储区包含工作寄存器区、位寻址区、用户 RAM 区。数据存储器也可在外部扩展 64 KB 存储器。内外数据存储器的使用可通过不同的指令区分。

AT89S51 共有 4 个 I/O 口，其中 P1 口只能作为通用 I/O 口使用，P0、P2、P3 口除了作通用 I/O 口外，P0 口可用于外部扩展时的低 8 位地址线及数据线使用，P2 口可作为高 8 位地址线使用，P3 口具有第二功能。

AT89S51 的最小系统由时钟电路、复位电路构成。时钟电路和复位电路的接法具有多样性，在使用时应根据应用系统的要求进行合理的选择。

C51 与 C 语言相同，其数据有常量和变量之分。变量在使用之前，必须进行定义，用一个标识符作为变量名并指出它的数据类型和存储模式。变量的存储种类有四种：自动（auto）、外部（extern）、静态（static）和寄存器（register）。数据类型有整型、浮点型、字符型及字符串型、位类型、数组等。

单片机的开发工具包括编程调试软件 Keil μVision4 及实物仿真软件 Proteus。

思考题与习题

1. 微型计算机由哪几个功能部件组成？各功能部件的作用如何？
2. 三总线是指什么？它们的主要功能是什么？
3. 微型计算机存储器的地址线与存储容量有什么关系？如果存储器的地址线有 13 根，则存储容量为多大？
4. AT89S51 单片机的存储器从物理结构上分别可划分为几个空间？
5. AT89S51 单片机采用何种方式区分内外程序存储器及内外数据存储器？
6. AT89S51 单片机的内部数据存储器分为几个空间？每个空间有何特点？
7. 程序状态字 PSW 的作用是什么？常用的状态位是哪些？作用是什么？
8. AT89S51 单片机内部有几个特殊功能存储单元？分别有何用途？
9. AT89S51 单片机复位后，CPU 使用的是哪一组工作寄存器？它们的字节地址分别是什么？CPU 如何确定和改变当前工作寄存器组？
10. AT89S51 单片机的 4 个 I/O 端口 P0~P3 在结构上有何异同？使用时应注意什么？
11. 简述 AT89S51 中下列各引脚信号的作用：

$\overline{RD}$、$\overline{WR}$、$\overline{PSEN}$、$\overline{EA}$、ALE

12. 什么是时钟周期、机器周期、指令周期？它们之间有何关系？
13. "复位"的含义是什么？AT89S51 单片机常用的复位电路有哪些？复位后各内部存储器的值分别为多少？

第 3 章 单片机的指令系统

本章知识点

- 汇编语言指令格式及表达方式。
- MCS-51 单片机的寻址方式。
- 各种指令的功能、格式及应用。
- C51 的常用运算符格式。

先导案例

单片机应用系统是合理的硬件与完善的软件的有机组合，系统是通过程序的执行来实现控制功能的。而程序是由一条条指令组成的。单片机可以采用机器语言、汇编语言与高级语言 3 种方式进行编程，如图 3-1 所示。

这 3 种语言有什么不同呢？对 51 单片机采用汇编语言编程时，指令该如何编写呢？

3.1 单片机的编程语言及格式

3.1.1 单片机编程语言分类及特点

机器语言（Machine Language）是指直接用机器码编写程序，能够为计算机直接执行的机器级语言。机器码是一串由二进制代码 "0" 和 "1" 组成的二进制数据，执行速度快。但对于使用者来说，用机器语言编写程序非常烦琐，不易看懂和记忆，容易出错。机器语言一般只在简单的开发装

微课：程序结构与伪指令

置中使用。

```
200000007550007551017552027553037554047555057850 7B01EBF5A0E6240F83F580113E
200020003C08EB20E50423FB011701003F065B4F666D82F880908883C6A1868E7F027EFF81
05004000DEFEDFFA22E4
00000001FF
```
(a)

	ORG	0000H
START:	MOV	30H,#00H
	MOV	31H,#00H
	MOV	32H,#00H
	MOV	P2,#0FFH
	SETB	P3.0
	MOV	21H,#00H
L1:	ACALL	KEY
	MOV	20H,A
	XRL	A,#0AH

(b)

```
#include<reg51.h>    //51系列单片机定义文件
#define uchar unsigned char    //定义无符号字符
#define uint unsigned int    //定义无符号整数
void delay(uint);    //声明延时函数
void main(void)
{
    uint i;
    uchar temp;
    while(1)
    {
        temp=0x01;
        for(i=0;i<8;i++)    //8个流水灯逐个闪动
```
(c)

图 3-1 机器语言、汇编语言与高级语言的区别
(a) 机器语言；(b) 汇编语言；(c) C51 语言

汇编语言（Assembly Language）是指用指令助记符代替机器码的编程语言。程序结构简单，执行速度快，易优化，编译后占用的存储空间小，能充分发挥单片机的硬件功能，是单片机应用系统开发中最常用的程序设计语言。对于复杂的应用来讲，使用汇编语言编程复杂，程序的可读性和可移植性不强。只有熟悉单片机的指令系统，并具有一定的程序设计经验的用户才能编写出功能复杂的应用程序。对用于实时测控系统的单片机来说，采用汇编语言编程最为方便。

高级语言（High-Level Language）是在汇编语言的基础上用高级语言来编写程序，例如 Franklin C51、MBASIC 51 等，程序可读性强，通用性好，适用于不熟悉单片机指令系统的用户。大中型单片机系统的软件开发，采用 C 语言的开发周期通常要比采用汇编语言短得多。用高级语言编写程序的缺点是实时性不高，结构不紧凑，编译后占用的存储空间比较大，这一点在存储空间有限的单片机应用系统中没有优势。

由上述 3 种编程语言各自的特点可以看出，如果应用系统的存储空间比较小，且对实时性的要求很高，则应选用汇编语言。如果系统的存储空间比较大，且对实时性的要求不是很高，则应选用高级语言。

不论是汇编语言还是高级语言都要转化为机器语言才能为单片机所用。因此，机器语言程序又称为目标程序，而用汇编语言和高级语言编写的程序称为源程序。

对于单片机的学习，掌握汇编语言是必不可少的，所以本书主要介绍汇编语言，对高级语言（C51）只作简单介绍。

拓展阅读

汇编语言与高级语言的选择

随着现代软件系统越来越庞大复杂，大量经过了封装的高级语言如 C/C++ 也应运而生。这些新的语言使得程序员在开发过程中能够更简单，更有效率，使软件开发人员得以应付快速的软件开发的要求。而汇编语言由于其复杂性使得其适用领域逐步减小，由于汇编更接近机器语言，能够直接对硬件进行操作，生成的程序与其他的语言相比具有更高的运行速度，占用更小的内存，因此在一些对时效性要求很高的程序、许多大型程序的核心模块以及工业控制方面大量应用。由此可见，我们需要以辩证的眼光看待问题，在看到事物好的一面的时候，也应该看到坏的一面，学会透过现象看本质，探究其内因，形成科学的价值观。

3.1.2 汇编语言的指令格式

指令是指挥计算机工作的命令，是计算机软件的基本组成单元。为了便于记忆和使用，在汇编语言中常以指令的英文名称或缩写形式作为助记符来表示指令的功能（如用"MOV"表示传送，用"ADD"表示加法）。

微课：指令系统简介

用 MCS-51 汇编语言表示指令的格式如下：

　　　　［标号:］　　操作码助记符　　［操作数1，操作数2，操作数3］　　　［;注释］
例如，　LOOP:　　　ADD　　　　　　A，#50H　　　　　　　　　；执行加法

在指令格式中，方括号中的内容为可选项，不一定都有。各字段的意义如下。

标号：表示该指令所在的地址。并不是每条指令都必须有标号，通常在程序分支、转移等需要的地方才加上一个标号。标号是以字母开始的，由 1~8 个字符（字母或数字）组成，不能使用汇编语言中已经定义过的符号名，如指令助记符、寄存器名、伪指令等。标号以":"结尾。特别应注意的是，在一个程序中不允许重复定义标号，即同一程序内不能在两处及两处以上使用同一标号。

操作码：表示该语句要执行的操作内容，是每条指令必有的部分。操作码用指令助记符表示。操作码后面至少留一个空格，使其与后面的操作数分隔。

操作数：表示操作码的操作对象，常用符号（如寄存器、标号）、常量（如立即数、地址值等）来表示。操作码和操作数之间用若干空格分隔，而各操作数之间用","分隔。指令的操作数可以有 3 个、2 个、1 个或没有（如空操作指令 NOP）。操作数的个数因指令功能而异。例如：

　MOV　　A，#30H　　；传送指令，2 个操作数，第一个为目的操作数，第二个为源操作数
　INC　　A　　　　　；累加器加 1 指令，只有 1 个操作数
　RETI　　　　　　　；中断返回指令，没有操作数

注释：该字段可有可无，是用户为阅读程序方便而加的解释说明。注释段以";"开始，不影响程序的执行。

3.1.3 指令的分类及符号含义

MCS-51 系列单片机具有十分丰富的指令系统，使用了 42 种操作码助记符来描述，共有 33 种操作功能。其中有的操作可以有多种寻址方式，这样就构成了 111 条指令。其分类如下。

按功能分类：数据传送指令 29 条，算术运算指令 24 条，逻辑运算指令 24 条，控制转移指令 17 条，位操作指令 17 条。

按指令字长分类：单字节指令 49 条，双字节指令 46 条，三字节指令 16 条。

按执行时间分类：单机器周期指令 64 条，双机器周期指令 45 条，四机器周期指令 2 条。

在分类介绍指令之前，先把描述指令的一些符号意义作一简单的介绍。

Rn：当前选中的寄存器区的 8 个工作寄存器 R0~R7。

Ri：当前选中的寄存器区中可作间接寻址的两个工作寄存器 R0、R1。

direct：8 位内部数据存储器单元的地址，可以是内部 RAM 单元的地址及 SFR 的地址。

#data：8 位立即数，立即数前面必须加"#"。

#data 16：16 位立即数。

addr16：16 位目的地址，用于 LCALL 和 LJMP 指令中，范围是 64 KB 程序存储器空间。

addr11：11 位目的地址，用于 ACALL 和 AJMP 指令中，目的地址必须与下一条指令的第一字节在同一个 2 KB 程序存储器地址空间。

rel：8 位带符号偏移量，用于 SJMP 和所有条件转移指令。

DPTR：数据指针，可用作 16 位地址寄存器。

bit：内部 RAM 或 SFR 中的直接寻址位。

A：累加器。

B：特殊功能寄存器，用于 MUL 和 DIV 指令。

CY：进位标志或进位位，是布尔处理机中的运算器。

@：间接寄存器或基址寄存器的前缀，如@ RI。

/：位操作数的前缀标志，在位操作指令中表示对该位操作数先求反再参与操作，但不影响该位操作数原值，如/bit。

(×)：×中的内容。

((×))：×中内容作为地址单元中的内容。

←：箭头左边的内容被箭头右边的内容所代替。

↔：数据交换。

$：当前指令的起始地址。

3.2 寻址方式

寻址方式是指 CPU 寻找操作数或操作数地址的方法。比如完成 3+2=5 简单运算，在单片机中加数和被加数存放在什么地方？CPU 如何得到它们？运算结果存放在什么地方？这些就是所谓的寻址问题。实际上单片机执行程序的过程就是不断地寻找操作数并进行操作的过程。

寻址方式越多，指令的功能越强，灵活性越大。寻址方式是单片机的重要性能指标之一，也是汇编程序设计中最基本的内容，应该深刻理解和熟练掌握。MCS-51系列单片机共有7种寻址方式，分述如下。

3.2.1 立即寻址

在这种寻址方式中，操作数直接由指令给出，该操作数被称为立即数。一般立即数可以是8位二进制数，也可以是16位二进制数。立即数只能作为源操作数，不能作为目的操作数。使用时在立即数前面加"#"标志。

微课：传送指令与寻址方式　　视频：MOV指令（立即寻址）调试　　动画：立即寻址

例如：MOV A, #5CH　　　　；机器码为 74 5CH
　　　MOV DPTR, #1234H　　；机器码为 90 1234H

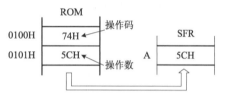

图 3-2　立即寻址示意图

第一条指令是把8位立即数5CH送累加器A，指令执行示意如图3-2所示；第二条指令是把16位立即数1234H送给数据指针DPTR。其中12H送给DPH，34H送给DPL。

应注意目的操作数与源操作数的存储大小要匹配，源操作数的大小不能超过目的操作数的存储范围。例如：指令"MOV A, #2134H"是错误的；而指令"MOV DPTR, #20H"则等同于"MOV DPTR, #0020H"。

在指令中，立即数可以用二进制、十六进制、十进制数表达。

3.2.2 直接寻址

直接寻址是指操作数在指令给出的地址单元中寻址。直接寻址的地址单元（直接地址）取值必须在00H~FFH之间。

例如：MOV A, 40H；　　机器码为 E5 40H
指令功能是把直接地址40H单元的内容送累加器A，如图3-3所示。

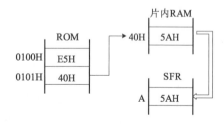

图 3-3　直接寻址示意图　　　视频：MOV指令（直接寻址）调试　　动画：直接寻址

用直接寻址方式可访问的存储空间如下：

① 内部 RAM 低 128 单元。在指令中直接以单元地址形式给出，地址范围为 00H～7FH。

② 特殊功能寄存器（SFR）。SFR 可以以单元地址给出，也可用寄存器符号形式给出（A、B、DPTR 除外）。如 MOV A，PSW 与 MOV A，0D0H 两条指令的作用是一样的，但使用前者更容易理解和阅读。

3.2.3 寄存器寻址

寄存器寻址就是所需查找的操作数在寄存器中。这种寻址方式中所对应的寄存器号隐含在机器码中。寄存器寻址可以提高指令执行速度，缩短指令编码长度。

例如：MOV A，R4。机器码为 ECH（11101100B），其后 3 位代表寄存器号为 4（100B），这条指令的机器码只需用一个字节就能表示操作码及操作数，其中高 5 位表示操作码，低 3 位表示操作数所在的寄存器号。指令执行过程是将 R4 内容传送到累加器 A 中，如图 3-4 所示。

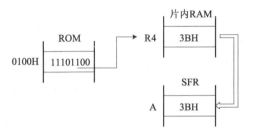

图 3-4　寄存器寻址示意图　　　视频：MOV 指令（寄存器寻址）调试　　动画：寄存器寻址

寄存器寻址方式可以访问的存储空间如下所述。

① 4 组工作寄存器 R0～R7 共 32 个工作寄存器，由程序状态字 PSW 中的 RS1、RS0 两位状态来进行当前寄存器组的选择。

② 特殊功能寄存器 A、B、DPTR。

注意：寄存器 B 只有在执行乘除指令时才是寄存器寻址方式。

例如：在指令"MOV A，B"中，机器码为 E5H F0H，"B"为直接寻址方式。它与"MOV A，0F0H"等同。

在 MCS-51 指令系统中，累加器 A 有 3 种不同的表达方式，即 A、ACC 和 0E0H，分属不同的寻址方式，但指令的执行结果完全相同。例如：

```
        INC     A
        INC     ACC
        INC     0E0H
```

这 3 条指令都是对累加器加 1 的指令，第一条指令机器码是 04H，为寄存器寻址方式；第二、三条指令机器码为 05E0H，为直接寻址方式，"E0H"为 A 的物理地址。虽然 3 条指令完成的功能完全相同，但使用第一条指令更加合适，因为它是单字节指令，其他两条为双字节指令。

3.2.4 寄存器间接寻址

寄存器间接寻址就是所要查找的操作数位于以寄存器的内容为地址的单元中。这种寻址方式相当于两次寻址。寄存器间接寻址使用的寄存器为 Ri 或 DPTR，并在寄存器名前面加"@"标志。和寄存器寻址相比，寄存器间接寻址时，寄存器中存放的是操作数所在的地址；寄存器寻址时，寄存器中存放的是操作数。

视频：MOV 指令（寄存器间接寻址）调试　　动画：寄存器间接寻址

寄存器间接寻址通过@Ri（只有@R0 和@R1 两种形式）可以访问内部 RAM 低 128 单元（地址范围 00H~7FH）和片外 RAM 的 256 个存储单元，使用数据指针 DPTR 作为间接寻址（@DPTR）可以访问外部 RAM 64 KB 空间。

在执行入栈（PUSH）和出栈（POP）指令时，对堆栈区的数据访问默认采用堆栈指针 SP 作为寄存器间接寻址。

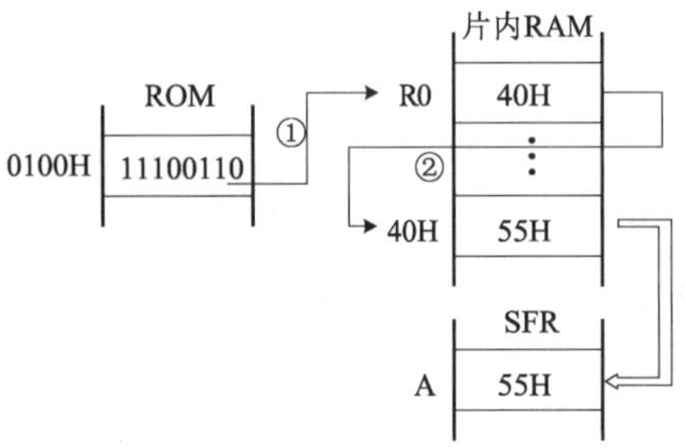

例如：设(R0)=40H,(40H)=55H，执行指令
　　MOV A,@R0；机器码为 E6H（11100110B）
该指令是把 R0 中内容 40H 作为地址，将 40H 中的内容传送到累加器 A 中，该指令执行过程如图 3-5 所示。

上例中的指令也只需用一个字节机器码，其中高 7 位表示操作码，最低位表示寄存器号。

注意：寄存器间接寻址方式不能用于对 SFR 区中的特殊功能器进行寻址（DPTR 除外）。

图 3-5 寄存器间接寻址示意图

例如：MOV　R0,#0F0H
　　　MOV　A,@R0

以上指令不能执行，因为 0F0H 为特殊功能寄存器 B 的物理地址，只能直接寻址，不能间接寻址。

3.2.5 变址寻址

变址寻址（基址寄存器+变址寄存器间接寻址）寻址方式是以 16 位寄存器（数据指针 DPTR 或程序计数器指针 PC）作为基址寄存器，以累加器 A 作为变址寄存器，并以两者内容相加形成新的 16 位地址作为操作数所在的地址，读取数据的。变址寻址只能对程序存储器中的数据作寻址操作。由于程序存储器是只读存储器，因此变址寻址操作只有读操作而无写操作，这种方式常用于对程序存储器中数据表的查表操作。

视频：MOVC 指令（变址寻址）调试　　动画：变址寻址

例如：设(A)=05H，(DPTR)=1213H，(1218H)=45H，执行指令：
   MOVC A，@A+DPTR ；机器码是93H

该条指令的功能是把累加器 A 中的内容 05H 与数据指针 DPTR 中的内容 1213H 相加形成操作数地址 1218H，将 1218H 中的内容送入 A，执行过程如图 3-6 所示。

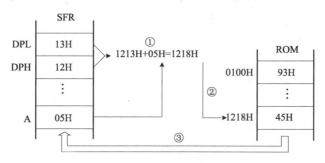

图 3-6 变址寻址示意图

3.2.6 相对寻址

相对寻址用于访问程序存储器，只出现在转移指令中用于程序控制。这里的"寻址"不是寻找操作数的地址，而是要得到程序跳转位置对应的目标地址。它以 PC 的当前值（指当前转移指令的下一条指令所在的首地址）加上指令中给出的相对偏移量 rel 形成目的地址，即：

    目的地址 = 转移指令下一条指令所在的首地址 + rel
        = 转移指令首地址 + 转移指令字节数 + rel

相对偏移量 rel 是一个带符号的 8 位二进制数，以补码形式出现。所以程序的转移范围为以 PC 当前值为中心的 -128~+127 B 之间。

例如：JZ rel。若 rel 为 56H，则机器码为 60 56H。

若该条指令存放的首址为 2000H，该指令为双字节指令，rel 值为 56H。如果累加器 A 中的值为零，满足转移条件则执行转移操作。

    转移目的地址 = 2000H + 2H + 56H
        = 2058H

该指令执行过程如图 3-7 所示。

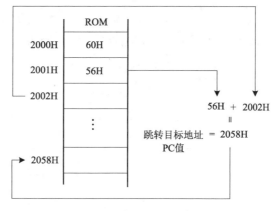

图 3-7 相对寻址示意图

3.2.7 位寻址

位寻址是对位地址中的内容作位操作的寻址方式。位寻址类似于直接寻址，由指令给出位地址，操作数位于位地址中，而直接寻址给出的是字节地址。两者虽然都是用两位十六进制数表示，但在指令中是可以区分的。

例如：MOV　A, 20H
　　　MOV　C, 20H

微课：置位清零指令

两条指令中的"20H"表达了不同的地址，第一条指令中的"20H"代表了一个字节地址，它的寻址方式为直接寻址；而第二条指令中的"20H"代表了一个位地址，采用的寻址方式为位寻址。在"MOV C, 20H"指令中用 C 表示进位位 CY，C 在位操作指令中的作用与 A 类似，为位操作时的累加器。

视频：MOV 指令（位寻址）调试

位寻址可访问的存储空间为：片内 RAM 的 20H~2FH 共 128 位，SFR 中 12 个字节地址能被 8 整除的特殊功能寄存器中的 83 个位。

这些位地址在指令中有 4 种表达方式。

（1）直接使用位地址

例如：MOV　C, 00H

（2）单元地址加位的表示法

例如：MOV　C, 20H.0

（3）位名称表示法

例如：MOV　C, OV

（4）特殊功能寄存器名加位的表示法

例如：MOV　C, PSW.2

操作数的 7 种寻址方式及相关的寻址空间如表 3-1 所示。

表 3-1　7 种寻址方式及相关的寻址空间

寻址方式	使用变量	寻址空间
立即寻址	#data	程序存储器（指令的常数部分）
直接寻址	direct	片内 RAM 低 128 B，特殊功能寄存器（SFR）
寄存器寻址	Rn, A, B, DPTR	工作寄存器 R0~R7, A, B, DPTR
寄存器间接寻址	@Ri, @DPTR	片内 RAM 低 128 B，片外 RAM
变址寻址	@A+PC, @A+DPTR	程序存储器（数据表）
相对寻址	PC+rel	程序存储器 256 B 范围
位寻址	C, bit	片内 RAM 的 20H~2FH，特殊功能寄存器可寻址位（字节地址能被 8 整除的 SFR 中的各位）

在这 7 种寻址方式中，前 4 种是常见的。而变址寻址与相对寻址方式在这里只是了解一下，待到后面学习具体的指令时，再深入讲解。

3.3 数据传送类指令

数据传送类指令是最基本最常用的一类指令，这类指令共有 29 条。分为内部 RAM 数据传送指令、外部 RAM 数据传送指令、查表指令。这类指令（内部数据传送中的交换指令除外）操作是把源操作数传送到目的操作数，指令执行后，源操作数不变，目的操作数修改为源操作数。若要求在数据传送时不丢失目的操作数，则可以用交换型的传送指令。数据传送指令一般不影响标志位（这里所说的标志是指 CY，AC 和 OV，不包括检验累加器奇偶性的标志 P），只有目的操作数为 A 的数据传送指令才影响奇偶标志位 P。

3.3.1 内部 RAM 数据传送指令

1. 通用的传送指令 MOV

指令格式：MOV［目的操作数］，［源操作数］

功能：把源操作数传送到目的操作数指定的存储单元之中，而不改变源操作数，即该指令是"复制"而不是"剪切"。

微课：传送指令与寻址方式

通用传送指令共有 16 条，如表 3-2 所示。

表 3-2 通用数据传送指令 MOV

指令分类	汇编格式	功能说明
以累加器 A 为目的操作数的指令	MOV A, Rn	A←(Rn)
	MOV A, direct	A←(direct)
	MOV A, @Ri	A←((Ri))
	MOV A, #data	A←#data
以 Rn 为目的操作数的指令	MOV Rn, A	Rn←(A)
	MOV Rn, direct	Rn←(direct)
	MOV Rn, #data	Rn←#data
以直接地址为目的操作数的指令	MOV direct, A	direct←(A)
	MOV direct, Rn	direct←(Rn)
	MOV direct2, direct1	direct2←(direct1)
	MOV direct, @Ri	direct←((Ri))
	MOV direct, #data	direct←#data
以寄存器间接地址为目的操作数的指令	MOV @Ri, A	(Ri)←(A)
	MOV @Ri, direct	(Ri)←(direct)
	MOV @Ri, #data	(Ri)←#data
16 位数据传送指令	MOV DPTR, #data16	DPTR←data16 DPL←data7~0, DPH←data15~8

以累加器 A 为目的操作数的传送指令会影响 PSW 中的奇偶标志位，其余传送指令对所有标志位均无影响。MOV 指令的数据传送路线示意图如图 3-8 所示。从图上可以看出立即数#data 只能作源操作数，寄存器寻址和寄存器间接寻址不能同时出现在操作数中，必须通过 A 间接实现数据传送。

例如：设（30H）= 40H，（40H）= 20H，(20H)= 0FFH，(P1)= 55H。执行如下程序。

```
MOV   R0, #30H
MOV   A, @R0
MOV   R1, A
MOV   B, @R1
MOV   @R1, P1
MOV   10H, #20H
MOV   30H, 10H
```

视频：MOV 指令综合应用

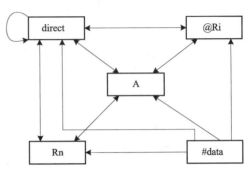

图 3-8　MOV 指令的数据传送路线示意图

则程序执行后结果为
(A) = (R1) = 40H，(B) = 20H，(40H) = 55H，(30H) = (10H) = 20H。

2. 数据交换指令

(1) 字节交换指令 XCH

```
XCH   A, Rn        ; (A) ↔ (Rn)
XCH   A, direct    ; (A) ↔ (direct)
XCH   A, @Ri       ; (A) ↔ ((Ri))
```

视频：XCH 指令调试

这组指令的功能是将累加器 A 的内容和源操作数互相交换。

例如：设(A)= 80H，(R7)= 08H，(40H)= 0F0H，(R0)= 30H，(30H)= 0FH，连续执行指令：

```
XCH   A, R7
XCH   A, 40H
XCH   A, @R0
```

结果为(A)= 0FH，(R7)= 80H，(40H)= 08H，(30H)= 0F0H。

(2) 半字节交换指令 XCHD

```
XCHD   A, @Ri       ; (A)_{3~0} ↔ ((Ri))_{3~0}
```

功能：将累加器 A 的低 4 位与源操作数的低 4 位进行交换，各自的高 4 位不变。

例如：(R0)= 60H，(60H)= 3EH，(A)= 59H，执行指令：

```
XCHD   A, @R0
```

视频：XCHD 指令调试

结果为(A)= 5EH，(60H)= 39H。

(3) 累加器高低半字节交换指令 SWAP

```
SWAP   A             ; (A)_{7~4} ↔ (A)_{3~0}
```

功能：将累加器 A 中的高 4 位与低 4 位交换。

例如：设（A)= 8FH，执行指令：

视频：SWAP 指令调试

SWAP   A

结果为（A）=0F8H。

3. 堆栈操作指令

在 MCS-51 单片机中，堆栈区通常开辟在片内 RAM 的 30H~7FH 之间。堆栈的操作遵循"先进后出"的原则，由堆栈指针 SP 自动跟踪栈顶地址。单片机堆栈编址采用向上生成方式，即栈底占用较低地址，栈顶占用较高地址。数据写入堆栈称为入栈，数据从堆栈读出称为出栈。

（1）入栈指令 PUSH

PUSH   direct   ；SP←（SP）+1，(SP)←（direct）

视频：PUSH 指令调试

功能：把堆栈指针加 1 后，将直接地址单元的内容送进栈顶单元，原直接地址单元内容不变。

该指令的操作数只有一个为源操作数，目的操作数已默认为堆栈区的栈顶位置。

例如：设(SP)=60H，(A)=30H，(B)=70H，执行下列指令：

PUSH   A
PUSH   B

结果为(61H)=30H，(62H)=70H，(SP)=62H。

（2）出栈指令 POP

POP   direct   ；direct←((SP))，SP←（SP）-1

视频：POP 指令调试

功能：将栈顶单元的内容传送给直接地址单元后，SP 内容减 1。

例如：设(SP)=62H，(62H)=70H，(61H)=30H，执行下列指令：

POP   DPH
POP   DPL

结果为（DPTR）=7030H，(SP)=60H。

例如：设(SP)=62H，内部 RAM 的 60H~62H 中的内容分别为 20H、23H、01H，执行下列指令：

POP   DPH
POP   DPL
POP   SP

结果为(DPTR)=0123H，(SP)=20H。

3.3.2 外部 RAM 数据传送指令

1. 用 @Ri 进行间接寻址的指令

MOVX   A，@Ri   ；A←((Ri))
MOVX   @Ri，A   ；(Ri)←（A）

功能：通过累加器 A 与外部 RAM 的低 256 B 单元进行数据传送。

例如：设（R1）=43H，(R0)=21H，片外 RAM（43H）=65H，执行指令：

MOVX   A，@R1
MOVX   @R0，A

结果为(A)= 65H，片外 RAM 21H 单元内容为 65H。

2. 用@DPTR 进行间接寻址的指令

  MOVX A，@DPTR   ;A←((DPTR))
  MOVX @DPTR，A   ;(DPTR)←(A)

功能：通过累加器 A 与外部 RAM 进行数据传送。DPTR 为 16 位数据指针，该指令可寻址外部 RAM 64 KB 范围（0000H~0FFFFH）。

视频：MOVX 指令调试

例如：将片外 RAM 2100H 单元内容送到片外 3000H 单元中，执行指令：

  MOV DPTR，#2100H
  MOVX A，@DPTR
  MOV DPTR，#3000H
  MOVX @DPTR，A

注意：

① 片内和片外数据传送用的助记符是不一样的，MOV 用于片内 RAM，MOVX 用于片外 RAM。

② 片外数据传送与累加器 A 有关。

③ 若片外 RAM 的地址小于 256 B，常采用@Ri；若片外 RAM 的地址大于 256 B，则常采用@DPTR。

④ MOVX 常用于对外部数据存储器及外围设备的读写操作。

3.3.3 查表指令 MOVC

1. 以 DPTR 为基址的查表指令

  MOVC A，@A+DPTR   ;A←((A)+(DPTR))

动画：查表指令

这条指令通过变址寻址方式，将 A 中的内容作为无符号数和 DPTR 中的内容相加后得到一个 16 位的地址，把该地址指向的程序存储器单元的内容送到累加器 A 中。该指令中 DPTR 常用于存放表格的起始地址。由于用户可以通过 16 位数据传送指令给 DPTR 赋值，因此该指令适用范围较为广泛，表格常数可以设置在 64 KB ROM 中的任何位置。

2. 以 PC 为基址的查表指令

  MOVC A，@A+PC   ;A←((A)+(PC))

微课：查表程序

这条指令通过变址寻址方式，将 A 中的内容作为无符号数和 PC 的当前值（即下一指令的起始地址）相加后得到一个 16 位的地址，把该地址指出的程序存储器单元的内容送到累加器 A 中。这条指令以 PC 作为基址寄存器，当前的 PC 值是由该查表指令所在地址确定的，而变址寄存器 A 的内容为 0~255，所以 A 和 PC 相加所得到的地址只能在 PC 当前值开始的 256 个单元的地址之内，因此所查的表格起始地址只能在该指令以下的 255 个单元内。

例如：分析执行下列程序后，累加器 A 的内容是什么？

```
        MOV     A, #01H
        MOV     DPTR, #M2        ;将 M2 的地址送 DPTR
        MOVC    A, @A+DPTR       ;执行完该指令,(A) = ((M2+
1))= 77H
M1:     RET
M2:     DB      66H, 77H, 88H, 99H   ;定义一组数据表
```

视频:查表程序调试

程序中的"DB"为定义字节伪指令,将在下一章中介绍。MOVC 指令执行时,将 M2 地址与累加器 A 中的内容相加作为新的地址查找该地址中的内容,并将其送入累加器 A 中,因此该程序运行后累加器 A 中的内容为 77H。

以上程序也可用下列程序实现相同的功能。

```
        MOV     A, #01H
        ADD     A, #01H          ;修正 A 的值,修正量=表首地址-PC 当前值
        MOVC    A, @A+PC         ;执行完该指令,(A) = ((PC+1+1))= 77H
M1:     RET
M2:     DB      66H, 77H, 88H, 99H   ;定义一组数据表
```

由于上段程序在执行 MOVC 指令时,(PC) = M1,此时的基址与 DPTR 中的基址相差 1 个字节。为了使以 PC 为基址的查表指令与以 DPTR 为基址的查表指令能查找相同的地址单元,必须对基址进行修正,但程序计数器 PC 的值不能通过指令编程进行修正,因此将这个修正值通过"ADD A, #01H"指令进行修正,即通过变址寄存器 A 进行修正,其中"01H"就是修正量的大小。修正量一般按下式进行计算:

修正量=表头首地址-查表指令执行时的 PC 值=M2-M1=01H

实际上,修正量就是从"MOVC A, @A+PC"的下一条指令开始到表首之间所有指令所占的字节数。

3.3.4 典型应用

数据传送类指令是程序设计中使用最多的一类指令,正确灵活地应用它们,是保证程序设计质量的重要环节。下面通过例题说明使用这类指令的方法和技巧。

例 3-1 把 01H 单元内容送 02H 单元,编程实现。

```
        MOV     02H, 01H         ;直接寻址,3 B,双周期
```

想一想:还有哪些方法可以实现?

例 3-2 改正下列指令中的错误,保证指令功能不变。

```
① MOV     A, 2000H             ;片外 RAM 2000H 单元内容送入 A
② MOVX    20H, 2000H           ;片外 RAM 2000H 单元内容送入片内 20H 单元
③ MOVC    A, 2000H             ;将 ROM 2000H 单元内容送入 A
④ XCH     40H, 30H             ;交换片内 RAM 30H 和 40H 单元的内容
⑤ MOV     R0, #90H             ;将片内 90H 中内容送入 A 中
  MOV     A, @R0
```

分析:从片外把数据传送到片内或者把片内数据传送到片外都不能直接传送,必须通过累加器 A。若片内地址单元是特殊功能寄存器的地址,不能采用间接寻址方式。因此可作如

下修改：

（1）MOV　　DPTR，#2000H
　　　MOVX　A，@DPTR

（2）MOV　　DPTR，#2000H
　　　MOVX　A，@DPTR
　　　MOV　　20H，A

（3）MOV　　DPTR，#2000H
　　　MOV　　A，#0
　　　MOVC　A，@A+DPTR

（4）MOV　　A，40H
　　　XCH　　A，30H
　　　MOV　　40H，A

（5）MOV　　A，90H

例 3-3　设（70H）= 60H，（60H）= 20H，（P1）= 0B7H，分析执行下列程序后的结果。

　　　MOV　　R0，#70H
　　　MOV　　A，@R0
　　　MOV　　R1，A
　　　MOV　　A，@R1
　　　MOV　　@R0，P1

结果为（70H）= 0B7H，（A）= 20H，（R1）= 60H，（R0）= 70H。

例 3-4　将片外 2500H 单元中的内容压入堆栈后弹出到片内 40H 单元。

参考程序如下：

　　　MOV　　DPTR，#2500H
　　　MOVX　A，@DPTR
　　　MOV　　SP，#60H
　　　PUSH　ACC
　　　POP　　40H

视频：堆栈指令
综合调试

例 3-5　已知外部 RAM 2020H 单元中有一个数 x，内部 RAM20H 单元有一个数 y，试编程使它们互相交换。

参考程序如下：

　　　MOV　　DPTR，#2020H
　　　MOV　　R1，#20H
　　　MOVX　A，@DPTR
　　　XCH　　A，@R1
　　　MOVX　@DPTR，A

例 3-6　已知片内 50H 单元中有一个 0~9 的数，试编程把它转换为相应的 ASCII 码。

分析：因为 0~9 的 ASCII 码为 30H~39H。只要将 50H 单元中的内容低 4 位不变，高 4 位变成 3 即可。

参考程序如下：

```
MOV    R0, #50H
MOV    A, #30H
XCHD   A, @R0
MOV    @R0, A
```

例 3-7 设（A）= 54H，（DPTR）= 3F21H，（3F75H）= 7FH，执行 MOVC A, @A+DPTR 指令后（A）= ?

分析：因为 MOVC A, @A+DPTR 的功能是 A←((A)+(DPTR))

即变址地址 = 3F21H+54H = 3F75H，而（3F75H）= 7FH

故（A）= 7FH

例 3-8 将片内 RAM 20H 与 30H 内容相交换。

利用数据传送指令完成

```
MOV    A, 20H
MOV    20H, 30H
MOV    30H, A
```

想一想：还有哪些方法可以实现？

例 3-9 用交换指令将片内 30H 单元的高 4 位与 31H 的低 4 位交换。

参考程序如下：

```
MOV    A, 30H
SWAP   A
MOV    R0, #31H
XCHD   A, @R0
SWAP   A
XCH    A, 30H
```

3.4 算术运算类指令

MCS-51 的算术运算指令有加法指令、减法指令及乘除指令。

微课：算术运算指令

3.4.1 加法指令

1. 不带进位的加法指令 ADD

```
ADD    A, Rn          ; A←(A)+(Rn)
ADD    A, #data       ; A←(A)+ #data
ADD    A, direct      ; A←(A)+(direct)
ADD    A, @Ri         ; A←(A)+((Ri))
```

视频：ADD 指令调试

这组加法指令的功能是把源操作数和累加器 A 的内容相加，其结果放入累加器 A 中。指令的执行会对进位标志 CY、辅助进位标志 AC、溢出标志 OV 及奇偶校验标志 P 产生影响。

若运算结果中 D7 位产生进位,则进位标志 CY 被置 1,否则 CY 被清 0;若结果中的 D3 位产生进位,则辅助进位标志 AC 被置 1,否则 AC 被清 0。若把参加运算的数看作是带符号数,如果出现两个正数相加得到的是负数,或两个负数相加为正数,说明运算结果超过 8 位二进制补码所表示的范围,OV 被置 1,否则 OV 被清 0。奇偶标志位 P 将随累加器 A 中 1 的个数的奇偶性变化,若 A 中 1 的个数为奇数,则 P 置 1,否则 P 置 0。

例如:设 (A)= 84H,(30H)= 8DH,(PSW)= 00H,执行指令:

        ADD   A,30H

试分析运算结果及对各标志位的影响。

将 A 中的内容与 30H 中的内容相加,即:

```
   (A)  =   1 0 0 0 0 1 0 0
 + (30H) =  1 0 0 0 1 1 0 1
  ─────────────────────────
   (A)  = 1 0 0 0 1 0 0 0 1
```

则运算结果为 (A)= 11H;(PSW)= 0C4H,其中 (CY)= 1,(AC)= 1,(OV)= 1,(P)= 0。

2. 带进位加法指令 ADDC

带进位加法运算指令常用于多字节加法运算。指令如下:

    ADDC   A,Rn   ;A ←(A)+(Rn)+(CY)
    ADDC   A,direct   ;A ←(A)+(direct)+(CY)
    ADDC   A,@Ri   ;A ←(A)+((Ri))+(CY)
    ADDC   A,#data   ;A ←(A)+ data +(CY)

视频:ADDC 指令调试

这组指令是把源操作数和累加器 A 的内容及进位标志 CY 相加,将结果存放在累加器 A 中。运算结果对 PSW 各位的影响与 ADD 加法指令相同。

这组指令多用于多字节加法运算中,因为在进行高字节加法时,要考虑低位字节向高位字节的进位情况。

例如:设 (A)= 42H,(R3)= 68H,(PSW)= 80H,执行指令:

        ADDC   A,R3

将 A 中的内容与 R3 中的内容相加,并考虑当前的进位值,即:

```
   (A)  = 0 1 0 0 0 0 1 0
   (R3) = 0 1 1 0 1 0 0 0
 + (CY) =                 1
  ────────────────────────
   (A)  = 1 0 1 0 1 0 1 1
```

则运算结果为 (A)= 0ABH;(PSW)= 05H,其中 (CY)= 0,(AC)= 0,(OV)= 1,(P)= 1。

3. 加 1 指令 INC

    INC   A   ;A←(A)+1
    INC   direct   ;direct←(direct)+1
    INC   Rn   ;Rn←(Rn)+1
    INC   @Ri   ;(Ri)←((Ri))+1
    INC   DPTR   ;DPTR←(DPTR)+1

视频:INC 指令调试

这组增量指令的功能是把所指的操作数加 1，若原来操作数为 0FFH，加 1 后则溢出为 00H。除"INC A"影响标志 P 外，这组指令不影响其他任何标志位。

例如：设（A）= 86H，（R1）= 10H，（10H）= 0FH，（R0）= 0FFH，（20H）= 00H，执行指令：

    INC A
    INC R0
    INC @R1
    INC 20H

则运算结果为（A）= 87H，（R0）= 00H，（10H）= 10H，（20H）= 01H。

4．十进制调整指令 DA

    DA A

这条指令的功能是对累加器中由上一条加法指令所获得的 8 位运算结果进行十进制调整，使它变为压缩 BCD 码。

该指令只能对 BCD 码加法运算结果进行调整，且必须紧跟 ADD 或 ADDC 指令使用，它不能用于十进制数减法的调整。

例如：设（A）= 42H，表示十进制数 42 的压缩 BCD 码；（R3）= 68H，表示十进制数 68 的压缩 BCD 码，（PSW）= 80H，执行指令：

    ADDC A，R3
    DA   A

将 A 中的内容与 R3 中的内容进行带进位加法运算，并根据结果进行调整，即：

```
    (A) = 0 1 0 0 0 0 1 0     (42 的 BCD 码)
    (R3)= 0 1 1 0 1 0 0 0     (68 的 BCD 码)
   +(CY)=               1     (A、B 为十六进制数)
    (A) = 1 0 1 0 1 0 1 1     (66H 为调整值)
       + 0 1 1 0 0 1 1 0     (111 为 BCD 码)
     1 0 0 0 1 0 0 0 1
```

第一条指令执行后累加器的内容为 0ABH，且 CY = 0，AC = 0。显然累加器的内容并不是 3 个数相加后的 BCD 码值，高低 4 位均大于 9，所以必须由第二条指令"DA A"进行加 66H 的调整操作，结果得到 BCD 码 111。

3.4.2 减法指令

1．带进位减法指令 SUBB

  SUBB A，#data   ；A ←（A）- data -（CY）
  SUBB A，direct   ；A ←（A）-（direct）-（CY）
  SUBB A，Rn   ；A ←（A）-（Rn）-（CY）
  SUBB A，@Ri   ；A ←（A）-（(Ri)）-（CY）

视频：SUBB 指令调试

这组带进位的减法指令的功能是以累加器 A 中内容作为被减数，减去指定的操作数和进位标志，将运算结果存入累加器 A 中。与加法指令类似，该指令的执行会对 PSW 中的进位标志 CY、辅助进位标志 AC、溢出标志 OV 及奇偶校验标志 P 产生影响。

如果运算中被减数 D7 位需要借位，则 CY=1，否则 CY=0；如果 D3 需要借位，则 AC=1，否则 AC=0。若把参加运算的数看作是带符号数，如果出现一个正数减一个负数得到的是负数，或一个负数减一个正数结果为正数，说明运算结果超过 8 位二进制补码所表示的范围，则 OV 被置 1，否则 OV 被清 0。

注意：在 MCS-51 指令系统中，没有不带进位（实为借位）减法。若进行不带进位的减法运算，要在运算前使用 CLR C 等指令将进位标志清 0。

例如：设（A）= 0C9H，（R2）= 54H，PSW = 80H，执行指令：

    SUBB A，R2

则运算结果为（A）= 74H；（PSW）= 04H，其中（CY）= 0，（AC）= 0，（OV）= 1，（P）= 0。

2. 减 1 指令 DEC

  DEC A   ；A←(A)-1
  DEC direct   ；direct←(direct)-1
  DEC Rn   ；Rn←(Rn)-1
  DEC @Ri   ；(Ri)←((Ri))-1

视频：DEC 指令调试

这组指令的功能是把所指的操作数减 1，若原来操作数为 00H，执行该指令后将溢出为 0FFH。除"DEC A"影响标志 P 外，这组指令不影响其他任何标志位。

例如：设（A）= 45H，（R1）= 30H，（30H）= 00H，（R3）= 50H，（20H）= 7FH，执行指令：

  DEC A
  DEC 20H
  DEC R3
  DEC @R1

则运算结果为（A）= 44H，（30H）= 0FFH，（R3）= 4FH，（20H）= 7EH，（P）= 0。

3.4.3 乘除指令

1. 乘法指令 MUL

    MUL AB   ；BA←(A)×(B)

这条指令的功能是把累加器 A 和寄存器 B 中的无符号 8 位整数相乘，其 16 位积的低字节存放在累加器 A 中，高位字节存放在寄存器 B 中。该指令会影响进位标志 CY、溢出标志 OV 及奇偶校验标志 P。

视频：MUL 指令调试

如果积大于 255（0FFH），则溢出标志位 OV=1，否则 OV 清 0。进位标志 CY 总是清 0。奇偶校验标志 P 取决于累加器 A 中 1 的个数。

例如：设（A）= 50H，（B）= 0A0H，（PSW）= 00H，执行指令：

    MUL AB

则运算结果为（B）= 32H，（A）= 00H，即乘积为 3200H；（PSW）= 04H，其中（OV）= 1，（CY）= 0，（P）= 0。

2. 除法指令 DIV

视频：DIV 指令调试

```
        DIV     AB              ;A←(A)/(B)的商,B←(A)/(B)的余数
```
这条指令的功能是用累加器 A 的无符号 8 位整数除以寄存器 B 中的无符号 8 位整数，所得商存放在累加器 A 中，余数存放在寄存器 B 中。该指令会影响进位标志 CY、溢出标志 OV 及奇偶校验标志 P。

如果除数 B 中的内容为 0（即除数为 0），则 A 和 B 中的内容不变，溢出标志 OV=1，否则 OV 清 0。进位标志总是清 0。奇偶校验标志 P 取决于累加器 A 中 1 的个数。

例如：设（A）=0FBH，（B）=12H，（PSW）=00H，执行指令：
```
        DIV     AB
```
则运算结果为（A）=0DH，（B）=11H；（PSW）=01H，其中（CY）=0，（OV）=0，（P）=1。

3.4.4 典型应用

例 3-10 将片内 RAM 的 30H 和 31H 的内容相加，结果存入 32H。

采用直接寻址方式传送数据进行两个操作数相加运算。

参考程序如下：
```
        MOV     A, 30H          ;取第一个操作数
        ADD     A, 31H          ;两个操作数相加
        MOV     32H, A          ;存放结果
```

例 3-11 求外部 RAM 3000H、3001H 单元数据的平均值，并传送给 3002H 单元。

参考程序如下：
```
        MOV     DPTR, #3000H    ;设置第一个数据地址指针
        MOVX    A, @DPTR        ;取第一个数据
        MOV     R0, A           ;将第一个数据送 R0
        INC     DPTR            ;第二个数据地址指针
        MOVX    A, @DPTR        ;取第二个数据
        ADD     A, R0           ;两个数据相加
        MOV     B, #02H         ;除以 2
        DIV     AB
        INC     DPTR            ;设置结果单元地址指针
        MOVX    @DPTR, A        ;存平均值
```

例 3-12 编程实现两字节数相减，设被减数存放在 20H、21H 单元中，减数存放在 30H、31H 单元中，差存放在 40H、41H 单元中，所有存储单元均按低位在前，高位在后存放数据。

参考程序如下：
```
        MOV     A, 20H          ;被减数低字节送 A
        CLR     C
        SUBB    A, 30H          ;低字节相减
        MOV     40H, A          ;结果低字节送 40H 单元
```

视频：双字节减法程序调试

```
MOV    A, 21H         ;被减数高字节送 A
SUBB   A, 31H         ;高字节相减
MOV    41H, A         ;结果高字节送 41H 单元
```

例 3-13 设计将两个 4 位压缩 BCD 码数相加的程序。其中一个加数存放在 30H（存放十位、个位）、31H（存放千位、百位）单元，另一个加数存放在 32H（存放十位、个位）、33H（存放千位、百位）单元，和数存入 30H、31H 单元。

参考程序如下：

```
MOV    R0, #30H       ;地址指针指向一个加数的个位、十位
MOV    R1, #32H       ;另一个地址指针指向第二个加数的个位、十位
MOV    A, @R0         ;一个加数送累加器
ADD    A, @R1         ;两个加数的个位、十位相加
DA     A              ;调整为 BCD 码数
MOV    @R0, A         ;和数的个位、十位送 30H 单元
INC    R0             ;两个地址指针分别指向两个加数的百位、千位
INC    R1
MOV    A, @R0         ;一个加数的百位、千位送累加器
ADDC   A, @R1         ;两个加数的百位、千位和进位相加
DA     A              ;调整为 BCD 码数
MOV    @R0, A         ;和数的百位、千位送 31H 单元
```

视频：4 位 BCD 码加法程序调试

3.5 逻辑运算类指令

MCS-51 的逻辑运算指令包括与、或、非 3 类，并将对累加器清 0、取反及移位指令也包括在内。

微课：逻辑运算指令

3.5.1 基本逻辑运算指令

1. 逻辑与指令 ANL

```
ANL    A, #data       ;A←(A)∧data
ANL    A, direct      ;A←(A)∧(direct)
ANL    A, Rn          ;A←(A)∧(Rn)
ANL    A, @Ri         ;A←(A)∧((Ri))
ANL    direct, A      ;direct←(A)∧(direct)
ANL    direct, #data  ;direct←(direct)∧data
```

视频：ANL 指令调试

这组指令的功能是把源操作数与目的操作数按位进行"与"运算，结果存入目的操作数单元中。除前 4 条指令影响 P 标志外，这组指令不影响其他标志位。

逻辑与指令常用于屏蔽某些位。

例如：设（A）=27H，(R4)=0EDH，(PSW)=00H，执行指令：
   ANL A，R4

将 A 中的内容与 R4 中的内容进行"与"运算，即：

```
    (A) = 0 0 1 0 0 1 1 1
 ∧(R4) = 1 1 1 0 1 1 0 1
    (A) = 0 0 1 0 0 1 0 1
```

则运算结果为（A）=25H，(PSW)=01H，即（P）=1。

2. 逻辑或指令 ORL

  ORL A，#data   ;A←(A)∨data
  ORL A，direct   ;A←(A)∨(direct)
  ORL A，Rn   ;A←(A)∨(Rn)
  ORL A，@Ri   ;A←(A)∨((Ri))
  ORL direct，A   ;direct←(A)∨(direct)
  ORL direct，#data ;direct←(direct)∨data

视频：ORL 指令调试

这组指令的功能是把源操作数与目的操作数按位进行"或"运算，结果存入目的操作数单元中。对标志位的影响和逻辑与指令相同。

逻辑或指令常用于对某些指定位置 1。

例如：(A)=35H，(30H)=78H，(PSW)=00H，执行指令：
   ORL 30H，A

将 30H 中的内容与 A 中的内容进行"或"运算，即：

```
     (A) = 0 0 1 1 0 1 0 1
 ∨(30H) = 0 1 1 1 1 0 0 0
   (30H) = 0 1 1 1 1 1 0 1
```

则运算结果为（30H）=7DH，(PSW)=00H，即（P）=0。

3. 逻辑异或指令 XRL

  XRL A，#data   ;A←(A)⊕data
  XRL A，direct   ;A←(A)⊕(direct)
  XRL A，Rn   ;A←(A)⊕(Rn)
  XRL A，@Ri   ;A←(A)⊕((Ri))
  XRL direct，A   ;direct←(A)⊕(direct)
  XRL direct，#data ;direct←(direct)⊕data

视频：XRL 指令调试

这组指令的功能是把源操作数与目的操作数按位进行"异或"运算，结果存入目的操作数单元中。对标志位的影响和逻辑或指令相同。

逻辑异或指令常用于对某些指定位进行取反操作。当某位与 0 进行异或运算时，结果保持不变；若与 1 进行异或运算时，结果取反。

例如：设（A）=94H，(R3)=53H，(PSW)=00H，执行指令：
   XRL A，R3

将 A 中的内容与 R3 中的内容进行"异或"运算，即：

$$\begin{array}{r}(A)=1\ 0\ 0\ 1\ 0\ 1\ 0\ 0\\ \oplus\ (R3)=0\ 1\ 0\ 1\ 0\ 0\ 1\ 1\\ \hline(A)=1\ 1\ 0\ 0\ 0\ 1\ 1\ 1\end{array}$$

则运算结果为（A）= 0C7H，（PSW）= 01H，即（P）= 1。

4. 累加器 A 的逻辑操作指令。

（1）累加器清 0 指令

   CLR A

这条指令的功能是将累加器 A 的内容清 0。执行该指令仅对奇偶校验标志有影响。

（2）累加器取反指令

   CPL A

视频：CLR 指令调试

视频：CPL 指令调试

这条指令的功能是将累加器 A 中的每一位逻辑取反，原来为 1 的位变为 0，原来为 0 的位变为 1。该指令不影响标志位。

例如：设（A）= 6DH，执行指令

   CPL A

则运算结果为（A）= 92H。

3.5.2 移位指令

1. 循环左移指令

   RL A   ；$A_{n+1} \leftarrow A_n$，$A7 \rightarrow A0$

微课：移位指令

这条指令的功能是将累加器 A 中的每一位向左循环移一位，第 7 位循环移入第 0 位，如图 3-9（a）所示。该指令不影响标志位。

例如：设（A）= 6DH，执行指令"RL A"后，（A）= 0DAH。

2. 循环右移指令

   RR A   ；$A_{n+1} \rightarrow A_n$，$A0 \rightarrow A7$

视频：RL 指令调试

视频：RR 指令调试

这条指令的功能是将累加器 A 中的每一位向右循环移一位，第 0 位循环移入第 7 位，如图 3-9（b）所示。该指令不影响标志位。

例如：设（A）= 6DH，执行指令"RR   A"后，（A）= 0B6H。

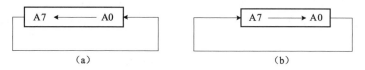

图 3-9　循环移位指令示意图
（a）循环左移；（b）循环右移

3. 带进位循环左移指令

　　　　　RLC   A　　　　　　　；$A_{n+1} \leftarrow A_n$，CY←A7，A0←CY

这条指令的功能是将累加器 A 中的内容和进位标志一起向左循环移一位，A 的最高位循环移入进位位 CY，CY 中的内容移入 A 的最低位，如图 3-10（a）所示。该指令影响标志位 P 和 CY。

例如：设（A）= 6DH，（PSW）= 00H，即（CY）= 0，执行指令"RLC A"后，（A）= 0DAH，（PSW）= 01H，其中（CY）= 0，（P）= 1。

视频：RLC 指令调试

4. 带进位循环右移指令

　　　　　RRC   A　　　　　　　；$A_{n+1} \rightarrow A_n$，CY←A0，A7←CY

这条指令的功能是将累加器 A 中的内容和进位标志一起向右循环移一位，进位位 CY 中的内容移入 A 的最高位，A 的最低位移入 CY，如图 3-10（b）所示。该指令影响标志位 P 和 CY。

例如：设（A）= 6DH，（PSW）= 00H，即（CY）= 0，执行指令"RRC A"后，（A）= 36H，（PSW）= 80H，其中（CY）= 1，（P）= 0。

视频：RRC 指令调试

图 3-10　带进位循环移位指令示意图
（a）循环左移；（b）循环右移

3.5.3　典型应用

例 3-14　编程实现将累加器 A 的低 4 位传送到片内 RAM 20H 的低 4 位，但片内 RAM 20H 的高 4 位及 A 的内容不变。

参考程序如下：

```
        MOV     R0, A           ；A 内容暂存 R0
        ANL     A, #0FH         ；屏蔽 A 的高 4 位（低 4 位不变）
```

	ANL	20H, #0F0H	;屏蔽 20H 的低 4 位（高 4 位不变）
	ORL	20H, A	;实现低 4 位传送
	MOV	A, R0	;恢复 A 的内容

例 3-15 将外部数据存储器 3000H 和 3001H 的低 4 位取出拼成一个字，3000H 的低 4 位作为该字的高 4 位，3001H 的低 4 位作为该字的低 4 位，将该字送外部 3002H 单元中。

参考程序如下：

	MOV	DPTR, #3000H	;DPTR←外部数据存储器地址
	MOVX	A, @DPTR	;取 3000H 单元数据送 A
	ANL	A, #0FH	;屏蔽高 4 位
	SWAP	A	;将 A 的低 4 位与高 4 位交换
	MOV	R1, A	;暂存于 R1
	INC	DPTR	;指向下一单元
	MOVX	A, @DPTR	;3001H 单元数据送 A
	ANL	A, #0FH	;屏蔽高 4 位
	ORL	A, R1	;拼成一个字节
	INC	DPTR	;指向下一单元
	MOVX	@DPTR, A	;拼字结果送 3002H 单元

例 3-16 将片内 RAM 20H 单元中存储的压缩 BCD 码拆开，将其转换成相应的 ASCII 码，存入片内 RAM 21H 和 22H 单元中，高位送 22H 单元。

编程思路：首先将 20H 单元中压缩 BCD 码拆成两个半字节，数字 0~9 的 ASCII 码为 30H~39H，可通过将半字节的高 4 位与 0011 "或" 运算实现。

视频：BCD 转 ASCII 码程序调试

参考程序如下：

	MOV	R0, #21H	;用 R0 作间接寻址寄存器
	MOV	@R0, #00H	;21H 单元清 0
	MOV	A, 20H	;压缩的 BCD 码送 A
	XCHD	A, @R0	;低位 BCD 码送 21H 单元
	ORL	21H, #30H	;低位转换成 ASCII 码
	SWAP	A	;高位 BCD 码到低 4 位
	ORL	A, #30H	;高位转换成 ASCII 码
	MOV	22H, A	;存结果

例 3-17 设在 30H 和 31H 单元各有一个 8 位数据。

$$(30H) = X_7X_6X_5X_4X_3X_2X_1X_0$$
$$(31H) = Y_7Y_6Y_5Y_4Y_3Y_2Y_1Y_0$$

将 30H 单元与 31H 单元进行拼装，并将结果存入 50H 单元，要求拼装后：

$$(50H) = X_5X_4\ Y_7Y_6Y_5Y_4Y_3Y_2$$

编程思路：将 30H 中不需要的位清 0，再依次左移两位，然后将 31H 中不需要的位清 0，再依次右移两位，最后完成拼装。

参考程序如下：

```
MOV     A, 30H          ;取第一个数
ANL     A, #30H         ;屏蔽无关位
RL      A               ;调整 X5X4 的位置
RL      A
MOV     50H, A
MOV     A, 31H          ;取第二个数
ANL     A, #0FCH        ;屏蔽无关位
RR      A               ;调整 Y7Y6Y5Y4Y3Y2 的位置
RR      A
ORL     50H, A          ;拼装
```

3.6 控制转移类指令

控制转移类指令用于改变程序计数器 PC 的值，以控制程序的执行走向。因此，其作用区间必然是程序存储器空间。控制转移类指令分为无条件转移指令、条件转移指令、调用和返回指令。

3.6.1 无条件转移指令

1. 长转移指令 LJMP

    LJMP   addr16   ;PC←addr16

长转移指令的功能是直接将指令中的操作数，即 16 位地址，装入 PC，使程序无条件转移到指定的地址处执行。这条指令是一条可以在 64 KB 范围内转移的指令。该指令不影响标志位。

视频：LJMP
指令调试

2. 绝对转移指令 AJMP

    AJMP   addr11   ;PC ← (PC) +2, PC10~0 ← addr11

绝对转移指令的功能是将指令中提供的操作数，即 11 位地址，与 PC 当前值的高 5 位共同组成 16 位目标地址，程序无条件转向目标地址。由于转移目标地址的高 5 位与当前 PC 值的高 5 位相同，因此目标地址必须与当前转移指令的下一条指令的首地址在同一个 2 KB 区域（即 11 位地址所能表示的地址范围）内。

视频：AJMP
指令调试

3. 短转移指令 SJMP

    SJMP   rel   ;PC ← (PC) +2+ rel

短转移指令的功能是将指令中提供的操作数，即地址偏移量 rel，加上 PC 当前值，得到转移目标地址，将程序无条件转向目标地址。

指令中的 rel 是一个用补码表示的 8 位有符号数，范围为 -128 ~ +127。因此 SJMP 所能实现的程序转移是双向的。rel 如为正，则向后（即地址增

视频：SJMP
指令调试

大的方向）转移；rel 如为负，则向前（即地址减小的方向）转移。

上述 3 条指令均为无条件转移指令。转移到目标地址的方式不同，允许转移的范围也不同。但在用户编写程序时，非常方便，只需在转移指令中直接写上要转向的目标地址标号并确定在允许的转移范围内就可以了。

4. 变址转移指令 JMP

    JMP @A+DPTR   ;PC←(A)+(DPTR)

变址转移指令采用变址寻址方式，将累加器 A 中的 8 位无符号数与 16 位数据指针相加，其和装入程序计数器 PC，控制程序转向目标地址。这条指令不改变累加器 A 和数据指针 DPTR 中的内容，也不影响标志位。

这条指令通常用于散转程序的设计中，因此又称散转指令。在这条指令执行时，转移的目标地址不能通过指令本身直接计算得到，而是根据程序运行时累加器 A 及数据指针 DPTR 中的内容动态决定，这也是和前 3 条转移指令的主要区别。在实际应用中，常常将多分支程序的首地址装入 DPTR 中，由累加器 A 的内容动态选择其中的某一个分支实现程序转移。

3.6.2 条件转移指令

条件转移指令是一类依据某种特定条件而转移的指令。满足条件时程序转移，不满足条件时则按顺序执行下面的程序。转移指令中的相对偏移量 rel 为 8 位带符号数，表示条件转移目标地址在以下一条指令首地址为中心的 256 B 范围内（-128~+127）。

微课：延时
程序设计

1. 累加器判零转移指令

    JZ rel   ;PC←(PC)+2,若(A)=0,则 PC←(PC)+rel
    JNZ rel   ;PC←(PC)+2,若(A)≠0,则 PC←(PC)+rel

累加器判零指令是对累加器 A 的内容为 0 和不为 0 进行检测以控制程序转移。当不满足各自的条件时，程序继续往下执行。当各自的条件满足时，程序转向指定的目标地址。

2. 比较不相等转移指令 CJNE

视频：JZ 指令调试

视频：CJNE 指令调试

  CJNE A, #data, rel   ;PC←(PC)+3,若(A)≠data,则 PC←(PC)+rel
  CJNE A, direct, rel   ;PC←(PC)+3,若(A)≠(direct),则 PC←(PC)+rel
  CJNE Rn, #data, rel   ;PC←(PC)+3,若(Rn)≠data,则 PC←(PC)+rel
  CJNE @Ri, #data, rel   ;PC←(PC)+3,若((Ri))≠data,则 PC←(PC)+rel

比较不相等转移指令是 MCS-51 指令系统里仅有的具有 3 个操作数的指令组。它的功能是将指令给出的前两个操作数进行比较，根据比较结果进行以下操作：

① 若第一操作数＝第二操作数，程序顺序执行，进位标志位 CY 清 0。
② 若第一操作数＞第二操作数，程序转移，进位标志 CY 清 0。
③ 若第一操作数＜第二操作数，程序转移，进位标志 CY 置 1。

例如：设单片机的 P1.0~P1.3 为准备就绪信号输入端，当该 4 位为全 1 时，说明各项工作已经准备好，单片机可顺序执行处理程序，否则循环等待。

程序片段如下：

```
WAIT:   MOV    A, P1              ; P1 口内容送 A
        ANL    A, #0FH            ; 屏蔽高 4 位
        CJNE   A, #0FH, WAIT      ; P1.0~P1.3 不全为 1，返回 WAIT
DOING:  …
```

3. 减 1 不为 0 转移指令 DJNZ

DJNZ　Rn, rel　　; PC←(PC)+2, Rn ←(Rn)-1, (Rn)≠0, PC←(PC)+ rel

DJNZ　direct, rel　　; PC←(PC)+3, direct←(direct)-1, (direct)≠0, PC←(PC)+ rel

视频：DJNZ 指令调试

减 1 不为 0 转移指令的功能是将寄存器 Rn 或 direct 单元内容减 1，如果结果为 0，程序顺序执行；否则转移。这两条指令主要用于控制程序循环，又称循环指令。预先赋值 Rn 或 direct 单元内容可以控制循环次数。

例如：将片内 RAM 30H~4FH 单元的内容分别送入片外 RAM 1000H 开始的单元中。

参考程序如下：

```
        MOV    R0, #30H           ; 置片内 RAM 起始地址
        MOV    DPTR, #1000H       ; 置片外 RAM 起始地址
        MOV    R1, #20H           ; 置传送数据个数
LOOP:   MOV    A, @R0             ; 从片内 RAM 读出数据
        MOVX   @DPTR, A           ; 读出数据送入片外 RAM
        INC    DPTR               ; 地址指针分别加 1
        INC    R0
        DJNZ   R1, LOOP           ; R1 工作寄存器内容减 1 不为 0 转移
        SJMP   $
```

3.6.3　调用及返回指令

在程序设计中，常常出现几个地方都需要进行功能完全相同的处理，为了减少程序编写和调试的工作量，使某一段程序能被公用，于是引入了主程序和子程序的概念。

通常把具有一定功能的公用程序段作为子程序而单独编写，当主程序需要引用这一子程序时，可利用调用指令对子程序进行调用。在子程序末尾安排一条返回指令，使子程序执行结束能返回到主程序。

1. 长调用指令 LCALL

　　　　LCALL addr16　　; PC←(PC)+3, SP←(SP)+1, (SP)←(PC.7~PC.0)

; SP←(SP)+1,(SP)←(PC.15~PC.8),PC←addr16

长调用指令用于无条件地调用位于指定地址的子程序。该指令在运行时先把 PC 加 3 获得下条指令的首地址，并把它压入堆栈（按先低 8 位后高 8 位的顺序），堆栈指针加 2。接着把子程序的 16 位首地址装入 PC 中，然后从该地址开始执行子程序。LCALL 指令可以调用 64 KB 范围内程序存储器中的任何一个子程序，执行该指令后不影响任何标志。

例如：设 (SP) = 60H，标号 START 值为 1000H，标号 DIR 值为 4000H，执行指令：

START：LCALL　　DIR

指令执行结果为：(SP) = 62H, (61H) = 03H, (62H) = 10H, (PC) = 4000H。

视频：调用指令调试

2. 绝对调用指令 ACALL

ACALL　addr11　　; PC←(PC)+2, SP←(SP)+1, (SP)←(PC.7~PC.0),
　　　　　　　　　; SP←(SP)+1, (SP)←(PC.15~PC.8), PC10~0←addr11

绝对调用指令用于无条件地调用首地址由 addr10~addr0 所指向的子程序，执行时先把 PC 加 2 以获得下一条指令的首地址，把该地址压入堆栈（按先低 8 位后高 8 位的顺序），堆栈指针加 2，然后将 PC 当前值的高 5 位和指令中给出的 11 位地址组合成 16 位地址（即为子程序的起始地址）送入 PC 中。因此所调用的子程序的起始地址必须和该调用指令的下一条指令的首地址在同一个 2 KB 区域中。

例如：设 (SP) = 60H，标号 NBA 值为 0123H，子程序 START 位于 0345H，执行指令：

NBA：ACALL　START

指令执行结果为：(SP) = 62H, (61H) = 25H, (62H) = 01H, (PC) = 0345H。

3. 返回指令

(1) 子程序返回指令

RET　　　　　　　　; PC15~8←((SP)), SP←(SP)-1,
　　　　　　　　　　; PC7~0←((SP)),SP←(SP)-1

视频：RET 指令调试

子程序返回指令必须和调用指令成对出现，用在子程序结束处。这条指令的功能是从堆栈中退出 PC 的高位和低位字节，同时把堆栈指针减 2，并从产生的 PC 值处（即调用指令下一条地址）开始继续执行程序，不影响任何标志。

例如：设(SP) = 62H, (62H) = 10H, (61H) = 30H，执行指令：

RET

指令执行结果为：(SP) = 60H, (PC) = 1030H。

(2) 中断服务程序返回指令

RETI　　　　　　　　; PC15~8←((SP)), SP←(SP)-1,
　　　　　　　　　　; PC7~0←((SP)),SP←(SP)-1

中断服务程序返回指令为中断程序返回指令，用在中断服务程序结束处。这条指令的执行过程类似于 RET 指令，不影响任何标志。与 RET 指令不同之处在于：RETI 指令执行时，中断返回主程序的地址不是事先预知的，是在程序执行过程中产生的。RETI 指令还有清除相应中断优先级状态、开放较低级中断和恢复中断逻辑的功能。有关中断的详细内容将在第

5 章中详细介绍。

4. 空操作指令

NOP   ；PC←(PC)+1

执行空操作指令时，CPU 不作任何操作，仅消耗一个机器周期的时间。NOP 指令常用于程序的等待或时间的延迟。

3.6.4 典型应用

例 3-18 把存放于片外 RAM 首地址为 10H 的数据块，传送到片内 RAM 首地址为 20H 的存储单元中，当传送的数据为"0"时，就停止传送。

参考程序如下：

```
        MOV     R0, #10H
        MOV     R1, #20H
LOOP:   MOVX    A, @R0          ；A←片外 RAM 数据
HERE:   JZ      HERE            ；数据=0 终止，程序原地等待
        MOV     @R1, A
        INC     R0
        INC     R1
        SJMP    LOOP            ；循环传送
```

例 3-19 将数据 00H~0FH 写入片内 RAM 30H~3FH 单元中。

参考程序如下：

```
        MOV     A, #00H
        MOV     R0, #30H
LOOP:   MOV     @R0, A
        INC     A
        INC     R0
        CJNE    R0, #40H, LOOP
        SJMP    $
```

想一想：是否可以用 DJNZ 指令实现程序功能。

例 3-20 将外部数据空间 2000H~200AH 中的数据的高 4 位清 0，低 4 位不变，存放于原地址。

参考程序如下：

```
START:  MOV     DPTR, #2000H    ；设置数据指针
        MOV     R1, #0BH        ；设置计数单元
LOOP:   MOVX    A, @DPTR        ；读数据
        ANL     A, #0FH         ；屏蔽高 4 位，低 4 位不变
        MOVX    @DPTR, A        ；回传至原单元
        INC     DPTR            ；指针加 1
        DJNZ    R1, LOOP        ；判转移完否
```

```
            SJMP      $
```

例 3-21 累加器 A 中存放着待处理命令的编号（0~7），程序存储器中存放着以标号 TAB 开始的转移表，编程实现根据 A 中的命令编号转向相应的命令处理程序。

参考程序如下：

```
            MOV      R1, A              ;A←(A)×3
            RL       A
            ADD      A, R1
            MOV      DPTR, #TAB         ;转移表首址送入 DPTR 内
            JMP      @A+DPTR
TAB:        LJMP     P0                 ;转移命令 0 处理入口
            LJMP     P1                 ;转移命令 1 处理入口
            LJMP     P2                 ;转移命令 2 处理入口
            LJMP     P3                 ;转移命令 3 处理入口
            LJMP     P4                 ;转移命令 4 处理入口
            LJMP     P5                 ;转移命令 5 处理入口
            LJMP     P6                 ;转移命令 6 处理入口
            LJMP     P7                 ;转移命令 7 处理入口
```

例 3-22 编制一个循环闪烁灯程序。有 8 个发光二极管，其中一个闪烁点亮 10 次后，转移到下一个闪烁 10 次，循环不止，参考电路如图 3-11 所示。

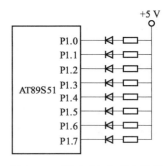

图 3-11 例 3-22 参考电路图

参考程序如下：

```
            MOV      A, #0FEH           ;赋灯初始状态
SHIFT:      LCALL    FLASH              ;调闪烁 10 次子程序
            RL       A                  ;左移
            SJMP     SHIFT              ;循环
FLASH:      MOV      R2, #0AH           ;闪烁 10 次
FLASH1:     MOV      P1, A              ;点亮
            LCALL    DELAY              ;延时
            MOV      P1, #0FFH          ;熄灭
            LCALL    DELAY
            DJNZ     R2, FLASH1         ;循环
            RET
DELAY:      MOV      R5, #200           ;延时 0.05s
D1:         MOV      R6, #123
            NOP
            DJNZ     R6, $
            DJNZ     R5, D1
            RET
```

动画：延时程序设计

例 3-23 如图 3-12 所示，在 P1.0~P1.3 引脚分别装有两个红灯和两个绿灯，设计一个红绿灯定时切换的程序，第一组红绿灯与第二组红绿灯轮流点亮。

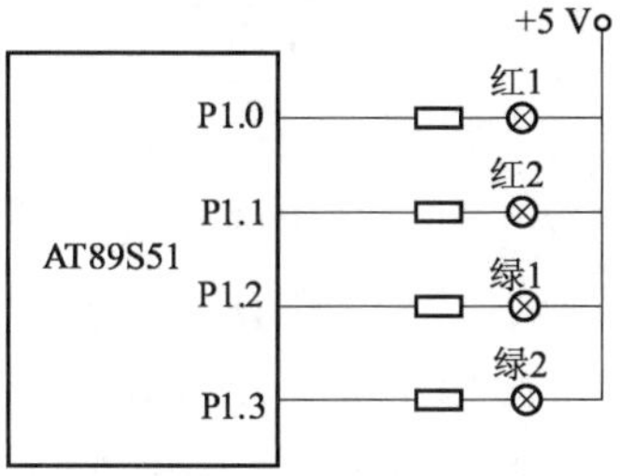

分析：根据电路图可知，两组灯在切换时就是将每个灯的状态取反。

参考程序如下：

```
START:  MOV    A, #05H
SW:     MOV    P1, A        ;点亮红绿灯
        ACALL  DL           ;调用延时子程序
CH:     CPL    A            ;两组切换
        AJMP   SW
DL:     MOV    R7, #0FFH    ;置延时常数
DL1:    MOV    R5, #0FFH
DL2:    DJNZ   R5, DL2      ;用循环延时
        DJNZ   R7, DL1
        RET                 ;返回主程序
```

图 3-12 红绿灯定时切换电路

当上述程序执行到"ACALL DL"指令时，程序转移到子程序 DL，执行到子程序的 RET 指令后又返回到主程序的 CH 处。这样 CPU 将不断地在主程序和子程序之间转移，实现对红绿灯的定时切换。

3.7 位操作指令

位操作指令的操作数是字节中的某一位，每位取值只能是 0 或 1，故又称为布尔操作指令。布尔处理器的位累加器 CY 在指令中可简写成 C。

3.7.1 位操作指令

1. 位传送指令

```
        MOV    C, bit        ;CY←（bit）
```

位传送指令是将某指定位的内容传送到进位标志位 CY。bit 为可位寻址的直接地址位。

```
        MOV    bit, C        ;bit←（CY）
```

该条指令是将进位标志位 CY 的内容传送到指定位。

这组位传送指令其中一个操作数必须是位累加器 CY，另一个可以是任何可位寻址的位，也就是说位变量的传送必须经过 C 进行。

2. 位修正指令

```
        CLR    C             ;CY←0
        CLR    bit           ;bit←0
```

```
CPL    C              ; CY←$\overline{CY}$
CPL    bit            ; bit←$\overline{bit}$
SETB   C              ; CY←1
SETB   bit            ; bit←1
```

位修正指令分别完成对位的清 0、置位及取反操作，执行结果不影响其他标志位。

3. 位逻辑运算指令

```
ANL    C, bit         ; CY←(CY)∧(bit)
ANL    C, /bit        ; CY←(CY)∧$\overline{(bit)}$
ORL    C, bit         ; CY←(CY)∨(bit)
ORL    C, /bit        ; CY←(CY)∨$\overline{(bit)}$
```

4. 判位转移指令

（1）判 CY 转移指令

```
JC  rel         ; PC←(PC)+2，若(CY)= 1，转移，PC←(PC)+rel

JNC rel         ; PC←(PC)+2，若(CY)= 0，转移，PC←(PC)+rel
```

微课：位条件转移指令

判 CY 转移指令的功能是对位累加器的内容进行判断并控制程序转移。第一条"JC rel"是指当进位标志为 1 时，程序转移；"JNC rel"是指当进位标志为 0 时，程序转移，否则顺序执行下一条指令。程序转移的目标地址为该指令当前 PC 值（转移指令首地址加 2）加上 rel 的值。不影响任何标志位。

（2）判直接寻址位转移指令

```
JB  bit, rel    ; PC←(PC)+3，若(bit)= 1，则 PC←(PC)+rel
JNB bit, rel    ; PC←(PC)+3，若(bit)= 0，则 PC←(PC)+rel
JBC bit, rel    ; PC←(PC)+3，若(bit)= 1，则(bit)←0，PC←(PC)+rel
```

判直接寻址位转移指令是对指定位的内容作出判断以控制程序转移。如果条件满足则程序转移，否则顺序执行下一条指令。转移的目标地址是该转移指令当前 PC 值（转移指令首地址加 3）加上 rel 的值。第三条指令在转移时还将直接地址位清 0。

3.7.2 典型应用

例 3-24 在图 3-13 中，由开关 S0~S3 控制 L0~L3，编程实现开关闭合，对应灯亮。

编程思路：当开关闭合时，相应输入为 0，而当输出为 0 时，相应的指示灯亮，即只要将 P1.0~P1.3 的状态传递给 P1.4~P1.7 即可。该程序既可以用字节操作指令实现，也可以用位操作指令实现。本例用位操作指令实现。

参考程序如下：

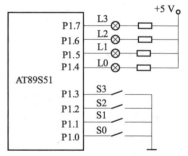

图 3-13 开关控制灯亮电路图

```
        MOV     P1, #0FFH           ;熄灭所有 LED 灯
        MOV     C, P1.0
        MOV     P1.4, C
        MOV     C, P1.1
        MOV     P1.5, C
        MOV     C, P1.2
        MOV     P1.6, C
        MOV     C, P1.3
        MOV     P1.7, C
        SJMP    $
```

例 3-25 某温度控制系统，采集的温度值放在累加器 A 中。此外，在内部 RAM 54H 单元存放设定温度下限值，在 55H 单元存放设定温度上限值。若测量温度大于设定温度上限值，程序转向 JW（降温处理程序）；若测量温度小于设定温度下限值，程序转向 SW（升温处理程序）；若温度介于上、下限之间，则程序转向 FH。

参考程序如下：

```
        CJNE    A, 55H, LOOP1
        AJMP    FH
LOOP1:  JNC     JW              ;若（CY）=0，则温度大于上限值，转降温处理程序
        CJNE    A, 54H, LOOP2
        AJMP    FH
LOOP2:  JC      SW              ;若（CY）=1，则温度小于下限值，转升温处理程序
FH:     RET                     ;温度介于上、下限之间，返回主程序
```

例 3-26 图 3-14 所示为一报警系统电路，当盗贼撞断由 P1.7 引脚引出的接地线时，由 P1.0 驱动喇叭发出频率为 1 kHz 的报警信号。设晶振频率为 12 MHz。

编程思路：由图 3-14 可知，P1.7 接地线被撞断后为高电平（"1"）。频率为 1 kHz 的方波周期为 1 ms，则高、低电平持续时间各为 0.5 ms，使用 0.5 ms 的延时程序产生方波的半个周期。

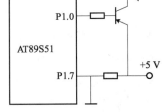

图 3-14 报警系统电路

参考程序如下：

```
CONTROL: MOV    P1, #0FFH
         MOV    C, P1.7
         JNC    CONTROL         ;判断 P1.7 是否为 1
WARN:    ACALL  DELAY           ;是 1 发出报警
         CPL    P1.0
         SJMP   WARN
DELAY:   MOV    R7, #0FAH
LOOP:    DJNZ   R7, LOOP
         RET
```

3.8　C51 的运算符

C 语言对数据有很强的表达能力，具有十分丰富的运算符。以下为 C51 中常用的运算符。

1. 赋值运算符

C51 的赋值运算符为 =，它的作用是将运算符右边的数据或表达式的值赋给运算符左边一个变量。赋值表达式的格式为

变量 = 表达式

例如：a=b=0x1000;　　　　　　　　/* 将常数 0x1000 同时赋值给变量 a, b */

2. 算术运算符

C51 的算术运算符有以下 5 种。

+：加或取正运算符。

-：减或取负运算符。

*：乘运算符。

/：除运算符。

%：取余运算符。

算术表达式的格式为

表达式1　算术运算符　表达式2

例如：a+b/10、x*5+y。

算术运算符的优先级由高到低依次为 -（取负）→ *（乘）、/（除）、%（取余）→ +（加）、-（减）。

若要改变运算符的优先级，可采用圆括号实现。例如：(a+b)/10。

3. 增量和减量运算符

C51 的增量和减量运算符如下。

++：增量运算符。

--：减量运算符

例如：

++i;　　　　　　　　　　　　　/* 先将 i 值加 1，再使用 i */

j--;　　　　　　　　　　　　　/* 在使用 j 之后，再使 j 值减 1 */

4. 关系运算符

C51 的关系运算符有以下 6 种。

>：大于运算符。

<：小于运算符。

>=：大于或等于运算符。

<=：小于或等于运算符。

==：等于运算符。

!=：不等于运算符。

前4种关系运算符的优先级相同，后两种关系运算符的优先级也相同但比前4种低。

关系表达式的格式为

表达式1　关系运算符　表达式2

例如：x+y>=8，(a+1)!=c。

5．逻辑运算符

C51的逻辑运算符有以下3种。

&&：逻辑与。

||：逻辑或。

!：逻辑非。

逻辑表达式的格式如下。

逻辑与、逻辑或的表达式为

条件式1　逻辑运算符　条件式2

逻辑非的表达式为

! 条件式

逻辑运算符的优先级由高到低依次为!（逻辑非）→&&（逻辑与）→||（逻辑或）。

例如：x && y、! c。

6．位运算符

C51的位运算符有以下6种。

~：按位取反。

<：左移。

>：右移。

&：按位与。

^：按位异或。

|：按位或。

位运算符的优先级由高到低依次为~（按位取反）→<（左移）、>（右移）→&（按位与）→^（按位异或）→|（按位或）。

位运算符中的左移和右移操作与汇编语言中的移位操作不同。汇编语言中的移位是循环移位，而C51中的移位会将移出的位值丢弃，补位时补入0（若是有符号数的负数右移，则补入符号位1）。例如：a=0x8f，进行左移运算a<2时，全部的二进制位值一起向左移动了两位，最左端的两位被丢弃，并在最右端两位补入0。因此，移位后a=0x3c。

7．复合赋值运算符

在赋值运算符=的前面加上其他运算符，就构成了复合赋值运算符，如+=、-=、*=、/=、%=、<=、>=、&=、|=、^=、~=等。

复合赋值运算首先对变量进行某种运算，再将运算结果赋值给变量。

复合赋值运算的格式为

变量　复合赋值运算符　表达式

例如：a+=5 相当于 a=a+5。

8. 条件运算符

条件运算符的格式如下。

逻辑表达式？表达式 1：表达式 2

其功能是首先计算逻辑表达式，当值为真（非 0）时，将表达式 1 的值作为整个条件表达式的值；当值为假（0）时，将表达式 2 的值作为整个条件表达式的值。

例如，max =（a>b）? a : b 的执行结果是比较 a 与 b 的大小，若 a>b，则为真，max = a；若 a<b，则为假，max = b。

9. 指针和地址运算符

C51 的指针和地址运算符如下。

*：取内容运算符。

&：取地址运算符。

取内容和取地址的运算格式为

变量 = * 指针变量　　　　　　/* 将指针变量所指向的目标变量值赋给左边的变量 */

指针变量 =& 目标变量　　　　/* 将目标变量的地址赋给左边的变量 */

例如：

px = &i;　　　　　　　　　　/* 将 i 变量的地址赋给 px */

py = *j;　　　　　　　　　　/* 将 j 变量的内容为地址的单元赋给 py */

以上就是 C51 中的各种常用运算符及其基本用法。

任务训练　流水灯控制电路的设计与制作

1. 训练目的

① 进一步熟悉 AT89S51 单片机外部引脚线路连接。

② 验证常用的 MCS-51 指令。

③ 学习简单的编程方法。

④ 掌握单片机全系统调试的过程及方法。

2. 训练内容

用单片机的 P1 口控制 8 个 LED 发光二极管。其电路接线如图 3-15 所示。

仿真：流水灯

① 设计程序一：接通电源使 8 个发光二极管顺序点亮。

② 设计程序二：将按键 S1 按下，8 个发光二极管全部处于点亮状态，按下按键 S2 后，8 个发光二极管全灭。

3. 元器件清单

元器件清单如表 3-3 所示。

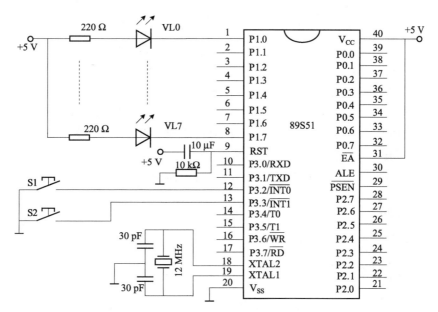

图 3-15 流水灯电路接线图

表 3-3 元器件清单

序 号	元器件名称	规 格	数量
1	51 单片机	AT89S51	1 个
2	晶振	12 MHz 立式	1 个
3	起振电容	30 pF 瓷片电容	2 个
4	复位电容	10 μF 16 V 电解电容	1 个
5	复位电阻	10 kΩ 电阻	1 个
6	限流电阻	220 Ω 电阻	8 个
7	发光二极管	红色、绿色 LED	8 个
8	按钮开关	四爪微型轻触开关	2 个
9	DIP 封装插座	40 脚集成插座	1 个
10	ISP 下载接口	DC3-10P 牛角座	1 个
11	万能板	150 mm×90 mm	1 块

4. 参考程序

根据电路可知,只要从 P1 口线输出 0,则相应的灯就会被点亮。

设计一　参考程序如下:

```
        ORG     0000H
        LJMP    START
        ORG     0030H
```

```
START: MOV    SP, #5FH
       MOV    R2, #08H        ;设置循环次数
       MOV    A, #0FEH        ;送显示模式字
NEXT:  MOV    P1, A           ;点亮连接 P1.0 的发光二极管
       ACALL  DELAY
       RL     A               ;左移一位,改变显示模式字
       DJNZ   R2, NEXT        ;是否已依次点亮 8 个二极管
       SJMP   START
DELAY: MOV    R3, #0FFH       ;延时子程序
DEL1:  MOV    R4, #0FFH
       DJNZ   R4, $
       DJNZ   R3, DEL1
       RET
       END
```

设计二 参考程序如下:
```
       ORG    0000H
       LJMP   START
       ORG    0030H
START: MOV    SP, #5FH
       MOV    P1, #0FFH
       MOV    P3, #0FFH
L1:    JNB    P3.2, L2        ;S1 按下时,P3.2=0
       JNB    P3.3, L3        ;S2 按下时,P3.3=0
       LJMP   L1
L2:    MOV    P1, #00H        ;8 个发光二极管全亮
       LJMP   L1
L3:    MOV    P1, #0FFH       ;8 个发光二极管全灭
       LJMP   L1
       END
```

5. 操作步骤

① 硬件接线。将各元器件按硬件接线图焊接到万能板上。

② 编程并下载。将设计参考程序分别输入并下载到 AT89S51 中。

③ 观察运行结果。将 ISP 下载线拔除观察 LED 灯的亮灭。

6. 训练扩展

① 如果想改变 8 个发光二极管的闪烁速度及移动方向,如何修改程序?

② 自行编写各种流水灯控制程序。

先导案例解决

机器语言能够为计算机直接执行，但不便于记忆和编程。汇编语言与单片机硬件结合较为紧密，必须熟悉单片机存储结构及空间分配，对编程人员要求较高，但编写的程序短小执行速度快；高级语言只需考虑算法，编程较为简单，但实时性不高。一般对单片机程序设计来说，通常会将高级语言与汇编语言相结合，实现混合编程，用高级语言设计算法，用汇编语言设计接口电路程序，这样可以充分发挥高级语言容易实现复杂算法的优点，又可以兼顾汇编语言实时性高的要求。

生产学习经验

① 51 指令按功能分有 5 大类共 111 条，由于条数比较多，初学时不宜死记硬背。对于具体的指令，应结合寻址方式找出规律来记忆。累加器 A 是在指令中出现最频繁的一个特殊功能寄存器，除了位操作类指令与 DJNZ 指令与它无关外，其余指令组中都有它。算术运算指令执行时通常会对进位标志 CY、半进位标志 AC、溢出标志 OV 及奇偶校验标志 P 产生影响，其余各类指令执行时一般不影响标志位，除涉及累加器 A 或进位位 CY 的指令操作会影响 P 标志及 CY 标志。

② 应通过多看实例、多做练习的方式尽快熟悉各种指令。

本章小结

本章主要讲述了 MCS-51 系列单片机汇编语言指令系统的构成、指令的寻址方式及各类指令的格式、功能和使用方法等。同时简要介绍了 C51 中常用运算符的格式。重点应熟练掌握各类指令的格式及用法，为学习汇编语言程序设计打下良好基础。

思考题与习题

1. MCS-51 单片机的指令格式是怎样的？各有何含义？
2. MCS-51 单片机有几种寻址方式？怎么描述这些寻址方式的执行过程？
3. 指出在下列各条指令中，30H 分别代表什么含义？

    MOV　　A, #30H
    MOV　　A, 30H
    MOV　　30H, #30H
    MOV　　30H, 28H
    MOV　　C, 30H

4. 设（A）= 0FH，（R0）= 30H，内部 RAM 的（30H）= 12H，（31H）= 0BH，（32H）= 0CH，请指出每条指令中源操作数的寻址方式，并写出执行下列程序段后上述各单元内容的变化结果。

    MOV　　A, @R0
    MOV　　@R0, 32H
    MOV　　32H, A

         MOV   R0，#31H
         MOV   A，@R0

5. 用指令实现下列数据传送。

(1) 内部 RAM 20H 单元内容送内部 RAM 30H 单元。

(2) 外部 RAM 20H 单元内容送内部 RAM 30H 单元。

(3) 外部 RAM 1000H 单元内容送寄存器 R2 中。

(4) 内部 RAM 20H 单元内容送外部 RAM 1000H 单元。

(5) 外部 RAM 20H 单元内容送外部 RAM 1000H 单元。

(6) ROM 2000H 单元内容送内部 RAM 30H 单元。

(7) ROM 2000H 单元内容送外部 RAM 20H 单元。

(8) ROM 2000H 单元内容送外部 RAM 1000H 单元。

6. 设（A）= 5AH，(R0)= 20H，(20H)= 6BH，(B)= 02H，(PSW)= 80H。写出下列指令执行后的结果及对标志位的影响（每条指令都以题中规定的原始数据参加操作）。

    (1) ADD   A，R0   (2) ADDC   A，20H
    (3) SUBB   A，#20H   (4) INC   A
    (5) MUL   AB   (6) DIV   AB
    (7) ANL   20H，#45H   (8) ORL   A，#32H
    (9) XRL   20H，A   (10) XCH   A，20H
    (11) SWAP   A   (12) CPL   A
    (13) RR   A   (14) RLC   A

7. 写出执行下列程序段的运行结果。

    (1) MOV   A，#20H
        MOV   DPTR，#2030H
        MOVX   @DPTR，A
        MOV   30H，#50H
        MOV   R0，#30H
        MOVX   A，@R0
    (2) MOV   A，#79H
        MOV   20H，#88H
        ADD   A，20H
        DA   A
        SWAP   A

8. 试写出达到下列要求的程序。

(1) 将外部 RAM 1000H 单元中的低 4 位清 0，其余位不变，结果存回原处。

(2) 将内部 RAM 50H 单元中的高 3 位置 1，其余位不变，结果存回原处。

(3) 将内部 RAM 20H 单元中的高 4 位置 1，低 4 位清 0，结果存回原处。

(4) 将 DPTR 的中间 8 位取反，其余位不变，结果存回原处。

9. 用 3 种方法实现累加器 A 中的无符号数乘 2 运算。

10. 编程实现两个 16 位二进制数 8E52H、47A4H 相减的运算，结果放在内部 RAM 的 20H 与 21H 单元中，前者放低 8 位，后者放高 8 位。

11. SJMP 指令和 AJMP 指令都是双字节转移指令，它们有什么区别？各自的转移范围是多少？能否用 AJMP 代替 SJMP？为什么？

12. 已知（SP）= 35H，（34H）= 12H，（35H）= 34H，（36H）= 56H。问此时执行"RET"指令后，（SP）= ？（PC）= ？

13. 若（SP）= 35H，（PC）= 2345H，标号 LOOP 所在的地址为 3456H。执行长调用指令"LCALL LOOP"后，堆栈指针和堆栈的内容发生什么变化？PC 的值为多少？若将上述指令改为"ACALL LOOP"是否可以？为什么？

14. 试编写程序完成将内部 RAM 以 30H 为首地址的 20 个数据传送至外部 RAM 以 1000H 为首地址的区域中。

15. 试编程实现：若累加器 A 的内容为正数，则将内部 RAM 20H 单元内容清 0，否则置 0FFH。

16. 试编程实现：查找内部 RAM 20H~50H 单元中出现 00H 的次数，并将查找结果存入 R1 中。

第 4 章 单片机的软件编程

本章知识点

- 汇编语言程序设计的一般步骤及方法。
- 汇编语言中的伪指令。
- 汇编语言典型程序设计。
- 常用 C51 控制语句及程序结构。

先导案例

汇编语言是一门涉及硬件的程序设计语言，它的指令与 CPU 提供的机器指令相对应，可以用它直接控制硬件系统进行工作，可以直接访问计算机系统内部各资源。汇编语言程序具有实时性强、执行速度快、代码效率高等优点。学习汇编语言程序设计时，由于软硬件知识交叉，因此对程序设计能力要求较高，学习难度较大。应强调结构化与软件重用的思想，理解、记忆、模仿一些典型程序设计，建立结构化程序设计思想，从模仿走向创新。

4.1 软件编程的步骤及方法

4.1.1 软件编程的步骤

用汇编语言编写程序，一般要经过如下步骤。

（1）分析问题，明确任务

这一步就是要明确设计任务、功能要求及技术指标，对系统的硬件资源和工作环境进行分析。这是单片机应用系统程序设计的基础和条件。

（2）确定算法

确定算法就是在全面准确分析程序设计任务之后，具体地选定解决问题的算法。对同一个问题，可以有多种不同的算法，设计者要分析各种不同的算法，从中选择一种最佳算法。

（3）绘制程序流程图

程序流程图设计，是将算法转化为具体程序的一个准备过程。所谓流程图，就是用箭头线将一些规定的图形符号，如半圆弧形框、矩形框、菱形框等，有机地连接起来的图形。这些半圆弧形框、矩形框和菱形框与文字符号相配合用来表示实现某一特定功能或求解某一问题的步骤。利用流程图可以将复杂的工作条理化、抽象的思路形象化。图 4-1 所示为流程图中常用的图形符号。

图 4-1 流程图中常用的图形符号

端点框：表示程序的开始或结束。
处理框：表示一段程序的功能或处理过程。
判断框：表示条件判断，以决定程序的流向。
换页符：当流程图在一页画不下需要分页时，使用换页符表示相关流程图之间的连接。
流程线：表示程序执行的流向。

（4）编写源程序

用汇编语言把流程图表明的步骤或过程描述出来。在编写源程序之前，应合理地选择和分配内存单元和工作寄存器。

（5）汇编和调试

汇编就是将编写好的源程序翻译为计算机所能识别并执行的机器语言程序，即目标程序。实际应用中这一步都是采用机器汇编。在汇编过程中，可以发现源程序中在指令格式及使用上出现的问题或错误。

调试是指输入给定的数据，让程序运行起来，检查程序运行是否正常、结果是否正确。调试工作可一个一个模块程序运行和修改，然后将各模块程序连起来运行和修改，这样查找问题和错误的范围小、容易、快捷。只有通过上机调试并得出正确结果的程序才能认为是正确的程序。

4.1.2 软件编程中的技巧

解决某一问题、实现某一功能的程序不是唯一的。程序有简有繁，占用的内存单元有多有少，执行的时间有长有短，因而编制的程序也不相同。但在进行汇编语言程序设计时，应始终把握 3 个原则：尽可能缩短程序长度；尽可能节省数据存放单元；尽可能加快程序的执行速度。通常采用以下几种方法实现。

（1）尽量采用模块化程序设计方法

模块化设计是程序设计中最常用的一种方法。所谓模块化设计即把一个完整的程序分成若干个功能相对独立的、较小的程序模块，对各个程序模块分别进行设计、编制和调试，最后把各个调试好的程序模块装配起来进行联调，最终成为一个有实用价值的程序。对于初学者来说，尽可能查找并借用经过检验、被证明切实有效的程序模块，或只需局部修改的程序模块，然后将这些程序模块有机地组合起来，得到所需要的程序，如果实在找不到，再自行设计。

（2）合理地绘制程序流程图

绘制流程图时应先粗后细，即只考虑逻辑结构和算法，不考虑或者少考虑具体指令。这样画流程图就可以集中精力考虑程序的结构，从根本上保证程序的合理性和可靠性。使用流程图直观明了，有利于查错和修改。因此，多花一些时间来设计程序流程图，就可以大大缩短源程序编辑调试的时间。

（3）少用无条件转移指令，尽量采用循环结构和子程序结构

少用无条件转移指令可以使程序的条理更加清晰，采用循环结构和子程序结构可以减小程序容量，节省内存。

（4）充分利用累加器

累加器是数据传递的枢纽，大部分的汇编指令围绕着它进行。在调用子程序时也经常通过累加器传递参数，此时一般不把累加器压入堆栈。若需保护累加器的内容，应先把累加器的内容存入其他寄存器单元中，然后再调用子程序。

（5）精心设计主要程序段

对主要的程序段要下功夫精心设计，这样会收到事半功倍的效果。例如如果在一个重复执行100次的循环程序中多用了两条指令，或者每次循环执行时间多用了两个机器周期，则整个循环就要多执行200条指令或多执行200个机器周期，使整个程序运行速度大大降低。

（6）对于中断要注意保护和恢复现场

在中断处理程序中，进入中断要注意保护好现场（包括各相关寄存器及标志寄存器的内容），中断结束前要恢复现场。

一般来说，一个程序的执行时间越短，占用的内存单元越少，其质量也就越高，这就是程序设计中的"时间"和"空间"的概念。程序应该逻辑性强、层次分明、数据结构合理、便于阅读，同时还要保证程序在任何实际的工作条件下，都能正常运行。另外，在较复杂的程序设计中，必须充分考虑程序的可读性和可靠性。

4.2 汇编语言源程序的汇编过程

所谓汇编就是将汇编语言转换成机器语言的过程。只有将汇编语言编写的源程序汇编成为机器语言，才能被计算机识别和执行。汇编可分为手工汇编和机器汇编两种形式。采用手工汇编就是先编写出汇编程序，然后对照单片机指令码表（见附录B）手工将汇编程序翻译成机器码，目前已不采用手工汇编。机器汇编就是将源程序输入计算机后，由汇编软件查出相应的机器码，汇编软件（如ASM51.exe）通常可对源程序中的语法及逻辑错误进行检查，同时还能对地址进行定位，建立能被开发装置接收的机器码文件及用于打印的列表文件等。单片机的机器汇编过程如图4-2所示。

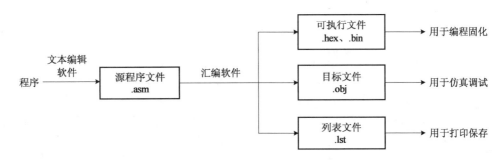

图 4-2　单片机的汇编过程示意图

4.2.1　伪指令

为了方便对汇编语言源程序进行汇编，MCS-51 系列单片机的指令系统允许使用一些特定的指令为汇编程序提供相关信息，这些特定的指令称为伪指令。通常用于为程序指定起始点和结束点，将一些数据、表格常数存放在指定的存储单元，对字节数据或表达式赋字符名称等。这些伪指令在汇编时不产生目标代码，不影响程序的执行，因为它们不是真正的指令。下面介绍一些常用的伪指令。

1. 起始地址伪指令 ORG

格式：

　　　　ORG　　16 位地址

功能：ORG（Origin）规定程序段或数据块的起始地址。

汇编过程中，机器检测到该语句时，便确认了汇编的起始地址，然后把 ORG 伪指令下一条指令的首字节机器码存入 16 位地址所指示的存储单元内，其他的后续指令字节或数据连续依次存入后面的存储单元中。在一个源程序中，可以多次使用 ORG 指令，以规定不同的程序段的起始位置。但所规定的地址应该是从小到大，而且不允许重叠。

例如：

　　　　ORG　　1000H
START：MOV　A，#55H
　　　　…

该 ORG 指令规定了 START 标号的地址为 1000H，第一条指令及其后面指令汇编后的机器码便从 1000H 单元开始存放。

2. 汇编结束伪指令 END

格式：

　　　　END

功能：END 用来表示程序结束汇编的位置。

END 一般用在汇编语言源程序的末尾，该伪指令后面的语句将不被汇编成机器码。一个汇编语言源程序可能由几个程序段组成，包括主程序和若干个子程序，但只能有一个 END 指令。

3. 赋值伪指令 EQU

格式：

　　　　字符名　EQU　数据或汇编符号

功能：EQU（Equate）将该指令右边的值赋给左边的"字符名"。

汇编过程中，EQU 伪指令被汇编程序识别后自动将 EQU 后面的"数据或汇编符号"赋给左边的"字符名"。该"字符名"被赋值后，既可用作一个数据，也可用作一个地址。

例如：

```
        ORG    1000H
        BLOCK  EQU 20H
        SUM    EQU 30H
START:  MOV    R0, #BLOCK
        …
        MOV    SUM，A
        …
```

使用 EQU 伪指令时应注意以下两点。

① "字符名"不是标号，故它和 EQU 之间不能用":"隔开。

② "字符名"必须先赋值后使用，因此 EQU 伪指令通常放在源程序的开头。

4. 数据赋值伪指令 DATA

格式：

　　　　字符名　　DATA　表达式

功能：DATA 用来将右边表达式的值赋给左边的字符名。

此伪指令的功能与 EQU 类似。使用时它们的区别如下。

① DATA 可以先使用再定义，它可以放在程序的开头或结尾，也可以放在程序的其他位置，比 EQU 指令要灵活。

② 用 EQU 伪指令可以把一个汇编符号（如 R0）赋给一个字符名称，而 DATA 伪指令则不能。DATA 伪指令在程序中常用来定义数据或地址。

例如：

```
        ORG    1000H
        TMP    EQU   R0
        RES    DATA  30H
START:  MOV    RES, TMP
        …
```

5. 定义字节伪指令 DB

格式：

　　　　［标号：］DB　8 位数据或数据表

功能：DB（Define Byte）用来为汇编语言源程序在程序存储器中从指定的地址单元开始定义一个或多个字节数据。

该伪指令把右边"8 位数据或数据表"中的数据依次存入程序存储器

微课：查表指令

以左边标号为起始地址的单元中。此时,"8 位数据或数据表"中的数据可用二进制、十进制、十六进制或 ASCII 码等形式表示,各数据间用逗号分隔。

例如:

    ORG 1000H
TAB: DB 48H,100,11000101B,'D','6',-2

源程序汇编后,程序存储器从 1000H 开始被依次存入 48H、64H、0C5H、44H、36H、0FEH,如图 4-3(a)所示。其中,'D'、'6'分别表示字母 D 和数字 6 的 ASCII 码值 44H、36H,0FEH 是"-2"的补码。

6. 定义字伪指令 DW

格式:

    [标号:] DW 16 位数据或数据表

功能:DW(Define Word)用来为汇编语言源程序在程序存储器中从指定的地址单元开始定义一个或多个字数据。

DW 伪指令与 DB 伪指令的功能类似,区别仅在于 DB 定义的是字节,DW 定义的是字,即两个字节。16 位数据的存放顺序是高 8 位在前,低 8 位在后。

例如:

    ORG 2000H
TAB: DW 345DH,45H,-2,'BC'

源程序汇编后,从程序存储器 2000H 开始,按先高后低的原则依次存入 34H、5DH、00H、45H、0FFH、0FEH、42H、43H,如图 4-3(b)所示。其中,"-2"的补码按 16 位二进制格式为 0FFFEH。

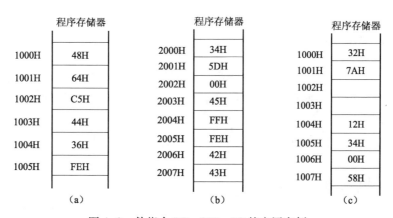

图 4-3 伪指令 DB、DW、DS 的应用实例
(a)DB 的应用;(b)DW 的应用;(c)DS 的应用

7. 定义存储空间伪指令 DS

格式:

    [标号:] DS 表达式

功能:DS(Define Storage)用来从指定的地址单元开始留出一定量的字节空间作为备

用空间。预留字节单元的个数由表达式决定。

例如：

  ORG 1000H
  DB 32H，7AH
  DS 02H
  DW 1234H，58H

源程序汇编后，从程序存储器1000H开始存入32H、7AH，从1002H开始预留2个地址空间，从1004H开始继续存入12H、34H、00H、58H，如图4-3（c）所示。

8. 位地址赋值伪指令 BIT

格式：

    字符名 BIT 位地址

功能：BIT 用来将右边的位地址赋给左边的字符名。

例如：

  ORG 1000H
  X1 BIT 30H
  X2 BIT P1.1
START：MOV C，X1
  MOV X2，C
  …

注意：有些汇编程序没有BIT伪指令，用户只能用EQU伪指令定义位地址。但是用这种方式定义时，EQU语句右边应该是具体的位地址。上例中第二条指令可写成：

  X2 EQU 91H

4.2.2 源程序的汇编过程

这里以手工汇编方式说明汇编语言源程序的汇编过程。手工汇编一般按如下步骤进行：

① 确定各指令所占的地址并查出机器码分配至各单元，保留源程序中出现的各种标号地址及符号名称。

② 计算各相对转移指令的偏移量rel，并用各实际地址代替标号地址，各实际数值代替符号名。

例如，对下述程序进行手工汇编：

  ORG 1000H
  SUM DATA 1FH
  LEN DATA 20H
  MOV R0，#20H
  MOV R1，LEN
  CJNE R1，#00H，NEXT
HERE：SJMP HERE
NEXT：CLR A

```
LOOP:   INC     R0
        ADD     A, @R0
        DJNZ    R1, LOOP
        MOV     SUM, A
        SJMP    HERE
        END
```

执行步骤一，结果如下：

地址	机器码			汇编源程序
1000H	78	20		MOV R0, #20H
1002H	A9	LEN		MOV R1, LEN
1004H	B9	00	rel1	CJNE R1, #00H, NEXT
1007H	80	rel2	HERE:	SJMP HERE
1009H	E4		NEXT:	CLR A
100AH	08		LOOP:	INC R0
100BH	26			ADD A, @R0
100CH	D9	rel3		DJNZ R1, LOOP
100EH	F5	SUM		MOV SUM, A
1010H	80	rel4		SJMP HERE

将各偏移量计算出来并代填入相应的地址单元，同时用实际数值或地址代替符号名，结果如下：

rel1 = [1009H−1004H−3]$_补$ = 02H

rel2 = [1007H−1007H−2]$_补$ = [−2]$_补$ = 0FEH

rel3 = [100AH−100CH−2]$_补$ = [−4]$_补$ = 0FCH

rel4 = [1007H−1010H−2]$_补$ = [−11]$_补$ = 0F5H

地址	机器码			汇编源程序
1000H	78	20		MOV R0, #20H
1002H	A9	20		MOV R1, LEN
1004H	B9	00	02	CJNE R1, #00H, NEXT
1007H	80	FE	HERE:	SJMP HERE
1009H	E4		NEXT:	CLR A
100AH	08		LOOP:	INC R0
100BH	26			ADD A, @R0
100CH	D9	FC		DJNZ R1, LOOP
100EH	F5	1F		MOV SUM, A
1010H	80	F5		SJMP HERE

从上述手工汇编的过程可看到，手工汇编需要程序员认真查找机器码，并正确计算偏移量，同时必须确保这些机器码准确无误，这些工作需要依靠耐心、专注、坚持的精神才能完成。虽然这些工作已经由编译器自动完成，但是早期程序员们的工作精神是值得我们学习的。

4.3 典型程序设计举例

任何复杂的程序都可由 3 种基本程序结构组成，分别是顺序结构、分支结构、循环结构，如图 4-4 所示。下面分别介绍这 3 种典型结构程序设计。

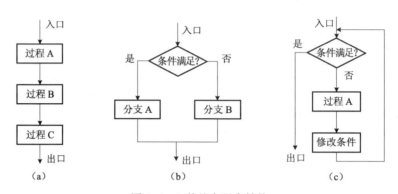

图 4-4　3 种基本程序结构
(a) 顺序结构；(b) 分支结构；(c) 循环结构

4.3.1 顺序结构程序设计

顺序结构程序在执行时是从第一条指令开始依次执行每一条指令，直到执行完毕。这种结构的程序虽然简单，但它往往是构成复杂结构程序的基础。

例 4-1 有两个 4 位十进制数，分别存放在 21H、20H 单元和 31H、30H 单元中，求这两个 4 位十进制数的和，并将结果存入 41H、40H 单元中。

编程思路：由题目分析可知，这两个 4 位 BCD 码相加，应从低位开始，每进行一次加法运算，做一次 BCD 码的调整。

参考程序如下：

```
ORG     0100H
MOV     A, 20H
ADD     A, 30H         ; A←(20H) + (30H)
DA      A              ; BCD 码调整
MOV     40H, A         ; 存结果低位
MOV     A, 21H
ADDC    A, 31H         ; A←(21H) + (31H) + (CY)
DA      A
MOV     41H, A
END
```

例 4-2 将内部 RAM 的 40H 单元中的二进制数转换成 3 位非压缩型 BCD 码，存入内部 RAM 的 50H、51H、52H 单元中（高位在前）。

编程思路：通过对 A 中的二进制数除 100 取余、除 10 取余两次操作后，可分离为个、十、百位。

参考程序如下：

```
            ORG     0050H
HEXBCD:     MOV     A, 40H          ;被除数送 A
            MOV     B, #100         ;除数 100 送 B
            DIV     AB              ;A 中内容除以 100，得到百位数
            MOV     50H, A          ;百位数存 50H 单元
            MOV     A, #10          ;除数 10 送 A
            XCH     A, B            ;余数送 A，除数 10 送 B
            DIV     AB              ;A 中内容除以 10，得到十位数和个位数
            MOV     51H, A          ;十位数存入 51H 单元
            MOV     52H, B          ;个位数存入 52 H 单元
            END
```

视频：二进制转 BCD 码程序调试

想一想：求一个 16 位二进制负数的补码。设此 16 位二进制数存放在 R0 及 R1（R0 存放低位，R1 存放高位）中，求补后送入 R2 和 R3 中。

编程思路：二进制数求补码即"求反加一"的过程，因为 16 位数有两个字节，所以在对低字节加 1 后要考虑进位问题。指令 INC A 对进位没有影响。所以加 1 采用 ADD 指令，低 8 位加 1 后可能产生进位，可用"ADDC A, #00H"实现。

4.3.2 分支结构程序设计

在一个实际的应用程序中，程序不可能始终是顺序执行的。通常需根据实际问题设定条件，通过对条件是否满足的判断，产生一个或多个分支，以决定程序的流向，这种程序称为分支程序。分支程序的特点就是程序中含有条件转移指令。MCS-51 中直接用来判断分支条件的指令有 JZ、JNZ、CJNE、DJNZ、JC、JNC、JB、JNB 等。正确合理地运用条件转移指令是编写分支程序的关键。

例 4-3 设内部 RAM 20H、21H 两个单元中存有两个无符号数，试比较它们的大小，并将较大者存入 20H 单元中，较小者存放在 21H 单元中。

编程思路：可将两无符号数相减后的 CY 标志作为判断条件，也可先用 CJNE 指令，再用 CY 标志作判断条件，比较两数大小。这里采用第一种方法，其流程如图 4-5 所示。

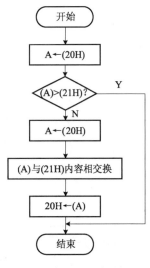

图 4-5 例 4-3 程序流程图

参考程序如下：

```
            ORG     0100H
            CLR     C               ;清进位标志
```

```
        MOV    A, 20H           ;取第一个数
        SUBB   A, 21H           ;A←(A)-(21H)
        JNC    MAX              ;若CY=0,则20H单元中的数大,结束程序
        MOV    A, 20H           ;若CY=1,则21H单元中的数大,重新取值
        XCH    A, 21H           ;大数与小数互换
        MOV    20H, A           ;保存大数
MAX:    SJMP   MAX
        END
```

例4-4 设变量X存放于R2中,函数值Y存放于R3中。试按下式要求给Y赋值。

$$Y=\begin{cases} 1 & (X>0) \\ 0 & (X=0) \\ -1 & (X<0) \end{cases}$$

编程思路:这是一个3分支的条件转移程序,自变量X是个带符号数,故可先用CJNE或JZ(JNZ)指令判断是否为0,然后用JB(JNB)判断正负。这里程序采用了"先分支后赋值"和"先赋值后分支"两种编程方法。图4-6(a)所示为"先分支后赋值",如图4-6(b)所示为"先赋值后分支"。

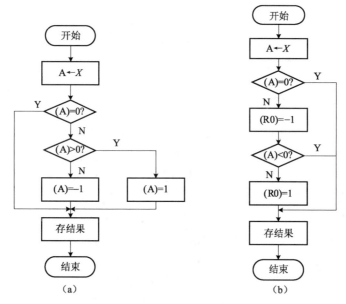

图4-6 例4-4程序流程图
(a) 方法一 先分支后赋值;(b) 方法二 先赋值后分支

方法一参考程序如下:

```
        ORG    0100H
        MOV    A, R2            ;X→A
        CJNE   A, #00H, L1      ;(A)与0比较,不等则转移
        MOV    R3, #00H         ;若相等,0→R3
        SJMP   L3
```

```
L1: JB      ACC.7, L2           ; X<0,则转移
    MOV     R3, #01H            ; X>0,1→R3
    SJMP    L3
L2: MOV     R3, #0FFH           ; X<0,-1→R3
L3: SJMP    $
    END
```

方法二参考程序如下：

```
    ORG     0100H
    MOV     A, R2               ; 取 X 到 A
    JZ      L2                  ; X=0 转移
    MOV     R0, #0FFH           ; 先设 X<0,(R0) = 0FFH
    JB      ACC.7, L1           ; 若 X<0 转移
    MOV     R0, #01H            ; X>0,(R0) = 1
L1: MOV     A, R0
L2: MOV     R3, A               ; 存结果
    SJMP    $
    END
```

在例 4-4 的两种编程方法中，采用方法二设计的程序更为合理，不仅程序较短，而且少用了两条无条件转移指令。

以上程序都是根据判断某一条件成立与否而使程序转向两个分支。有一种分支程序，需要根据某种输入或运算的结果，分别转向多个分支处理程序，这种程序称为散转程序。使用指令"JMP @A+DPTR"，可以很容易地实现散转功能。

例 4-5 设计 N 路分支程序，设 N≤127，存放在 R1 中。编程实现根据程序运行中产生的 R1 值来决定转向某一处理程序。

编程思路：这种多分支程序可采用两种方法实现，查转移地址表或查转移指令表。查转移地址表就是将各转向程序的入口地址列成表格，将表中的目标地址作为查表的对象；查转移指令表就是将转移到不同程序的转移指令列成表格，判断条件后查表，执行表中的转移指令。

方法一参考程序如下：

```
        MOV     DPTR, #TAB
        MOV     A, R1                   ; 取转移编号
        ADD     A, R1
NADD:   MOV     R3, A                   ; 暂存
        MOVC    A, @A+DPTR              ; 查转移地址高 8 位
        XCH     A, R3
        INC     A
        MOVC    A, @A+DPTR              ; 查转移地址低 8 位
        MOV     DPL, A                  ; 转移地址低 8 位送基址 DPL
        MOV     DPH, R3                 ; 转移地址高 8 位送基址 DPH
```

```
        CLR     A
        JMP     @A+DPTR              ;转向某一分支指定地址
TAB:    DW      PRG0，PRG1，…，PRGn   ;表中存放的是转向程序的入口地址
```
方法二参考程序如下：
```
        MOV     DPTR，#TAB
        MOV     A，R1
        ADD     A，R1                ;乘2与转移指令双字节相对应
NADD:   JMP     @A+DPTR
TAB:    AJMP    PRG0
        AJMP    PRG1
                …
        AJMP    PRGn
```

由上述两种设计方法可知，使用查转移地址表可实现程序存储器 64 KB 范围的转移，转移空间较大。若使用查转移指令表，且在转移指令表中使用了"AJMP"指令，则会限制转向程序的入口地址，这些地址 PRG0，PRG1，…，PRGn 必须和散转表首地址 TAB 位于同一个 2 KB 空间范围内。若转移指令表中使用"LJMP"指令则无此限制。

4.3.3 循环结构程序设计

前面介绍的顺序结构程序和分支结构程序中的指令一般都只执行一次。而在实际应用系统中，往往会出现同一组操作要重复执行许多次的情况，这种有规律可循又反复出现的问题，可以采用循环结构设计的程序来解决。这样可以使程序简短、条理清晰、运行效率高、占用存储空间少。

循环结构程序一般由 4 部分组成。

（1）循环初始化程序段

循环初始化程序段位于循环程序的开头，用于完成循环前的准备工作。例如，给循环体计数器、各数据地址指针及运算变量设置初值等。

（2）循环处理程序段

循环处理程序段位于循环程序的中间，又称循环体，是循环程序不断重复执行的部分，用于完成对数据进行实际处理。要求编写得尽可能简洁，以提高程序的执行速度。

（3）循环控制程序段

循环控制程序段包括修改变量和循环结束条件检测两部分。通过修改循环计数器和数据指针的值，为下一次循环和循环结束检测作准备，然后通过条件转移来判断循环是否结束。

（4）循环结束程序段

循环结束程序段用于存放执行循环程序后的运算结果等操作。

循环程序在结构上通常有两种编制方法：一种是先处理后判断；另一种是先判断再处理。两种方法的流程如图 4-7 所示。由图 4-7（a）可看出，不管循环程序是否需要执行，循环处理部分至少要执行一次，而图 4-7（b）中的循环处理部分可以根本不执行。在设计时应根据需要采用不同的设计方法。

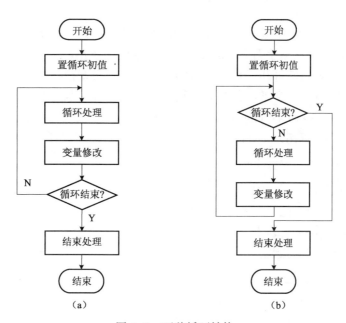

图 4-7　两种循环结构
（a）先处理后判断；（b）先判断再处理

根据对循环程序是否结束的控制方法的不同，可将循环程序分为次数已知的循环程序和次数未知的循环程序两种。次数已知的循环程序常采用计数器控制，这种循环程序通常在循环初始化中将循环次数设置于计数器中，每循环一次将计数器减 1，当计数器中的值减为 0 时，使循环结束，常采用"DJNZ"指令实现。而次数未知的循环程序通常通过给定的条件标志来判断循环是否结束，一般会使用条件比较指令实现，如"CJNE"指令等。

下面举例说明循环程序的设计方法。

例 4-6 有 20 个无符号数存放在内部 RAM 从 41H 开始的存储单元中，试对它们求和并将结果存放在 40H 单元中（设和≤255）。

编程思路：由已知条件可知，求和是不断重复执行的操作，可用循环程序实现。且求和运算的次数已知，属于循环次数已知的循环程序，可用"DJNZ"指令控制循环是否结束。程序设计采用先处理后判断的结构，流程如图 4-8 所示。

参考程序如下：

```
        ORG    0100H
        CLR    A              ;清累加器
        MOV    R7,#14H        ;给循环计数器 R7 赋初值
        MOV    R0,#41H        ;设数据指针 R0 指向存储区首地址
LOOP:   ADD    A,@R0          ;求和
        INC    R0             ;指向下一个地址单元
        DJNZ   R7,LOOP        ;判循环是否结束
        MOV    40H,A          ;存累加结果
        SJMP   $
```

END

例 4-7 把内部 RAM 中起始地址为 BLK1 的数据块传送到外部 RAM 中起始地址为 BLK2 的区域中，若遇到空格字符 SP 的 ASCII 码，则传送停止。

编程思路：由已知条件可知，数据传送的过程是不断重复执行的操作，可用循环程序实现。但这个程序只能通过一个条件控制循环结束，属于循环次数未知的循环程序。查附录 A 中的 ASCII 码表，可知空格字符的 ASCII 码为 20H，利用"CJNE"指令，将每个待传送的数与"20H"比较，判断循环是否结束。程序设计采用先判断后处理的结构，其流程如图 4-9 所示。

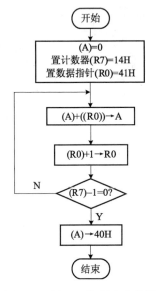

图 4-8 例 4-6 的程序流程图

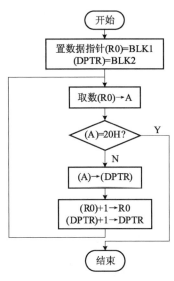

图 4-9 例 4-7 的程序流程图

参考程序如下：

```
        ORG     0100H
        MOV     R0, #BLK1       ;设数据指针 R0 指向数据块的首地址 BLK1
        MOV     DPTR, #BLK2     ;设数据指针 DPTR 指向存储区的首地址 BLK2
XH:     MOV     A, @R0          ;取数据
        CJNE    A, #20H, CON    ;是否为空格字符
        SJMP    JS
CON:    MOVX    @DPTR, A        ;数据传送
        INC     R0              ;修改数据指针
        INC     DPTR
        SJMP    XH              ;循环控制
JS:     SJMP    $
        END
```

对循环程序是否结束的判断也可采用"SUBB"与"JZ"指令共同完成，程序可修改为以下程序：

```
                ORG    0100H
                MOV    R0,#BLK1         ;设数据指针 R0 指向数据块的首地址 BLK1
                MOV    DPTR,#BLK2       ;设数据指针 DPTR 指向存储区的首地址 BLK2
        XH:     CLR    C
                MOV    A,@R0            ;取数据
                MOV    R7,A             ;暂存数据
                SUBB   A,#20H           ;判是否为空格字符
                JZ     JS
                MOV    A,R7             ;恢复数据
                MOVX   @DPTR,A          ;数据传送
                INC    R0
                INC    DPTR
                SJMP   XH               ;循环控制
        JS:     SJMP   $
                END
```

例 4-8 从外部 RAM 的 BLOCK 单元开始有一无符号数的数据块，数据块的长度存入 LEN 单元中，求出数据块中的最小数并将其存入 MIN 单元。

编程思路：这是一个基本搜索问题。采用两两比较法，取两者中较小数再与下一个数进行比较，若数据块的长度 LEN=n 则应比较 $n-1$ 次，最后较小数就是数据块中最小数。为了方便地进行比较，使用 CY 标志来判断两数的大小，使用 B 寄存器作比较与交换的暂存器，使用 DPTR 作外部 RAM 地址指针，程序流程如图 4-10 所示。

参考程序如下：

```
                ORG    0100H
        FMIN:   MOV    DPTR,#BLOCK      ;数据块首址送 DPTR
                DEC    LEN              ;长度减 1
                MOVX   A,@DPTR          ;取数至 A
        LOOP:   CLR    C                ;C 清 0
                MOV    B,A              ;暂存于 B
                INC    DPTR             ;修改指针
                MOVX   A,@DPTR          ;取数至 A
                SUBB   A,B              ;比较两数
                JNC    LOOP1            ;若 B 小则跳转
                ADD    A,B              ;若 A 小则恢复 A
                SJMP   LOOP2
        LOOP1:  MOV    A,B              ;将较小数存入 A
        LOOP2:  DJNZ   LEN,LOOP         ;未完,重复比较
                MOV    MIN,A            ;存最小数
                END
```

想一想：该程序在数据块长度大于 1 时运行正确，但若是数据块的长度为 0 或 1 时，不

能立即判断结束程序,程序运行将会出错,此时应考虑采用先判断再处理方式编写程序。即在比较操作前,先判断程序是否应结束。请读者自行设计改进后的程序。

上述3个例子中,程序只有一个循环体,这种程序称为单循环程序。在某些问题的处理中,仅采用单循环往往不够,还必须采用多重循环才能解决。所谓多重循环是指在一个循环程序中嵌套有其他循环程序。单片机软件设计中,最常用、最典型的多重循环程序就是利用指令执行时间结合多重循环的软件延时程序。

例4-9 计算下列延时程序的延时时间。设晶振频率 f_{osc} 为 12 MHz。

```
        ORG     0100H
DELAY:  MOV     R1, #199
DL1:    MOV     R7, #250
DL:     DJNZ    R7, $
        DJNZ    R1, DL1
        RET
```

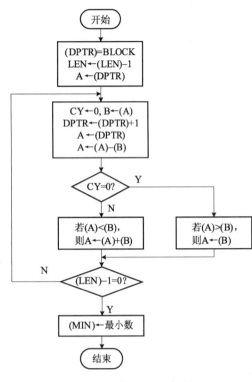

图 4-10 例 4-8 程序流程图

分析:延时时间与指令执行的时间有很大关系,当 f_{osc} = 12 MHz 时,机器周期为 1 μs,"MOV Rn,#data" 指令执行的时间为 1 μs,"DJNZ Rn,rel" 指令的执行时间为 2 μs,则该程序中内循环的实际执行时间为 (1+2×250)×1 μs = 501 μs。

程序的延时时间为 [1+(501+2)×199]×1 μs = 100.098 ms ≈ 100 ms。

通过修改程序中两个立即数的值便可获得不同的延时时间。

在多重循环结构程序中,只允许外循环程序嵌套内循环程序,而不允许循环体互相交叉,也不允许从循环程序的外部跳入循环程序内部。

例4-10 如图4-11所示,将内部RAM 45H~47H单元中的内容右移4位,移出部分送入48H单元。

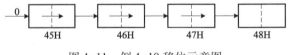

图 4-11 例 4-10 移位示意图

编程思路:先将48H单元中的数值清0,利用"RRC A"指令实现右循环移位,每次将45H~48H 4个单元的数据依次右移一位,完成所有操作共需移位4次。使用R5作内循环计数器,控制4个单元依次移位一次;使用R6作外循环计数器,控制移位4次。该程序流程如图4-12所示。

参考程序如下:

```
        ORG     0100H
        MOV     R6，#04H         ；置外循环计数器
                                  R6 计数值为 4
        MOV     48H，#00H
LOOP：  CLR     C               ；进位位 CY 清 0
        MOV     R1，#45H         ；R1 作地址指针
        MOV     R5，#04H         ；置内循环计数器
                                ；R5 计数值为 4
LOOP1： MOV     A，@R1           ；取数
        RRC     A               ；右移一位
        MOV     @R1，A           ；送回
        INC     R1              ；修改指针，准备
                                ；取下一单元的数
        DJNZ    R5，LOOP1        ；内循环未完则转
        DJNZ    R6，LOOP         ；外循环未完则转
        END
```

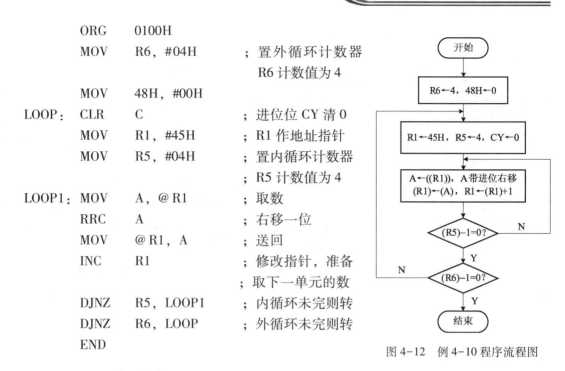

图 4-12 例 4-10 程序流程图

4.3.4 子程序设计

在一个单片机系统的程序中，往往有许多地方需要执行同样的运算或操作。例如，各种函数的加减乘除运算、代码转换以及延时程序等。通常将这些经常需要重复使用的、能完成某种基本功能的程序段单独编制成子程序，以供不同程序或同一程序反复调用。在程序中需要执行这种操作的地方执行一条调用指令，转到子程序中完成规定操作，再返回原来程序中继续执行下去，这就是所谓的子程序结构。采用子程序结构，可使程序简化，便于调试、交流和共享资源。

1. 子程序调用与返回

子程序第一条指令所在的地址称为入口地址，该指令前必须有标号，最好以子程序所能完成的功能名作为标号。例如：求平方子程序以 SQR 作为标号，延时子程序以 DELAY 作为标号。

调用子程序指令 ACALL 或 LCALL 应放在主程序中，这两条调用指令不仅具有寻址子程序入口地址的功能，而且在转入子程序之前能自动使主程序断点地址入栈，具有保护主程序断点地址的功能。返回指令 RET 放在子程序的末尾，它具有恢复主程序断点地址的功能，执行返回指令时将断点地址出栈送 PC，以便从子程序返回到主程序继续执行。

子程序执行过程中还可以调用其他子程序，这种调用方式称为子程序嵌套或多重转子。

2. 参数的现场保护

在转入子程序时，特别是进入中断服务子程序时，要特别注意现场保护问题。即主程序使用的内部 RAM 的内容、各工作寄存器的内容、累加器 A 的内容、DPTR 以及 PSW 等特殊功能寄存器的内容都不应该因为转向子程序运行而改变。如果子程序使用的寄存器与主程序使用的寄存器有冲突，则应在转入子程序后首先采取措施保护现场。方法是将要保护的单元的内容压入堆栈保存起来，在返回主程序之前将压入的数据再弹出到原工作单元，恢复主程

序原来的状态，即恢复现场。

3. 主程序与子程序的参数传递

子程序调用时，要特别注意主程序与子程序之间的信息交换。在调用一个子程序时，主程序应先把与调用相关的参数（入口参数）放到某些特定的位置，子程序在运行时，可以从约定的位置得到相关参数。同样在子程序结束前，也应把子程序运行后的处理结果（出口参数）送到约定位置。当子程序返回后，主程序可从这些位置得到需要的结果，这就是参数传递。参数传递大致可分为以下三种方法。

（1）利用工作寄存器 R0~R7 或者累加器 A 实现参数传递

在调用子程序之前把数据送入寄存器或者累加器。调用以后就使用这些寄存器或者累加器中的数据进行操作。子程序执行后，结果仍由这些寄存器或累加器送回。这是一种最常用的方法，其优点是程序简单、速度快，缺点是传递的参数不能太多。

例 4-11 用程序实现 $c=a^2+b^2$。设 a、b 均小于 10，a 存于 21H 单元，b 存于 22H 单元，结果 c 存于 20H 单元。

编程思路：本程序中两次用到求平方的运算，因此，把求平方运算设计成子程序以供主程序重复使用。

参考程序如下：

```
            ORG    0100H
MAIN:       MOV    SP, #50H            ;设堆栈指针
            MOV    A, 21H              ;取 a 值
            ACALL  SQR                 ;求 a²
            MOV    20H, A              ;a²值暂存于 20H 单元
            MOV    A, 22H              ;取 b 值
            ACALL  SQR                 ;求 b²
            ADD    A, 20H              ;求 a²+b²
            MOV    20H, A              ;结果存于 20H 单元
            SJMP   $
            ORG    0150H
SQR:        INC    A                   ;修正 A 值
            MOVC   A, @A+PC            ;查平方表
            RET
TAB:        DB     0, 1, 4, 9, 16, 25  ;平方表
            DB     36, 49, 64, 81
            END
```

（2）利用指针寄存器传送

数据一般存放在数据存储器中，可用指针来指示数据的位置，这样可大大节省传送数据的工作量，并可实现变长度运算。若数据在内部 RAM 中，可用 R0 与 R1 作为指针，数据在外部 RAM 或程序存储器中，可用 DPTR 作为指针。参数传递时只通过 R0、R1 和 DPTR 传送数据所存放的地址，调用结束后，传送回来的也只是存放数据的指针寄存器所指的数据地址。

例 4-12 设内部 RAM 中存有 3 B BCD 码的被减数和减数，它们的首址分别为 30H 和 40H，由低位到高位存放。求它们的差值并存入被减数单元中。

编程思路：由于 MCS-51 指令系统中无十进制减法指令和十进制减法调整指令，所以在进行十进制减法运算时只能先求减数的十进制补码，将减法变为加法，再用十进制调整指令来调整运算结果，该结果为十进制补码。若 CY = 1，表示够减无借位，值为正。若 CY = 0，表示不够减，值为负。两位 BCD 码减数对 100 求补，只要将 100 减去此数即可。因 9AH 经十进制调整后其值就是 100，则减数的求补只需用 9AH 减原数即可。

例如：求 67-35 = ?，可用 9AH-35H+67H = 65H+67H = CCH，经十进制调整后结果为 132，对应两位十进制数即是 32。CY = 1 表示两数相减的值为正。

参考程序如下：

```
            ORG    0100H
MAIN:       MOV    R0, #30H      ; 置被减数低字节首址指针
            MOV    R1, #40H      ; 置减数低字节首址指针
            MOV    R7, #03H      ; 置 BCD 码字节长度
            LCALL  SUB2
            SJMP   $
            ORG    0150H
SUB2:       CLR    C
LOOP:       MOV    A, #9AH
            SUBB   A, @R1        ; 减数对 100 求补
            ADD    A, @R0        ; 采用补数后，将减法转换成加法
            DA     A
            MOV    @R0, A        ; 送差值到被减数对应字节单元
            INC    R0
            INC    R1
            CPL    C             ; 转换成借位，以便进行下一字节运算
            DJNZ   R7, LOOP
            RET
            END
```

主程序中通过指针寄存器 R0、R1 将被减数与减数送入子程序中进行处理，结果在子程序中直接保存，所以无须再传回主程序。

(3) 利用堆栈传送

在主程序调用子程序前，可将子程序所需要的参数通过"PUSH"指令压入堆栈。在执行子程序时可用寄存器间接寻址方式访问堆栈，从中取出所需要的参数并在返回主程序之前将其结果送到堆栈中。当返回主程序后，可用"POP"指令从堆栈中取出子程序提供的处理结果。由于使用了堆栈区，应特别注意 SP 所指示的单元。在调用子程序时，断点处的地址也要压入堆栈，占用两个单元。在返回主程序时，要把堆栈指针指向断点地址，以便能正确地返回。在通常情况下，"PUSH"指令与"POP"指令总是成对使用的，否则会影响子程序的返回。

例 4-13 在 20H 单元存放两位十六进制数，编程将它们分别转换成 ASCII 码并存入

21H、22H 单元。

编程思路：由于要进行两次 ASCII 码转换，故采用子程序来完成，参数传递通过堆栈来完成。

参考程序如下：

```
            ORG     0100H
            MOV     SP, #50H         ;设堆栈指针初值
            MOV     DPTR, #TAB       ;ASCII 码表头地址送入数据指针
            PUSH    20H              ;第一个十六进制数进栈
            ACALL   HASC             ;调用转换子程序
            POP     21H              ;第一个 ASCII 码送入 21H 单元
            MOV     A, 20H
            SWAP    A                ;高低 4 位交换
            PUSH    ACC              ;第二个十六进制数进栈
            ACALL   HASC             ;再次调用
            POP     22H              ;第二个 ASCII 码送入 22H 单元
            SJMP    $
            ORG     0150H
HASC:       DEC     SP               ;修改 SP 到参数位置
            DEC     SP
            POP     ACC              ;把待处理参数弹出至 A
            ANL     A, #0FH          ;屏蔽高 4 位
            MOVC    A, @A+DPTR       ;查表
            PUSH    ACC              ;参数进栈
            INC     SP               ;修改 SP 到返回地址
            INC     SP
            RET
TAB:        DB      30H, 31H, 32H, 33H, 34H, 35H, 36H, 37H
            DB      38H, 39H, 41H, 42H, 43H, 44H, 45H, 46H
```

主程序通过堆栈将要转换的十六进制数送入子程序，子程序转换的结果再通过堆栈送回到主程序。用这种方式，只要在调用前将入口参数压入堆栈，在调用后把返回参数弹出堆栈即可。子程序开始的两条"DEC"指令和结束前的两条"INC"指令是为了将 SP 的位置调整到合适的位置，以保证子程序正确返回。

本节对常用的各种编程方法作了比较详细的介绍，并进行了举例说明。但要想真正掌握汇编语言程序设计的方法和技巧，必须经过大量的练习和实践，这样才能提高软件应用能力。

4.4 C51 的函数

4.4.1 C51 的常用控制语句

C51 语言是一种结构化编程语言。其基本元素是模块，每个模块包含若干个基本结构，每个结构中包含若干条语句。C51 程序有 3 种基本结构：顺序结构、选择结构和循环结构。通过 C51 中的程序控制语句可实现这些基本结构的编程，从而使程序结构化。

1. 选择语句 if

在实际处理问题时，常需要根据给定的条件进行判断以选择不同的处理路径，这就是选择结构程序。在汇编中，选择结构程序是通过条件转移指令实现的。在 C51 程序中，选择结构程序设计常使用 if 语句实现。

if 语句的基本结构是：

  if（表达式）

   {语句}；

在这种结构中，如果括号中的表达式成立（为真），则程序执行大括号中的语句；否则程序将跳过大括号中的语句部分，执行下面的其他语句。C51 还提供了 3 种形式的 if 语句。

（1）if 语句

格式：

  if（表达式）{语句；}

其执行流程如图 4-13（a）所示。单片机对条件表达式的值进行判断，若为"真"，则执行下面的语句体，若为"假"就不执行下面的语句体。

例如：

if（P1！=0）

{a=10；}

（2）if-else 语句

格式：

  if（表达式）

   {语句 1；}

  else

   {语句 2；}

其执行流程如图 4-13（b）所示。单片机对条件表达式的值进行判断，若为"真"，则执行语句体 1，若为"假"，则执行语句体 2。

例如：

if（P1!=0）

{a=10；}

else

{a=0;}

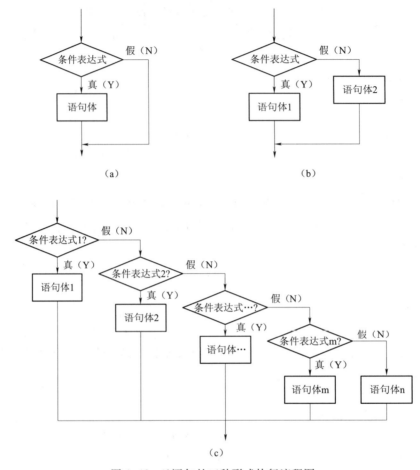

图 4-13 if 语句的三种形式执行流程图
(a) if 语句；(b) if-else 语句；(c) 多级 if-else 语句

(3) 多级 if-else 语句
格式：
 if（表达式 1）
  {语句 1;}
 else if（表达式 2）
  {语句 2;}
 else if（表达式 3）
  {语句 3;}
 …
 else if（表达式 m）
  {语句 m;}
 else
  {语句 n;}

其执行流程如图 4-13（c）所示。单片机对条件表达式 1 的值进行判断，若为"真"，则执行语句体 1，然后退出 if 语句，若为"假"，则对条件表达式 2 的值进行判断，若为"真"，执行语句体 2，然后退出 if 语句，若为"假"，则对条件表达式 3 的值进行判断……以此类推，最后若表达式 m 也不成立，则执行 else 后面的语句 n。else 和语句 n 也可省略不用。

例如：
if（P1^0＝0）
{a＝0;}
else if（P1^1＝0）
{a＝1;}
else if（P1^2＝0）
{a＝2;}
else
{a＝0xff;}

2. 多分支选择语句 switch/case

C 语言提供了一种用于并行多分支选择的 switch 语句，其一般形式如下：
switch（表达式）
{
   case 常量表达式 1：语句组 1；break；
   case 常量表达式 2：语句组 2；break；
……
   case 常量表达式 n：语句组 n；break；
   default   ：语句组 n+1；
}

该语句的执行过程是：首先计算表达式的值，并逐个与 case 后的常量表达式的值相比较，当表达式的值与某个常量表达式的值相等时，则执行对应该常量表达式后的语句组，再执行 break 语句，跳出 switch 语句的执行，继续执行下一条语句。如果表达式的值与所有 case 后的常量表达式均不相同，则执行 default 后的语句组。break 语句的功能是终止当前语句的继续执行，即跳出 switch 语句。如果在 case 语句中遗忘了 break，则程序在执行了本行 case 选择之后，不会按规定退出 switch 语句，而是将执行后续的 case 语句。

3. 循环语句 while、do while 和 for

在许多实际问题中，需要进行具有规律性的重复操作，这就需要设计循环结构的程序。通过执行循环结构的程序，可实现所需的成千上万次重复操作。

作为构成循环结构的循环语句，一般是由循环体及循环终止条件两部分组成。在 C51 中用来实现循环的语句有 3 种：while 语句、do while 语句和 for 语句。

（1）while 语句

while 语句用来实现当型循环结构，其基本格式如下：
while（表达式）
{循环体}

其执行流程如图 4-14 所示。单片机首先判断表达式是否为真,若为"真",执行循环体内的语句;若为"假"则终止循环,执行循环之外的下一行语句。

例如:

while ((P1&0x10) ==0)
{
　　i++;
}

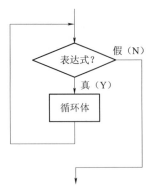

图 4-14　while 语句执行流程图

如果循环条件总为真,例如:在单片机 C51 程序设计中经常使用的语句 while(1),表达式值永远为 1,即循环条件永远成立,则表示死循环。

(2) do while 语句

do while 语句用来实现直到型循环结构,其基本格式如下:

do
{循环体}
while (表达式)

其执行流程如图 4-15 所示。单片机首先执行循环体内的语句一次,再判断表达式是否为真,若为"真",继续执行循环体内的语句,直到表达式为"假"则终止循环。

例如:

do
{
　　i++;
} while (P1^0==0);

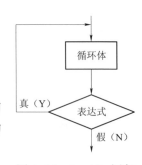

图 4-15　do while 语句执行流程图

(3) for 语句

for 语句是 C51 程序设计中用得最多也是使用最为灵活的循环语句。它可以在一条语句中包含循环控制变量初始化、循环条件、循环控制变量的增值等内容。既可用于循环次数已知的情况,也可用于循环次数不确定的情况。

for 语句的基本格式如下:

for (表达式 1;表达式 2;表达式 3)
{循环体}

其中,表达式 1 是循环控制变量初始化表达式,表达式 2 是循环条件表达式,表达式 3 是循环控制变量的增值表达式。

与 while 语句相同,for 语句也是当型循环结构,for 语句执行流程如图 4-16 所示,执行过程如下。

① 执行表达式 1,先对循环变量赋初值,进行初始化。

② 判断表达式 2 是否满足给定的循环条件,若满足条件,则执行循环体内的语句,然后执行第③步;若不满足循

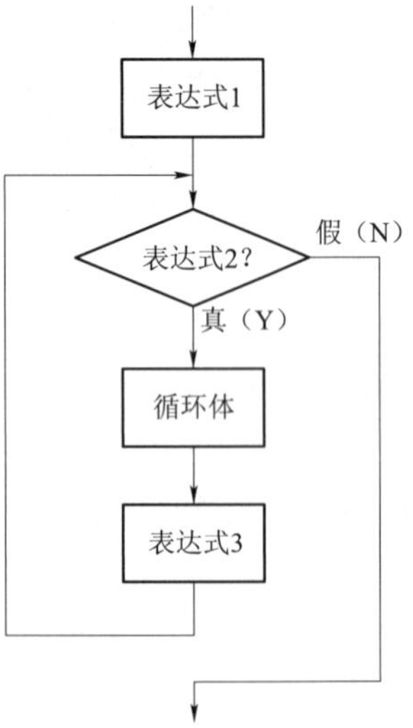

图 4-16　for 语句执行流程图

环条件，则结束循环，执行 for 循环下面的一条语句。

③ 若表达式 2 为真，则在执行循环语句后，求解表达式 3，然后回到第②步。

例如：

```
for (sum=0, i=0; i<=100; i++)
{
    sum=sum+i;
}
```

进行 C51 程序设计时，死循环也可以采用如下的 for 语句实现：

```
for ( ; ; )
{
    表达式；
}
```

可见 for 中的 3 个表达式都是可选项，即可以省略，但必须保留"；"。

while、do while 和 for 语句都可以用来处理相同的问题，一般可以互相代替。for 语句主要用于给定循环变量初值、循环次数明确的循环结构，而要在循环过程中才能确定循环次数及循环控制条件的问题一般用 while、do while 语句更方便。

例 4-14 设计一个延时 1ms 的函数。程序如下：

```
void delay_nms (unsigned int i)            //使用 12MHz 时的延时循环次数
{
    unsigned char j;
    while (i--)
    {
        for (j = 0; j < 123; j++);
    }
}
```

这个程序可以利用实参代替形参 i，实现以 ms 为单位的延时。如给这个程序传递一个 50 的数值，则可以产生 50ms 的延时。

根据汇编代码分析，用 j 进行的内循环大约延时 8 μs，但延时并不精确，不同的编译器会产生不同的延时，可根据实验调整 j 值的上限。

4.4.2　C51 程序的基本构成

C51 源程序的结构与一般的 C 语言并没有太大的差别。程序采用函数结构，每个 C51 程序由一个或多个函数组成。在这些函数中至少应包含一个主函数 main()，类似于汇编语言中的主程序；另外还包含若干个其他的功能函数，用于被主函数 main() 或其他功能函数调用，类似于汇编语言中的子程序。C51 程序运行时必须从 main() 函数开始执行。在 main() 函数中可调用其他函数，其他函数也可以相互调用，但 main() 函数只能调用其他的功能函数，而不能被其他的函数所调用。功能函数可以是 C51 编译器提供的标准库函数，也可以是由用户定义的自定义函数。

在编制 C51 程序时，程序的开始部分一般是预处理命令、函数说明和变量定义等，然后是主函数 main( ) 及各功能函数。其程序结构一般如下：
  预处理命令 include< >
  函数说明   long fun1 ( )；
         float fun2 ( )；
  变量定义   int x，y；
         float z；
  功能函数 1 fun1 ( )
  {
    函数体语句
  }
  主函数 main ( )
  {
    主函数体语句
  }
  功能函数 2 fun2 ( )
  {
    函数体语句
  }
  下面来看一个简单的 C51 源程序（example.c），该程序可以实现 P1.0 端口所接的发光二极管闪烁点亮。

```
#include<reg51.h>
sbit P1_0=P1^0;


/*************************************************************
//    函数名：delayms
//    功　能：精确延时 1ms
//    参　数：输入延时毫秒数
//    返回值：
使用 12MHz 晶振时，循环次数是 123；使用 11.0592MHz 晶振时，循环次数为 114。
*************************************************************/
void delayms (unsigned int i)              //使用 12MHz 时的延时循环次数
{
    unsigned int j;
    for (; i!=0; i--)
    {
        for (j = 0; j < 123; j++);
    }
}
```

```
int main (void)
{
    while (1)
    {
        P1_0=0;
        delayms (500);
        P1_0=1;
        delayms (500);
    }
    return 0;
}
```

由上面的例子可以看出：

① 一个 C51 源程序是一个函数的集合。在这个集合中，仅有一个主函数 main()，它是程序的入口。不论主程序在什么位置，程序的执行都是从 main() 函数开始的，其余函数都可以被主函数调用，也可以相互调用，但 main() 函数不能被其他函数调用。

② 在每个函数中所使用的变量都必须先说明后引用。若为全局变量，则可以被程序的任何一个函数引用；若为局部变量，则只能在本函数中被引用。如上例中的变量 P1_0 可以被所有的函数引用，而变量 i、j 只能被 delayms() 函数引用。

③ C51 源程序书写格式自由，一行可以书写多条语句，一个语句也可以分多行书写。但在每个语句和数据定义的最后必须有一个分号，即使是程序中的最后一个语句也必须包含分号。

④ 可以用 /*……*/ 对 C51 源程序中的任何部分作注释，以增加程序的可读性。

⑤ 可以利用#include 语句将比较常用的函数做成的头文件（以.h 为扩展名）引入当前文件。如上例中的 reg51.h 就是一个头文件，语句"sbit P1_0=P1^0;"中的 P1 就是在头文件中被定义了的变量，在本例中只需使用即可。

⑥ 在编写 C 语言程序时，可以按不同功能设计成一些任务单一、充分独立的小函数。这些小函数相当于是一些子程序模块，每个模块完成特定的功能。用这些子程序模块就可以构成新的大程序。通过这样的编程方式，使 C 语言程序更容易读写、理解、查错和修改。

4.4.3 函数的分类及定义

从用户使用的角度划分，C51 的函数分为两种：标准库函数和用户自定义函数。

标准库函数是由 C51 编译器提供的，它不需要用户进行定义和编写，可以直接由用户调用，如 4.4.2 节的实例中的 reg51.h 等。要使用这些标准库函数，必须在程序的开头用#include包含语句，然后才能调用。

用户自定义函数是用户根据自己的需要编写的能实现特定功能的函数，它必须先进行定义才能调用。函数定义的一般形式为

函数类型　函数名（形式参数表）
形式参数说明表
{

局部变量定义
　　　函数体语句
　　}

其中,"函数类型"说明了自定义函数返回值的类型,可以是整型、字符型、浮点型及无值型(void),也可以是指针。无值型表示函数没有返回值。"函数名"是用标识符表示的自定义函数名字。"形式参数说明表"中的形式参数的类型必须加以说明。如果定义的是无参函数,则可以无形式参数说明表,但必须有圆括号。"局部变量定义"是对在函数内部使用的局部变量进行定义。"函数体语句"是为完成该函数的特定功能而设置的各种语句。

下面是一个简单的例子。

```
char fun1 (x, y)              /*定义一个 char 型函数*/
int x;                        /*说明形式参数的类型*/
char y;
   {
   char z;                    /*定义函数内部的局部变量*/
   z=x+y;                     /*函数体语句*/
   return (z);                /*返回函数的值 z*/
   }
```

在上例中,如果要将函数的值返回到主调用函数中去,则需要用 return 语句,且在定义返回值变量的类型时,必须与函数本身的类型一致。即 return (z) 中的 z 是 char 型,与函数的类型 char 一致。对于不需要有返回值的函数,可将该函数类型定义为 void 类型(空类型)。

4.4.4 函数的说明与调用

与使用变量一样,在调用一个函数之前,必须对该函数的类型进行说明。对函数进行说明的一般形式为

　　类型标识符　被调用的函数名(形式参数表);

函数说明是与函数定义不同的,必须注意函数说明结束时,加上一个分号";"。如果被调用函数在主调用函数之前已经定义了,则不需要进行说明;否则需要在主调用函数前对被调用函数进行说明。

C51 程序中的函数是可以互相调用的。调用的一般形式为

　　函数名　(实际参数表)

其中,"函数名"就是被调用的函数。"实际参数表"就是与形式参数表对应的一组变量,它的作用就是将实际参数的值传递给被调用函数中的形式参数。在调用时,实际参数与形式参数必须在个数、类型、顺序上严格一致。例如:fun1 (3,4)。

函数的调用有以下 3 种。

① 函数语句。例如:fun ( )。

② 函数表达式。例如:result=5*fun1 (a, b)。

③ 函数参数。例如:result= fun1 (fun1 (a, b), c)。

4.4.5 简单的 C51 程序实例

例 4-15 将外部 RAM 1000H 单元的内容存入内部 RAM 30H 单元。

说明：在进行 51 系列单片机应用系统程序设计时，有时需要直接操作系统的各个存储器的地址空间。为了能在 C51 程序中直接对任意指定的存储器地址进行操作，可以采用指针变量实现，也可用 absacc.h 头文件中的函数实现。

absacc.h 头文件中的函数有如下几种

CBYTE：访问 code 区 char 型数据。
DBYTE：访问 data 区 char 型数据。
PBYTE：访问 pdata 区或 I/O 区 char 型数据。
XBYTE：访问 xdata 区或 I/O 区 char 型数据。
CWORD：访问 code 区 int 型数据。
DWORD：访问 data 区 int 型数据。
PWORD：访问 pdata 区或 I/O 区 int 型数据。
XWORD：访问 xdata 区或 I/O 区 int 型数据。

程序一　用指针变量实现：

```
void main (void)
{ char xdata *xp;
  char data *p;
  xp=0x1000;
  p=0x30;
  *p=*xp;
}
```

程序二　用 absacc.h 头文件中的函数实现：

```
#include <absacc.h>
void main (void)
{
  DBYTE [0x30] = XBYTE [0x1000];
}
```

例 4-16 片内 RAM 20H 单元存放着一个 0~5 的数，利用查表法求出该数的平方值，并放入内部 RAM 21H 单元。

```
void main (void)
{ char x, *p;
  char code tab [6] = {0, 1, 4, 9, 16, 25};
  p=0x20;
  x=tab [*p];
  p++;
  *p=x
}
```

例 4-17 片内 RAM 的 20H 单元存放一个有符号数 x，函数 y 与 x 有如下关系：

$$y = \begin{cases} -1 & (x<0) \\ 0 & (x=0) \\ 1 & (x>0) \end{cases}$$

将 y 的值存入 21H 单元。

```
void main (void)
{
char x, *p, *y;
p=0x20;
y=0x21;
x=*p;
if (x>0) *y = 1;
if (x<0) *y = -1;
if (x=0) *y = 0;
}
```

例 4-18 求 1~100 的累加，并将结果存入 sum 中。

程序一　用 do…while 实现：

```
void main (void)
{
int sum=0, i=1;
do {
    sum+=i;
    i++;
    }
while (i<=100);
}
```

程序二　用 for 实现：

```
void main (void)
{
int sum=0, i;
for (i=0; i<=100; i++)
sum+=i;
}
```

任务训练　交通灯控制电路设计与制作

1. 训练目的

① 进一步熟悉 AT89S51 单片机外部引脚线路连接。

② 学习顺序结构程序的编程方法及子程序的设计方法。
③ 掌握单片机全系统调试的过程及方法。

2. 训练内容

用 P1 口控制 6 个发光二极管，模拟十字路口交通灯的工作。其中交通灯在东西向与南北向各有红、绿、黄灯各一个。十字路口是东西南北走向，交通灯的工作规律为每一时刻每个方向只能有一个灯亮，初始状态 STATE0 为东西南北均红灯亮，1 s 后转入状态 STATE1，南北绿灯亮同时东西红灯亮，延时 20 s 后转入状态 STATE2，南北黄灯亮东西红灯亮，5 s 后转入状态 STATE3，东西绿灯亮南北红灯亮，20 s 后转入状态 STATE4，东西黄灯亮南北红灯亮，5 s 后转入 STATE1，如此顺序循环。

仿真：交通灯

其硬件电路接线如图 4-17 所示，其中 7407 用于提高 P1 口的驱动能力。实际应用中常采用 74 系列芯片及 4000 系列芯片驱动一些简单的电路负载，见附录 C。

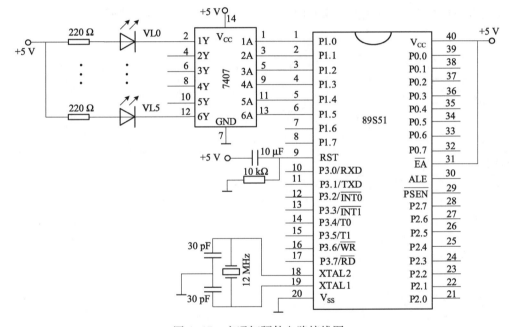

图 4-17 交通灯硬件电路接线图

3. 元器件清单

元器件清单如表 4-1 所示。

表 4-1 元器件清单

序 号	元器件名称	规 格	数 量
1	51 单片机	AT89S51	1 个
2	晶振	12 MHz 立式	1 个
3	起振电容	30 pF 瓷片电容	2 个
4	复位电容	10 μF 16 V 电解电容	1 个

续表

序 号	元器件名称	规 格	数 量
5	复位电阻	10 kΩ 电阻	1个
6	限流电阻	220 Ω 电阻	6个
7	发光二极管	红色、绿色、黄色 LED	各2个
8	6同相驱动器	7407	1个
9	DIP 封装插座	40脚、14脚集成插座	各1个
10	ISP 下载接口	DC3-10P 牛角座	1个
11	万能板	150 mm×90 mm	1块

4. 参考程序

各二极管在相应 P1 口线输出为 0 时发光。各阶段状态如表 4-2 所示。

表 4-2 各阶段状态

端口 状态	P1.7 悬空	P1.6 悬空	P1.5 东西黄	P1.4 东西绿	P1.3 东西红	P1.2 南北黄	P1.1 南北绿	P1.0 南北红	P1 码值
STATE0	1	1	1	1	0	1	1	0	F6H
STATE1	1	1	1	1	0	1	0	1	F5H
STATE2	1	1	1	1	0	0	1	1	F3H
STATE3	1	1	1	0	1	1	1	0	EEH
STATE4	1	1	0	1	1	1	1	0	DEH

参考程序如下：

```
        ORG     0000H
        LJMP    START
        ORG     0100H
START:  MOV     SP, #50H
STATE0: MOV     A, #0F6H        ;初始状态全红灯
        MOV     P1, A
        MOV     R2, #1          ;延时 1 s
        LCALL   DELAY
STATE1: MOV     A, #0F5H        ;南北绿灯，东西红灯
        MOV     P1, A
        MOV     R2, #20         ;延时 20 s
        LCALL   DELAY
STATE2: MOV     A, #0F3H        ;南北黄灯，东西红灯
        MOV     P1, A
```

```
            MOV     R2, #5          ; 延时 5 s
            LCALL   DELAY
STATE3:     MOV     A, #0EEH        ; 南北红灯，东西绿灯
            MOV     P1, A
            MOV     R2, #20         ; 延时 20 s
            LCALL   DELAY
STATE4:     MOV     A, #0DEH        ; 南北红灯，东西黄灯
            MOV     P1, A
            MOV     R2, #5          ; 延时 5 s
            LCALL   DELAY
            LJMP    STATE1          ; 转至状态 1
DELAY:      MOV     R7, #20         ; 1 s 延时程序
D1:         MOV     R6, #200
D2:         MOV     R5, #123
            NOP
            DJNZ    R5, $
            DJNZ    R6, D2
            DJNZ    R7, D1
            DJNZ    R2, DELAY
            RET
            END
```

C51 源程序如下：

```c
#include<reg51.h>
#define uchar unsigned char
#define uint unsigned int
sbit RED_SN=P1^0;      //南北向灯
sbit GREEN_SN=P1^1;
sbit YELLOW_SN=P1^2;
sbit RED_EW=P1^3;      //东西向灯
sbit GREEN_EW=P1^4;
sbit YELLOW_EW=P1^5;

void delayms (unsigned int i)                //1ms 延时函数
{
 unsigned int j;
 for (; i!=0; i—)
 {
    for (j = 0; j < 123; j++);
 }
```

}

void main（）
{
 RED_SN=0；GREEN_SN=1；YELLOW_SN=1；
 RED_EW=0；GREEN_EW=1；YELLOW_EW=1；
 delayms（1000）;
 while（1）
 {
    RED_SN=1；GREEN_SN=0；YELLOW_SN=1；
    RED_EW=0；GREEN_EW=1；YELLOW_EW=1；
    delayms（20000）;
    RED_SN=1；GREEN_SN=1；YELLOW_SN=0；
    RED_EW=0；GREEN_EW=1；YELLOW_EW=1；
    delayms（5000）;
    RED_SN=0；GREEN_SN=1；YELLOW_SN=1；
    RED_EW=1；GREEN_EW=0；YELLOW_EW=1；
    delayms（20000）;
    RED_SN=0；GREEN_SN=1；YELLOW_SN=1；
    RED_EW=1；GREEN_EW=1；YELLOW_EW=0；
    delayms（5000）;
 }
}

5. 操作步骤

① 硬件接线。将各元器件按硬件接线图焊接到万能板上。

② 编程并下载。将设计参考程序输入并下载到AT89S51中。

③ 观察运行结果。将下载线拔除，观察LED灯的亮灭。

6. 编程扩展

① 本程序是按4种状态顺序执行的，在每种状态的执行时间上用了延时子程序。如果用查表方式实现，程序该如何编写？（提示：表格应包括每种状态的P1口值与时间参数）

② 若想实现黄灯闪烁应如何编写程序？

生产学习经验

① 尽可能查找并借用经过检验、被证明切实有效的程序模块，或只需局部修改的程序模块，然后将这些程序模块有机地组合起来，得到所需要的程序。

② 自行编程时，应学会根据编程思路画出流程图。流程图可由粗到细，再根据流程图结合已有的程序模块编写程序。

③ 尽量多用子程序，这样程序结构清晰，效率高。

本章小结

本章主要介绍了 MCS-51 单片机汇编语言的编程步骤及方法、伪指令及汇编过程、汇编语言程序设计的基本方法等内容。程序设计是应用计算机解决实际问题的一个重要方面,是前一章单片机指令系统的具体应用。通过对顺序结构、分支结构、循环结构及子程序等典型结构程序的学习,进一步熟悉了 MCS-5l 单片机指令系统中各种指令的运用,掌握汇编语言程序设计的基本方法和技能。另外,从 C51 程序设计入手,介绍了 C51 的常用程序控制语句:选择语句 if、循环语句 while、do while 和 for 的编程格式及使用方法。通过实例对 C51 程序结构及函数分类进行了说明。

思考题与习题

1. 汇编语言程序设计分哪几个步骤?
2. 什么叫"伪指令"?伪指令与指令有什么区别?它们的用途是什么?
3. 基本程序结构有哪几种?各有什么特点?
4. 试对下列程序进行汇编,并用流程图说明程序的功能。

```
        ORG    0100H
        MOV    A,30H
        JNB    ACC.7,ZHENG
        CPL    A
        ADD    A,#01H
        ORL    A,#80H
ZHENG:  MOV    32H,A
        SJMP   $
        END
```

5. 子程序调用时,参数的传递方法有哪几种?
6. 设内部 RAM 50H 和 51H 单元中存放有两个 8 位有符号数,试编程找出其中的大数,将其存入 60H 单元中。
7. 编程将外部 RAM 2000H～202FH 单元中的内容,移入内部 RAM 20H～4FH 单元中,并将原数据块区域全部清 0。
8. 编程计算内部 RAM 50H～57H 连续 8 个单元中所有数的算术平均值,将结果存放在 5AH 中。假设所有数据和不超过 255。
9. 设有 100 个有符号数,连续存放在以 2000H 为首地址的存储区中,试编程统计其中正数、负数、零的个数,并将其分别存入 40H、41H 和 42H 单元中。
10. 编程设计发光二极管的闪烁程序。要求 8 个发光二极管每隔两个点亮一个,反复循环不止,变换时间为 100 ms,已知时钟频率为 6 MHz。
11. 编程将外部 RAM 从 DATA1 单元开始的 50 个字节数据逐一移至以 DATA2 单元为起始地址的存储区中。
12. 分别用数据传送指令和位操作指令编写程序,将内部 RAM 位寻址区的 128 个位全部清 0。

13. 把长度为 10H 的字符串从内部 RAM 的输入缓冲区 INBUF 向位于外部 RAM 的输出缓冲区 OUTBUF 进行传送，当遇到字符"CR"或整个字符串传送完毕后停止传送。

14. 编写一个采用查表法求 1~20 的平方数的子程序。要求：X 在累加器中，$1 \leqslant X \leqslant 20$，平方数高位存放在 R6 中，低位在 R7 中。

15. 从内部 RAM 30H 单元开始，连续存有 200B 的补码数，编写程序将它们改变为各自的绝对值。

16. 若单片机的晶振频率为 6 MHz，试编写一段延时子程序，其延时时间为 500 ms。

17. 从内部 RAM STRING 单元开始有一个字符串（字符串以 00H 结尾）。试编写一段程序，统计字符"$"的个数，并将结果存入 NUM 单元。

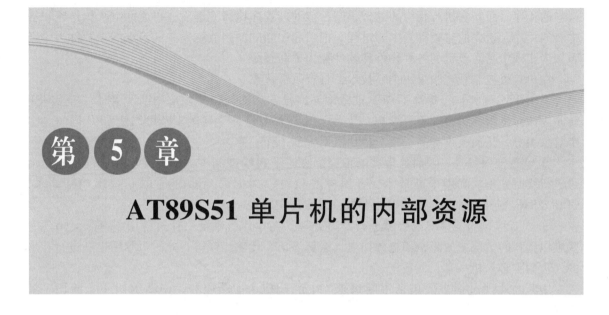

第 5 章 AT89S51 单片机的内部资源

本章知识点

- 中断系统的组成、中断控制寄存器设置及中断处理过程。
- 定时/计数器的结构、工作方式及控制寄存器设置。
- 串行通信的基本概念，串行接口的结构、工作方式及控制寄存器设置。
- 中断、定时/计数器及串行接口的汇编语言及 C51 语言的编程方法。

先导案例

为了满足单片机体积小、功能全的要求，常把一些常用的功能模块集成到芯片内部，以实现单片机的功能扩展。AT89S51 内部就集成了 3 个基本功能单元：中断系统、定时/计数器及串行接口。中断系统用于提高 CPU 的工作效率，它可以让单片机同时处理多个任务；定时/计数器可以代替延时程序，实现对时间的精确控制；串行接口可以用于单片机与其他计算机进行数据通信。有效地利用单片机的内部资源，可以大大提高单片机系统的工作性能。

5.1 AT89S51 的中断系统

5.1.1 中断的基本概念

在计算机执行程序的过程中，当出现某种情况时，由服务对象向 CPU 发出请求当前程序中断的信号，要求 CPU 暂时停止执

微课：单片机的中断结构

行当前程序，而转去执行相应的处理程序，待处理程序执行完毕后，再返回继续执行原来被中断的程序，这样的过程称为中断过程。把引起中断的原因或触发中断请求的来源称为中断源。为实现中断而设置的各种硬件和软件称为中断系统。

在单片机控制系统中采用中断技术，具有以下优点。

① 实行分时操作，提高了CPU的效率。当服务对象向CPU发出中断请求时，才使CPU转向为该对象服务，否则不会影响CPU的正常工作。这样，利用中断可以使CPU同时为多个对象服务，从而大大提高了整个单片机系统的工作效率。

② 实现实时处理，及时处理实时信息。在工业现场控制中，常常要求单片机系统对信号进行实时处理。利用中断技术，各服务对象可以根据需要随时向CPU发出中断请求，CPU及时检测并处理各对象的控制要求，以实现实时控制。

③ 对难以预料的情况或故障进行及时处理。在单片机系统工作过程中，有时会出现一些难以预料的情况或故障，如电源掉电、运算溢出、传输错误等，此时可利用中断进行相应的处理而不必停机。

中断的处理过程主要包括中断请求、中断响应、中断服务、中断返回4个阶段，如图5-1所示。

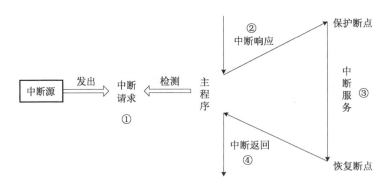

图5-1 中断处理过程

首先由中断源发出中断请求信号，CPU在运行主程序的同时，不断地检测是否有中断请求产生，在检测到有中断请求信号后，决定是否响应中断。当CPU满足条件响应中断后，进入中断服务程序，为申请中断的对象服务。当服务对象的任务完成后，CPU重新返回到原来的程序中继续工作。这就是中断处理的全过程。

由于中断请求的发生是随机的，因此在响应中断后，必须保存主程序断开点的地址（即当前的PC值），以保证在中断服务任务结束后能重新回到主程序的断开点。保存主程序断开点PC值的操作称为保护断点，重新恢复主程序断开点地址的操作称为恢复断点。保护断点和恢复断点的操作是由中断系统在中断响应和中断返回过程中利用堆栈区自动完成的。

由中断的处理过程可以看出，中断操作与子程序的操作很相似。只不过子程序操作是由调用指令产生的，而中断操作是由中断请求信号引发的。

AT89S51单片机的中断系统结构如图5-2所示。它是由中断源（$\overline{INT0}$、$\overline{INT1}$、T0、

T1、RXD/TXD）及中断标志位（位于 TCON、SCON 中）、中断允许控制寄存器 IE 和中断优先级控制寄存器 IP 及中断入口地址组成，可对每个中断源实现两级允许控制及两级优先级控制。

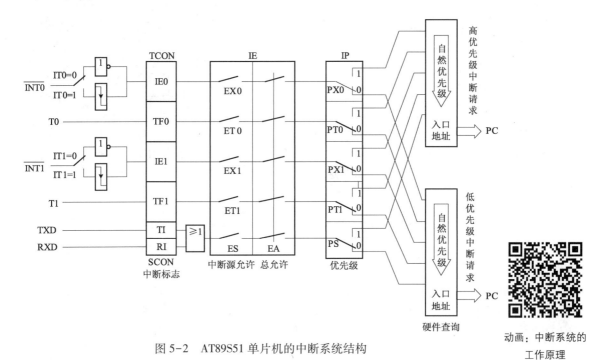

图 5-2　AT89S51 单片机的中断系统结构

5.1.2　中断源与中断请求标志

1. 中断源

AT89S51 单片机有 5 个中断源：两个外部中断源$\overline{INT0}$、$\overline{INT1}$，两个内部定时/计数器溢出中断 T0、T1，一个内部串行口中断 RXD/TXD。

外部中断源$\overline{INT0}$、$\overline{INT1}$由 AT89S51 单片机的外围引脚 P3.2、P3.3 引入中断请求信号，当 P3.2、P3.3 输入低电平或下降沿信号，即向 CPU 发出中断请求。两个内部定时/计数器出现定时时间到或计数值满时，向 CPU 发出中断请求。串行口在工作过程中，每完成一次数据发送或接收时，就会向 CPU 请求中断，串行口的发送和接收中断是共用的，只占一个中断源。

2. 中断请求标志

中断请求信号发出后，必须在相应的存储单元中设定标志，以便 CPU 及时查询并作出响应。与中断请求标志相关的寄存器有 TCON 和 SCON 两个特殊功能寄存器，其中对应于各中断源的标志位如表 5-1 所示。

表 5-1　AT89S51 单片机中断源的入口地址

中断源	中断请求标志位	中断入口地址	自然优先级
外部中断 0	IE0	0003H	最高级
定时器 T0 中断	TF0	000BH	↓
外部中断 1	IE1	0013H	
定时器 T1 中断	TF1	001BH	
串行口接收/发送中断	RI、TI	0023H	最低级

（1）TCON 中的中断标志

特殊功能寄存器 TCON 既是用于定时/计数器控制的寄存器，也是用于中断标志及中断控制的寄存器，其中分布了与外部中断及定时/计数器相关的中断请求标志位。其格式如下所示。

	8FH	8EH	8DH	8CH	8BH	8AH	89H	88H
TCON（88H）	TF1	TR1	TF0	TR0	IE1	IT1	IE0	IT0

TF1 和 TF0：分别为定时/计数器 T1 和定时/计数器 T0 的溢出中断标志。当定时/计数器计数值满产生溢出时，由硬件自动置 1，并向 CPU 申请中断。该标志位一直保持到 CPU 响应中断后，由硬件自动清 0。这两位也可作为程序查询的标志位，在查询方式下该标志位应由软件清 0。

IE1 和 IE0：为外部中断 1 和外部中断 0 的中断请求标志位。当外部中断源发出中断请求时，由硬件自动置 1，并向 CPU 申请中断。该标志位一直保持到 CPU 响应中断后，由硬件自动清 0。

IT1 和 IT0：为外部中断 1 和外部中断 0 的触发方式控制位。当 ITi 设为 0 时，为低电平触发方式；当 ITi 设为 1 时，为下降沿触发方式。

如果选择外部中断源为低电平触发方式，则 CPU 会在每个机器周期内采样 P3.2/P3.3 引脚，若有低电平信号，则认为有中断请求，若为高电平，则认为无中断请求或中断请求已撤销。因此采用低电平触发方式时，外部引脚上的中断请求信号必须保持低电平直到 CPU 响应此中断请求为止。但在中断返回前必须撤销引脚上的低电平信号，否则将再次响应中断，造成程序运行出错。

如果选择为下降沿触发方式，则 CPU 在连续两个机器周期采样到先高后低的电平信号后，将外部中断请求标志 IEi 置 1。因此，外部中断请求信号的高低电平持续时间必须各保持一个机器周期（即 12 个时钟周期）以上。

TR1 和 TR0：为定时/计数器 T1 和定时/计数器 T0 的启动/停止控制位，与中断无关。使用方法请参阅 5.2 节。

TCON 中的各位均可通过位寻址进行操作。

（2）SCON 中的中断标志

特殊功能寄存器 SCON 是用于串行口控制的寄存器。其中最低两位为串行口的中断请求标志位。其格式如下。

	9FH	9EH	9DH	9CH	9BH	9AH	99H	98H
SCON（98H）	SM0	SM1	SM2	REN	TB8	RB8	TI	RI

TI 和 RI：为串行口发送/接收中断标志位。当 AT89S51 单片机的串行口发送/接收完一帧数据后，由硬件自动将 TI/RI 置 1，向 CPU 请求中断。CPU 响应串行口中断后，不能由硬件自动清除中断标志，必须在中断服务程序中用"CLR TI"或"CLR RI"对中断标志清 0。

SCON 中的其他位均与串行口的控制相关，使用方法请参阅 5.3 节。

5.1.3 中断控制

对 AT89S51 单片机的中断控制包括中断允许控制和中断优先级控制两个方面，分别由可位寻址的特殊功能寄存器 IE 和 IP 实现。它们的功能及控制方法分述如下。

微课：中断控制

1. 中断允许控制寄存器 IE

中断允许控制寄存器 IE 用于对构成中断的双方进行两级控制，即控制是否允许中断源中断及是否允许 CPU 响应中断。其格式如下。

	AFH	AEH	ADH	ACH	ABH	AAH	A9H	A8H
IE（A8H）	EA	—	—	ES	ET1	EX1	ET0	EX0

EA：CPU 中断开放标志位。当 EA=0 时，CPU 禁止响应所有中断源的中断请求；当 EA=1 时，CPU 允许开放中断，此时每个中断源是否开放由各中断控制位决定。所以只有当 EA=1 时，各中断控制位才有意义，因此 EA 又称为"中断总允许控制位"。

ES：串行口中断允许控制位。若 ES=1，允许串行口中断，否则禁止中断。

ET1：定时/计数器 T1 中断允许控制位。若 ET1=1，允许定时/计数器 T1 中断，否则禁止中断。

EX1：外部中断 1 允许中断控制位。若 EX1=1，允许中断外部中断 1，否则禁止中断。

ET0：定时/计数器 T0 允许中断控制位。若 ET0=1，允许中断定时/计数器 T0，否则禁止中断。

EX0：外部中断 0 允许中断控制位。若 EX0=1，允许中断外部中断 0，否则禁止中断。

例如：假设在 P3.2（$\overline{INT0}$）引脚上引入一个外部中断，采用下降沿触发方式，禁止其他中断，试设置相关的控制寄存器的值。

分析：采用下降沿触发方式只需将 TCON 中的 IT0 置 1；要允许外部中断 0 中断，可将 IE 中的 EA 和 EX0 置 1。程序如下：

```
用字节操作指令                用位操作指令
MOV    TCON,#01H            SETB    IT0
MOV    IE,#81H              SETB    EA
                            SETB    EX0
```

2. 中断的优先级控制寄存器 IP

AT89S51 单片机可以设置两个优先级——高优先级和低优先级。每个中断源优先级的设定由 IP 的各控制位决定。IP 的格式如下。

	BFH	BEH	BDH	BCH	BBH	BAH	B9H	B8H
IP（B8H）	—	—	—	PS	PT1	PX1	PT0	PX0

PS：串行口优先级控制位。PS=1 时，串行口为高优先级；否则为低优先级。

PT1：定时/计数器 T1 优先级控制位。PT1=1 时，T1 为高优先级；否则为低优先级。

PX1：外部中断 1 优先级控制位。PX1=1 时，外部中断 1 为高优先级；否则为低优先级。

PT0：定时/计数器 T0 优先级控制位。PT0=1 时，T0 为高优先级；否则为低优先级。

PX0：外部中断 0 优先级控制位。PX0=1 时，外部中断 0 为高优先级；否则为低优先级。

在 AT89S51 单片机中对中断的控制要遵循以下原则。

① 若 CPU 同时接收几个不同优先级的中断请求时，先响应高优先级中断，后响应低优先级中断。

② 当高优先级的中断正在响应时，不能被其他中断请求打断。

③ 当低优先级的中断正在响应时，可以被高优先级的中断请求所打断，但不能被与它同级的其他中断请求所打断。CPU 响应的低优先级中断被打断，而转去响应高优先级中断的现象称为中断嵌套。

④ 当几个同级的中断源同时发出中断请求时，CPU 将通过内部硬件电路按自然优先级顺序依次响应。其优先级顺序如表 5-1 所示，依次为：

外部中断 0→定时/计数器 T0→外部中断 1→定时/计数器 T1→串行口（从高到低）

例如：某单片机应用系统将定时/计数器 T0 和串行口设置为高优先级的中断，试分析中断系统中各中断源的中断优先级顺序（由高到低）。

分析：定时/计数器 T0 和串行口同属于高优先级中断，它们又是同级的，因此这两个中断源的优先级顺序为 T0→串行口。外部中断 0、外部中断 1 和定时/计数器 T1 同属于低优先级中断，它们又是同级的，因此这 3 个中断源的优先级顺序为外部中断 0→外部中断 1→T1。因此可得出各中断优先级顺序由高到低依次为 T0→串行口→外部中断 0→外部中断1→T1。

 拓展阅读

优先级的重要性

在单片机系统中，给用户提供了中断的功能，可以方便程序员们把程序中重要的、需要及时处理的程序段放入中断程序中完成。在我们今后从事的工作中，能给手头的事情安排上正确的优先级是一项非常重要的工作能力。在工作和学习过程中，大家总会这样感慨：事情，是干不完的。既然干不完，那我们就要分清轻重缓急，哪个重要，哪个不重要，给它们划分一个优先级，这样不至于让自己手忙脚乱。确定优先级的顺序，并不是简单的按照先来

后到的线性时间顺序编排，我们需要根据事情的重要性和紧急性安排优先级。对于软件工程师来说，一个事情可以用一天的时间做完，也可以用一个星期的时间精心打磨。如何在时间有限的情况下合理安排自己的时间，让时间用在最值得做的事情上，为自己合理的制订工作计划，是大家必须具备的职业素养，希望各位同学能在大学合理规划学习及生活，为国家建设贡献力量。

5.1.4 中断的响应过程

1. 中断响应条件

① 由中断源发出中断请求。

② 中断总允许位 EA=1，即 CPU 开放中断；且申请中断的中断源对应的中断允许位为 1，即没有被屏蔽。

③ 没有更高级或同级的中断正在处理中。

④ 执行完当前指令。若当前指令为返回指令 RET、RETI 或访问 IE、IP 的指令，CPU 必须在执行完当前指令后，再继续执行一条指令，然后才能响应中断。

2. 中断响应的过程

如果中断响应条件满足，则 CPU 将响应中断。在此情况下，CPU 首先使被响应中断的相应"优先激活"触发器置位，以阻断同级或低级中断。然后，根据中断源的类别，在硬件的控制下自动形成长调用指令（LCALL），此指令的作用是将断点压入堆栈，然后将对应中断源的入口地址（又称中断矢量地址）装入程序计数器 PC，使程序转向该中断的入口地址处继续执行，中断服务程序即从此开始执行。单片机中各中断源的入口地址如表 5-1 所示。中断响应的过程如图 5-3 所示。

3. 中断处理

CPU 响应中断结束后即转至中断服务程序入口。从中断服务程序的第一条指令开始到返回指令为止，这个过程称为中断处理或中断服务。不同的中断源服务的内容及要求各不相同，其处理过程也就有所区别。一般情况下，中断处理包括 3 部分：一是保护现场，二是中断服务，三是恢复现场，如图 5-3 所示。

通常，在中断服务程序的开头，首先要保存 PSW、工作寄存器、特殊功能寄存器等在中断服务程序中可能用到的寄存器的内容，这称为保护现场。同时在中断服务结束、执行

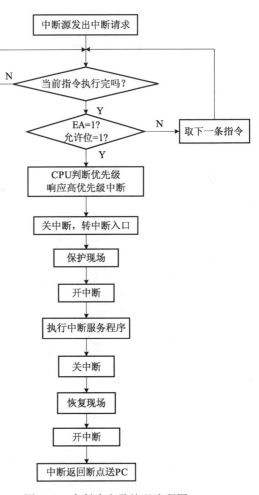

图 5-3 中断响应及处理流程图

RETI 指令之前应恢复这些寄存器的内容，这称为恢复现场。

中断服务是针对中断源的具体要求设计的专门程序。在编写中断服务程序时应注意以下几点。

① 各中断源的入口地址之间只相隔 8 个单元，而中断服务程序通常会超过 8 个单元，因此常在中断入口地址单元存放一条无条件转移指令，将中断服务程序转至存储器的其他空间去。

② 若要在执行当前中断程序时，屏蔽更高优先级中断，则应先编程关闭 CPU 中断，或关闭更高优先级中断源的中断，而后在中断返回前再次开放中断。

③ 在保护现场和恢复现场时，为了不使现场信息受到破坏或造成混乱，应先关 CPU 中断，使 CPU 暂时不响应新的中断请求，然后进行保护现场和恢复现场操作，在保护现场和恢复现场后再开放中断，如图 5-3 所示。

4. 中断请求的撤销

CPU 响应某中断请求后，在中断返回（RETI）之前，该中断请求应该及时撤销，否则会重复引起中断而发生错误。AT89S51 单片机的各中断请求撤销的方法各不相同，下面分别进行介绍。

（1）硬件清 0

定时器 T0 和定时器 T1 的溢出中断标志 TF0、TF1 及采用下降沿触发方式的外部中断 0 及外部中断 1 的中断请求标志 IE0、IE1 可以由硬件自动清 0。

（2）软件清 0

串行口发出的中断请求在 CPU 响应后，硬件不能自动清除 TI 和 RI 标志位，因此 CPU 响应中断后，必须在中断服务程序中用软件来清除相应的中断标志位，以撤销中断请求。

（3）强制清 0

当外部中断采用低电平触发方式时，仅仅依靠硬件清除中断标志 IE0、IE1 并不能彻底清除中断请求标志。因为尽管在 AT89S51 单片机内部已将中断标志位清除，但外围引脚 $\overline{INT0}$、$\overline{INT1}$ 上的低电平并不清除，在下一个机器周期采样中断请求信号时，又会重新将 IE0、IE1 置 1，引起误中断，这种情况必须进行强制清 0。

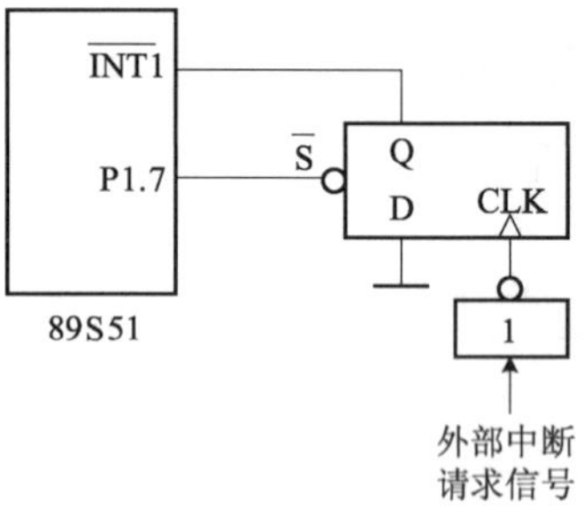

图 5-4 所示为一种清除中断请求的电路方案。将外部中断请求信号加在 D 触发器的时钟输入端。当有中断请求信号产生低电平时，在 D 触发器的时钟输入端会产生一个上升沿，将 D 端的状态输出到 Q 端，形成一个有效的中断请求信号送入 $\overline{INT1}$ 引脚。当 CPU 响应中断后，利用"CLR P1.7"指令在 P1.7 引脚输出低电平至 D 触发器的置位端，将 Q 端直接置 1，从而清除外部中断请求信号。

图 5-4 低电平触发的外部中断请求清除电路

5. 中断返回

中断处理程序的最后一条指令是中断返回指令 RETI。它的功能是将断点地址弹出并送回 PC，使程序能返回到原来被中断的程序中继续执行。

5.1.5 中断程序设计

与中断相关的程序称为中断程序。中断程序由中断控制程序与中断服务程序两部分组成。中断控制程序用于实现对中断的控制，常作为主程序的一部分和主程序一起运行。中断服务程序用于完成中断源所要求的各种操作，常放在中断入口地址所对应的存储区中，仅在发生中断时才会执行。

微课：中断程序设计

中断控制程序就是对中断的初始化操作，主要包括以下几点。

① 主程序应在 0000H 处放置一条无条件跳转指令，跳过中断入口程序地址段。

② 设置 SP 值，将 SP 值改为用户存储区的高位地址段，一般应设为 30H 以上。

视频：外部中断程序调试

③ 定义中断允许及中断优先级控制，即设置 IE 和 IP 的值。

④ 定义外部中断的触发方式，选择是低电平触发还是下降沿触发。

中断服务程序设计主要考虑以下几点。

① 应从对应的中断入口地址开始放置中断服务程序，而各中断入口地址间只有 8 B，一般中断服务程序都会超过 8 B，因此常在中断入口地址处加一条跳转指令，将程序指向实际中断服务程序存储区。

② 如果中断服务程序中要使用与主程序有关的寄存器，则必须保护现场，用 PUSH 指令完成。在中断返回到主程序前，应恢复这些寄存器的值，即恢复现场，用 POP 指令完成。

③ 如果需要进行中断屏蔽操作，可在中断服务程序中关中断，即对相关的中断标志位清 0，以禁止其他中断源的中断；同时应考虑何时再次开中断，取消中断屏蔽。

④ 对不能实现硬件清 0 操作的中断请求标志，应编程及时清除中断请求标志。

例如：如图 5-5 所示，将 P1 端口的 P1.4~P1.7 作为输入，P1.0~P1.3 作为输出。要求将开关 S0~S3 的状态读入单片机，并通过 P1.0~P1.3 输出，驱动相应的发光二极管。现要求采用下降沿触发方式，每中断一次，完成一次读/写操作。

编程思路：外部中断请求从 $\overline{INT0}$ 输入，并采用硬件消抖电路。当开关 S 闭合时，发出中断请求信号。CPU 响应中断后，将 P1.4~P1.7 口线所对应的开关状态读入，并通过 P1.0~P1.3 输出，控制相应的发光二极管的亮灭。

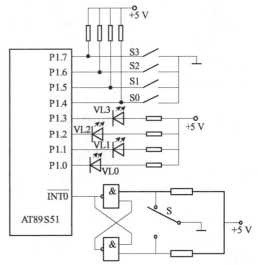

图 5-5 中断应用实例图

参考程序如下：

```
            ORG    0000H
            LJMP   MAIN           ;上电,转向主程序
            ORG    0003H          ;外部中断0入口地址
            LJMP   INSER          ;转向中断服务程序
            ORG    0030H          ;主程序
MAIN:       SETB   EX0            ;允许外部中断0中断
            SETB   IT0            ;选择下降沿触发方式
            SETB   EA             ;CPU开中断
HERE:       SJMP   HERE           ;等待中断
            ORG    0100H          ;中断服务程序
INSER:      MOV    A,#0FFH
            MOV    P1,A           ;将P1口线置高电平,准备读引脚
            MOV    A,P1           ;取开关状态
            SWAP   A              ;A的高、低4位互换
            MOV    P1,A           ;输出驱动LED
            RETI                  ;中断返回
            END
```

仿真：中断

5.2 AT89S51 的定时/计数器

在单片机测量控制系统中，常常需要有实时时钟以实现定时或延时控制，也常需要有对外界事件进行计数的功能。定时或计数功能既可用软件实现，也可用单片机内部的可编程定时/计数器实现。用软件实现定时及计数，常采用延时程序，它占用了 CPU 的执行时间，降低 CPU 的利用率。为了提高 CPU 的利用率往往采用单片机内部的定时/计数器，通过软件确定和改变它的定时/计数值，实现各种定时/计数要求。

5.2.1 定时/计数器的结构

AT89S51 单片机内部有两个定时/计数器 T0 和 T1，如图 5-6 所示。每个定时/计数器都可以实现定时和计数功能，其结构如图 5-6 所示。定时/计数器 Ti 的基本部件是两个 8 位寄存器 THi 及 TLi 组合的 16 位加法计数器，用于对定时或计数脉冲进行加法计数。

微课：定时器结构

当计数脉冲来自内部时钟脉冲，即机器周期（$f_{osc}/12$）时，定时/计数器作为定时器使用。

当计数脉冲来自外部引脚 T0/T1 上的输入脉冲时，定时/计数器作为计数器使用。如果在第一个机器周期检测到 T0/T1 引脚的脉冲信号为 1，第二个机器周期检测到 T0/T1 引脚的脉冲信号为 0，即出现从高电平到低电平的跳变时，计数器加 1。由于检测到一次负跳变需

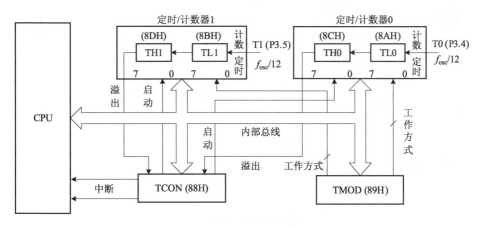

图 5-6 定时/计数器结构框图

要两个机器周期,所以最高的外部计数脉冲的频率不能超过时钟频率的 1/24,并且要求外部计数脉冲的高电平和低电平的持续时间不能小于一个机器周期。

定时器方式寄存器 TMOD 用于设置定时/计数器的工作方式,定时器控制寄存器 TCON 用于控制定时/计数器的启动和停止。

5.2.2 定时/计数器的控制

定时/计数器的功能、工作方式、定时/计数初值等的控制是与 TMOD、TCON、TH1/TH0、TL1/TL0 等特殊功能寄存器相关的。其中 TH1/TH0、TL1/TL0 用于存放定时/计数器的初值,可通过 MOV 指令直接设置。这里主要介绍定时/计数器方式控制寄存器 TMOD 和定时/计数器方式控制寄存器 TCON 的设置方法。

动画:定时器工作方式设置

1. 定时/计数器方式控制寄存器 TMOD

定时/计数器方式控制寄存器 TMOD 的地址为 89H,用于控制和选择定时/计数器的工作方式,高 4 位控制 T1,低 4 位控制 T0,不能采用位寻址方式。格式如下所示。

微课:定时器控制

D7	D6	D5	D4	D3	D2	D1	D0
GATE	C/$\overline{T}$	M1	M0	GATE	C/$\overline{T}$	M1	M0

GATE:门控位,用来指定外部中断请求是否参与对定时/计数器的启动控制。当 GATE=0 时,只要 TCON 寄存器中的 TRi 位为 1,就可以启动定时/计数器 Ti,与外部中断输入信号 $\overline{INTi}$ 无关,是一种内部启动方式;若 GATE=1 时,则只有当 TRi 为 1 且外部中断输入信号 $\overline{INTi}$ 为 1 时,才能启动定时/计数器 Ti,这种方式可以实现外部信号对定时器的启动控制,如图 5-7 所示。

C/$\overline{T}$:定时/计数方式选择位。C/$\overline{T}$=0,为定时方式;C/$\overline{T}$=1,为计数方式。

M1M0:工作方式选择位。用以选择定时/计数器的工作方式,如表 5-2 所示。

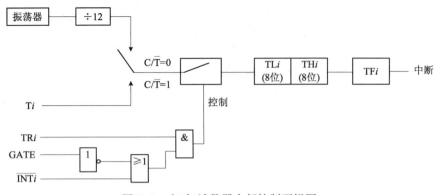

图 5-7 定时/计数器内部控制逻辑图

表 5-2 内部定时/计数器的操作方式

M1M0	方 式	说 明
0　0	方式 0	TLi 的低 5 位与 THi 的 8 位构成 13 位计数器
0　1	方式 1	TLi 的 8 位与 THi 的 8 位构成 16 位计数器
1　0	方式 2	具有自动重装初值功能的 8 位计数器
1　1	方式 3	T0 分成两个独立的计数器，T1 可工作在方式 0~方式 2

例如：设置 T0 工作于定时方式，内部启动，操作方式为方式 2；设置 T1 工作在计数方式下，外部启动，操作方式为方式 0。则设定工作方式的程序为：

　　　　　MOV　　TMOD,#0C2H

2. 定时/计数器控制寄存器 TCON

TCON 既参与定时控制又参与中断控制。

与定时/计数器控制相关的有定时器溢出中断请求标志 TF1/TF0 及定时器启动/停止控制位 TR1/TR0。

TF1/TF0 = 1 时，定时器有溢出中断请求；TF1/TF0 = 0 时，定时器无溢出中断请求。

TR1/TR0 = 1 时，启动定时器工作；TR1/TR0 = 0，停止定时器工作。

5.2.3 定时/计数器的工作方式

定时/计数器有 4 种工作方式，每种工作方式下，内部计数器的位数及功能有所不同。

微课：定时器的工作方式

1. 工作方式 0

当 TMOD 中的 M1M0 = 00 时，定时/计数器工作在方式 0。此时，定时/计数器内部的计数器为 13 位计数器，由 THi 提供高 8 位，TLi 提供低 5 位。若在 THi 和 TLi 中设置好计数初值，且启动定时/计数器就可以进行加法计数。TLi 低 5 位计数满时直接向 THi 进位，当 13 位计数器计数满时，定时器溢出中断请求标志位 TFi 置 1。此种工作方式下内部计数器的最大计数值为 $2^{13}=8\,192$。定时时间及计数值可按如下公式计算。

① 作定时器用时，定时时间：

$$\Delta t = (2^{13}-\text{计数初值})\times\text{机器周期}=(8\,192-\text{计数初值})\times\frac{12}{f_{\text{osc}}}$$

② 作计数器用时，计数值：

$$C=2^{13}-\text{计数初值}=8\,192-\text{计数初值}$$

2. 工作方式 1

当 TMOD 中的 M1M0 = 01 时，定时/计数器工作在方式 1。此时，定时/计数器内部的计数器为 16 位计数器，由 THi 提供高 8 位，TLi 提供低 8 位。在 THi 和 TLi 中设置好计数初值，启动定时/计数器就可以进行加法计数。当 16 位计数器计数满时，定时器溢出中断请求标志位 TFi 置 1。此种工作方式下内部计数器的最大计数值为 $2^{16}=65\,536$。定时时间及计数值可按如下计算。

① 作定时器用时，定时时间：

$$\Delta t = (2^{16}-\text{计数初值})\times\text{机器周期}=(65\,536-\text{计数初值})\times\frac{12}{f_{\text{osc}}}$$

② 作计数器用时，计数值：

$$C=2^{16}-\text{计数初值}=65\,536-\text{计数初值}$$

例如：当 $f_{\text{osc}}=6$ MHz 时，计数初值为 0FF06H（65 286），则定时时间为

$$\Delta t = (65\,536-65\,286)\times\frac{12}{6\times 10^{6}}\,\mu s=500\,\mu s$$

3. 工作方式 2

当 TMOD 中的 M1M0 = 10 时，定时/计数器工作在方式 2。此时，定时/计数器内部的计数器为自动重装初值的 8 位计数器。两个 8 位计数器 THi 和 TLi 中的 TLi 作加法计数器，THi 作为预置常数寄存器。当 TLi 计数满时，将中断请求 TFi 置 1，同时将 THi 中的计数初值以硬件方法自动装入 TLi。此种工作方式下内部计数器的最大计数值为 $2^{8}=256$。定时时间及计数值可按如下计算。

① 作定时器用时，定时时间：

$$\Delta t = (2^{8}-\text{计数初值})\times\text{机器周期}=(256-\text{计数初值})\times\frac{12}{f_{\text{osc}}}$$

② 作计数器用时，计数值：

$$C=2^{8}-\text{计数初值}=256-\text{计数初值}$$

4. 工作方式 3

当 TMOD 中的 M1M0 = 11 时，定时/计数器工作在方式 3。此时定时/计数器 T0 可拆成两个独立的 8 位定时/计数器使用，T1 不变。当定时/计数器工作在方式 3 时，T0、T1 的设置和使用方法是不同的。

定时/计数器 T0 中的两个 8 位计数器 TH0、TL0 拆分为两个独立的计数器后，TL0 所对应的定时/计数器使用 T0 原有控制资源，即使用 TR0 控制启停，TF0 作为溢出标志。TH0 所对应的定时/计数器只能作 8 位定时器用，借用 T1 的资源 TR1、TF1。

T0 工作在方式 3 时的定时/计数值计算与方式 2 相同。

定时/计数器 T1 仍然可工作于方式 0~方式 2 下，只是由于其 TR1、TF1 被 T0 的 TH0 占用，因而没有计数溢出标志可供使用，计数溢出时只能将输出结果送至串行口，即用作串行口波特率发生器。

5.2.4 定时/计数器的程序设计

微课：定时器初始化程序设计

1. 定时/计数器的初始化编程

AT89S51 单片机是通过对其内部的寄存器 TMOD、TCON、THi、TLi 进行设置来控制定时/计数器工作的，这就是定时/计数器初始化编程。初始化编程主要包括以下几方面的内容。

① 设定定时/计数器的工作方式控制字，并将其写入 TMOD 中。

② 确定定时/计数的初值，并将其写入 THi、TLi 中。初值的计算方法如下。

若作定时器使用时，设定时时间为 Δt，时钟频率为 f_{osc}，定时/计数器内部的计数器位数为 n，则有：

$$定时计数初值 = 2^n - \frac{\Delta t}{12} \times f_{osc}$$

若作计数器使用时，设计数值为 C，定时/计数器内部的计数器位数为 n，则有：

$$计数初值 = 2^n - C$$

当定时/计数器工作在除方式 2 以外的其他方式下，且采用中断编程方式时，在中断服务程序中必须重新置内部计数器初值，以保证定时/计数值不变。

③ 将 TCON 寄存器中的 TRi 置位，启动定时/计数器 Ti。

2. 定时/计数器应用实例

例 5-1　设 AT89S51 单片机的晶振频率 f_{osc} = 12 MHz，要求由 T0 产生 1 ms 的定时并使 P1.7 输出周期为 2 ms 的方波。

编程思路：将 P1.7 口线每隔 1 ms 反相一次，即可输出周期为 2 ms 的方波。首先应编程使定时器产生 1 ms 的定时，设定时/计数器 T0 工作在方式 0，工作方式控制字为 00H，此时定时器内部计数器为 13 位，则有：

$$计数初值 = 2^{13} - \frac{1 \times 10^{-3}}{12} \times 12 \times 10^6 = 8\ 192 - 1\ 000 = 7\ 192 = 1110000011000B$$

将高 8 位送入 TH0，低 5 位送入 TL0，即（TH0）= 0E0H，（TL0）= 18H，然后启动定时器。对定时器的编程可采用查询方式和中断方式两种。源程序如下。

若采用查询方式，TF0 置位后不会自动复位，故应采用软件方法将其复位。

查询方式参考程序如下：

```
        ORG   0000H
        LJMP  START
        ORG   0100H
START:  MOV   TMOD,#00H    ;写方式控制字
        MOV   TL0,#18H     ;置低 5 位计数值
```

微课：查询法设计与仿真

```
            MOV    TH0,#0E0H        ;置高8位计数值
            SETB   TR0              ;启动T0
LOOP：      JBC    TF0,PNGAT        ;判1 ms到否,若到则清TF0且转PNGAT
            SJMP   LOOP             ;若未到,则等待
PNGAT：     MOV    TL0,#18H         ;重新送计数长度
            MOV    TH0,#0E0H
            CPL    P1.7             ;改变输出电平
            SJMP   LOOP
```

中断方式参考程序如下：

```
            ORG    0000H
            LJMP   START
            ORG    000BH            ;T0中断服务程序入口地址
            LJMP   INSER            ;转至真正的中断服务程序入口
            ORG    0100H
START：     MOV    TMOD,#00H        ;写方式控制字
            MOV    TL0,#18H         ;置定时计数初值
            MOV    TH0,#0E0H
            SETB   EA               ;开中断
            SETB   ET0              ;允许T0中断
            SETB   TR0              ;启动T0
LOOP：      SJMP   LOOP             ;等待中断
            ORG    0200H
INSER：     MOV    TL0,#18H         ;置计数长度初值
            MOV    TH0,#0E0H        ;重新装入计数初值
            CPL    P1.7             ;改变输出电平
            RETI
```

例5-2 定时/计数器T1采用方式2计数,要求每计满100次,将P1.0取反。

编程思路：定时/计数器T1采用计数方式时,是对外部计数信号输入端P3.5（T1）输入的脉冲进行计数,每产生一次下降沿计数器加1。设置T1的工作方式控制字为60H,设置其计数初值=$2^8-100=156=9CH$,将其送入TH1和TL1中。采用查询方式编程。

参考程序如下：

```
            ORG    0000H
            LJMP   START
            ORG    0100H
START：     MOV    TMOD,#60H        ;写方式控制字
            MOV    TL1,#9CH         ;置计数初值
            MOV    TH1,#9CH
            SETB   TR1              ;启动T1
LOOP：      JBC    TF1,OUT          ;判计满100次否?若计满则清TF1且转OUT
```

```
          SJMP    LOOP            ;若未到,则等待
OUT：     CPL     P1.0            ;改变输出电平
          SJMP    LOOP
```

例 5-3 利用门控位 GATE 测量波形宽度。

编程思路：测量电路如图 5-8 所示，其原理是当门控位 GATE 为 1 且 $TRi=1$ 时，启动或停止定时/计数器取决于 $\overline{INTi}$ 的状态，当 $\overline{INTi}=1$ 时，开始计数；当 $\overline{INTi}=0$ 时，停止计数，这样可测得 $\overline{INTi}$ 持续高电平和低电平的时间。

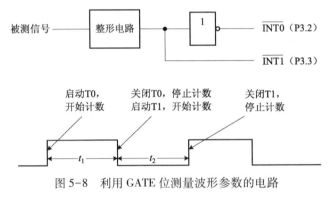

图 5-8 利用 GATE 位测量波形参数的电路

参考程序如下：

```
              ORG     0000H
              LJMP    INITIZ
              ORG     0050H
INITIZ：      MOV     TMOD,#99H       ;写入方式控制字,T0、T1 工作在方式 1 下
              MOV     TH1,#00H        ;置 T1 计数器初值为 0
              MOV     TL1,#00H
              MOV     TH0,#00H        ;置 T0 计数器初值为 0
              MOV     TL0,#00H
LOWAZT：      JNB     P3.2,LOWAZT     ;判 P3.2 的电平,若为低电平,则等待
              SETB    TR0             ;若为高电平,则启动 T0
HIWAZT：      JB      P3.2,HIWAZT     ;判 P3.2 的电平,若为高电平,则继续计数
              CLR     TR0             ;否则,停止 T0 计数
              SETB    TR1             ;启动 T1
HLOOP：       JB      P3.3,HLOOP      ;判 P3.3 的电平,若为高电平,则继续计数
              CLR     TR1             ;否则,停止 T1 计数
              MOV     R0,#35H         ;存放 T0 及 T1 的计数值
              MOV     @R0,TH0
              INC     R0
              MOV     @R0,TL0
              INC     R0
```

```
MOV    @R0,TH1
INC    R0
MOV    @R0,TL1
LCALL  DATAPR        ;调用数据处理子程序
...
DATAPR:
```

仿真案例:定时器中断实现计数器

5.3 AT89S51 的串行通信

5.3.1 串行通信的基本概念

若干个数据处理设备（计算机主机、外部设备）之间的信息交换称为数据通信。计算机与外部设备之间的数据通信有两种不同的方式：并行通信和串行通信。

微课：串行通信基础知识

动画：并行通信

动画：串行通信

并行通信是指数据的各位同时传送，每一位数据都需要一条传输线，如图 5-9（a）所示。对于单片机，一次传送一个字节数据，因而需要 8 根数据线。这种通信方式只适合于短距离的数据传输，它的特点是传输速度快，但需要的传输线多。

串行通信是指数据的各位分时传送，只需要一根数据线。对于一个字节数据，至少要分 8 次传送，如图 5-9（b）所示。可见，串行通信比并行通信的数据传输速度要低。随着现代通信技术的发展，串行通信也能达到很高的速度，完全能满足一般数据通信对传输速度的要求。串行通信可大大节省传输线路，而且能进行远距离的数据传输。

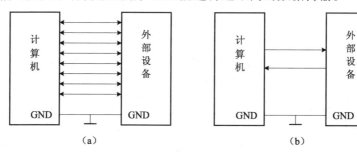

图 5-9 并行通信和串行通信示意图
（a）并行通信；（b）串行通信

下面介绍串行通信的相关概念。

1. 异步通信和同步通信

串行通信根据传送方式的不同又分为异步通信和同步通信。

（1）异步通信

异步通信的特点是数据以字符为单位传送，在传送过程中每一个字符数据都要加进一些识别信息位和校验位，构成一帧字符信息，或称为字符格式。发送信息时，信息位的同步时钟（即发送一个信息位的定时信号）并不发送到线路上去，数据的发送端和接收端各自有独立的时钟源。

动画：异步通信

异步通信的一帧数据格式由 4 部分组成：起始位、数据位、奇偶校验位和停止位。如图 5-10 所示。

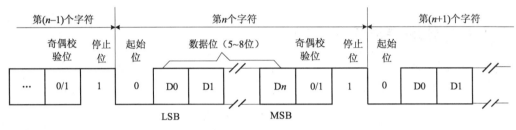

图 5-10　异步通信帧格式

起始位：按照串行通信协议规定，在通信双方不进行数据传输时，线路呈逻辑"1"。发送端需要发送字符时，首先发送一个起始位，即将线路置成逻辑"0"，起始位长度占 1 位。

数据位：数据位紧跟在起始位之后，数据位可以为 5~8 位，通常使用 7 位或 8 位数据位。数据位在传送时，低位（LSB）在前，高位（MSB）在后。

奇偶校验位：在数据位之后，便是一个奇偶校验位。它是根据通信双方采用何种校验方式（奇校验或偶校验）的约定而加入的。目前专用于串行通信的 IC 芯片大多采用这种校验方式。在传输过程中，CPU 可以根据此标志，进行纠错处理。

停止位：它用来表示一个字符数据的结束，用逻辑"1"表示。停止位长度可以是 1位、1.5 位或 2 位。

停止位之后紧接着可以是下一个字符的起始位；也可以是若干个空闲位（逻辑"1"），意味着线路处于等待状态。

（2）同步通信

同步通信是以数据块方式传输数据。通常在面向字符的同步传输中，其帧结构（或称为帧格式）由 3 部分组成：由若干字符组成的数据块，在数据块前加上 1~2 个同步字符 SYN，在数据块的后部根据需要加入若干校验字符 CRC（循环冗余校验）。采用双同步的帧结构如图 5-11 所示。

这种同步通信方式的同步由每个数据块前面的同步字符实现。同步字符的格式和数量可以根据需要约定。接收端在检测到同步字符之后，便确认开始传送有效数据字符。

与异步通信不同的是，同步方式需要提供单独的时钟信号，且要求接收器时钟和发送器时钟严格保持同步。为此在硬件电路上采取了一系列复杂的措施来加以保证。

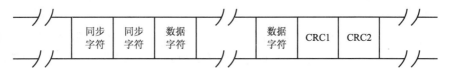

图 5-11　采用双同步通信的帧结构

2. 波特率

串行通信的数据传输速率是用波特率来表示的。波特率定义为每秒钟传送二进制数的位数。在异步通信中，波特率为每秒传送的字符数与每个字符的位数的乘积。假如每秒传送 120 个字符，而每个字符按上述规定包含 10 位（起始位、校验位、停止位各 1 位，数据位 7 位），则波特率为

$$120\ 字符/s \times 10\ b/字符 = 1\ 200\ b/s$$

波特率越高，数据传输的速度越快，一般异步通信的波特率在 50~9 600 b/s。

有两点需要注意。

① 波特率并不等于有效数据位的传输速率。例如：对于 10 位帧格式的数据传输。其中只有 7 位是有效数据位，3 位是识别信息位，所以有效数据位的传输速率是：

$$120\ 字符/s \times 7\ b/字符 = 840\ b/s$$

② 波特率也不等同于时钟频率。通常采用高于波特率若干倍的时钟频率（16 或 64 倍）对一位数据进行检测，以防止传输线路上出现短时间的脉冲干扰，从而保证对数据信号的正确接收。

3. 串行通信的方向

在串行通信中，按通信双方数据传输的方向，可分为单工（Simplex）、半双工（Half Duplex）和全双工（Full Duplex）3 种方式，如图 5-12 所示。

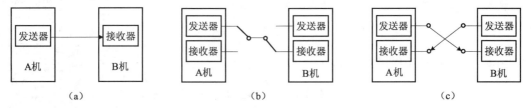

图 5-12　串行通信数据传输方式
(a) 单工；(b) 半双工；(c) 全双工

单工是指两个通信设备中一个只能作发送、一个只能作接收，数据传送是单方向的，如图 5-12（a）所示。

半双工是指两个通信设备中都有一个发送器和一个接收器，相互可以发送和接收数据，但不能同时在两个方向上传送，即每次只能有一个发送器和一个接收器工作，如图 5-12（b）所示。

全双工是指两个通信设备可以同时发送和接收数据，数据传送可以同时在两个方向进行，如图 5-12（c）所示。尽管许多串行通信接口电路具有全双工功能，但在实际应用中，大多数情况只工作于半双工方式。

4. 串行口的连接方法

根据通信距离的不同，串行口的电路连接方式也是不同的，如果距离很近，只需两根信号线（TXD、RXD）和一根地线（GND）就可以实现互连，如图 5-13（a）所示。为了提高通信距离，且距离在 15 m 以内可采用 RS-232 接口实现，如图 5-13（b）所示。如果是远程通信，可通过调制解调器（Modem）进行通信互连，如图 5-13（c）所示。

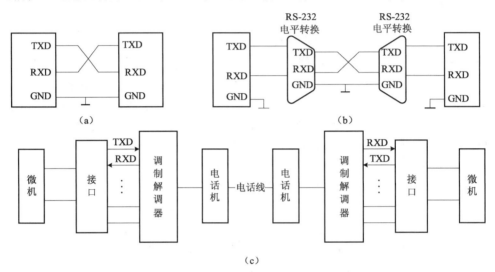

图 5-13　串行口的连接
（a）三线连接；（b）RS-232 接口连接；（c）Modem 连接

在远程通信中，为了利用公共电话网进行数据传送，通常在发送端把数字信号转换为模拟信号，这个过程称为调制，是通过调制器完成的。当要从电话网上接收数据时，又要将模拟信号恢复成数字信号，这个过程称为解调，是通过解调器完成的。将调制器和解调器组合在一起就构成了调制解调器。

5.3.2　串行口的结构及工作方式

AT89S51 的串行口是一个可编程的全双工通信接口，具有通用异步接收和发送器 UART（Universal Asynchronous Receiver/Transmitter）的全部功能，能同时进行数据的发送和接收，也可作为同步移位寄存器使用。

微课：51 单片机的串行口

AT89S51 的串行口主要由两个独立的串行数据缓冲寄存器 SBUF（一个发送缓冲寄存器，一个接收缓冲寄存器）、串行口控制寄存器、输入移位寄存器及若干控制门电路组成，基本结构如图 5-14 所示。

1. 串行口数据缓冲器 SBUF

AT89S51 可以通过特殊功能寄存器 SBUF 的读写操作，实现对串行接收或串行发送寄存器的访问，串行接收和串行发送寄存器在串行口内部是两个独立的存储单元，共用同一个地址 99H。串行口数据传送使用的是内部数据传送指令"MOV　A，SBUF"或"MOV　SBUF，A"。当执行写操作时，访问串行发送寄存器；当执行读操作时，访问串

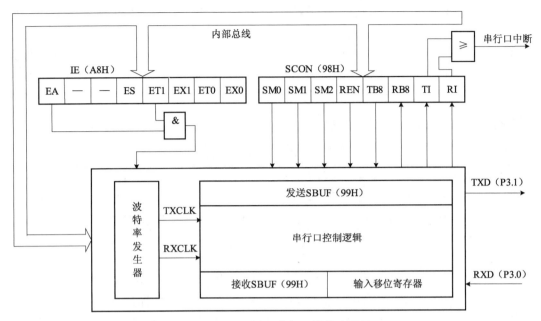

图 5-14　AT89S51 串行口的基本结构

行接收寄存器。串行接收器具有双缓冲结构，即在从接收寄存器中读出前一个已收到的字节之前，便能接收第二个字节。但如果第二个字节已经接收完毕，第一个字节还没有读出，则将丢失其中一个字节，编程时应引起注意。对于发送器，因为数据是由 CPU 控制发送的，所以不需要双缓冲。

2. 串行口控制寄存器 SCON

AT89S51 串行口工作方式的设定、接收与发送控制的设置都是通过对串行口控制寄存器 SCON 的编程确定的。SCON 是一个特殊功能寄存器，其地址为 98H，可位寻址，其各位的作用定义如下所示。

	9FH	9EH	9DH	9CH	9BH	9AH	99H	98H
SCON（98H）	SM0	SM1	SM2	REN	TB8	RB8	TI	RI

SM0、SM1：串行口工作方式选择位，工作方式选择如表 5-3 所示。其中 f_{osc} 是振荡器的频率。

SM2：多机通信控制位。在方式 0 下，SM2 应为 0。在方式 1 下，如果 SM2=0，则只有收到有效的停止位时才会激活 RI。在方式 2 和方式 3 下，如置 SM2=1，则只有在收到的第 9 位数据为 1 时，RI 被激活（RI=1，申请中断，要求 CPU 取走数据）。

REN：允许接收控制位。由软件置位或清 0。REN=1，允许接收；REN=0，禁止接收。

TB8：在方式 2 和方式 3 下，存放要发送的第 9 位数据，常用作奇偶校验位。在多机通信中，可作为区别地址帧或数据帧的标识位，若为地址帧，TB8=1；若为数据帧，TB8=0。

RB8：在方式 2 和方式 3 下，存放接收到的第 9 位数据；在方式 1 下，如 SM2=0，则该位为接收到的停止位；方式 0 不用此位。

TI：发送中断标志。在方式 0 下，发送完第 8 位数据位时，由硬件置位；在其他方式下,当开始发送停止位时,由硬件将 TI 置位,即向 CPU 申请中断,CPU 可以发送下一帧数据。在任何方式下,TI 必须由软件清 0。

RI:接收中断标志。在方式 0 下,接收完第 8 位数据位时,由硬件置位;在其他方式下,当接收到停止位时 RI 置位,即申请中断,要求 CPU 取走数据。它必须由软件清 0。

3. 串行口的工作方式

串行口的工作方式如表 5-3 所示。

表 5-3 串行口工作方式选择

SM0	SM1	方式	功　　能	波特率	SM0	SM1	方式	功　　能	波特率
0	0	0	同步移位寄存器	$f_{osc}/12$	1	0	2	11 位 UART	$f_{osc}/64$ 或 $f_{osc}/32$
0	1	1	10 位 UART	可变	1	1	3	11 位 UART	可变

(1) 方式 0

此时串行口工作于同步移位寄存器方式,串行口相当于一个并入串出或串入并出的移位寄存器。数据从 RXD 输入或输出(低位在先,高位在后),TXD 输出同步移位时钟,其传输波特率是固定的,为 $f_{osc}/12$。发送过程从"MOV　SBUF,A"开始,当 8 位数据传送完毕后,TI 被置 1。接收时,必须先使 REN=1、RI=0,当 8 位数据接收完后,RI 会置 1,此时可由"MOV　A,SBUF",将数据读入累加器。若要再次发送和接收数据,必须用软件将 TI、RI 清 0。

这种方式常用于单片机外围接口电路的扩展。

(2) 方式 1

此时串行口工作于异步通信方式,帧数据格式为 10 位(8 位数据位,起始位、停止位各 1 位)。其传输波特率是可变的,AT89S51 串行口的波特率由工作在方式 2 下的定时器 T1 的溢出率决定。此方式下常设置定时器 T1 工作在方式 2 下,且禁止中断。

$$波特率=\frac{2^{SMOD}}{32} \times T1\ 的溢出率 = \frac{2^{SMOD}}{32} \times \frac{f_{osc}}{12\times(256-X)}$$

其中:SMOD 为特殊功能寄存器 PCON 中的最高位,SMOD=1 时,表示波特率加倍,SMOD=0 时,表示波特率不加倍;X 为定时器 T1 的初值。

当串行口以方式 1 发送时,CPU 执行一条写发送寄存器指令"MOV　SBUF,A",就可将数据位逐一由 TXD 端送出。发送一帧数据后,将 TI 置 1。

当串行口以方式 1 接收时,需控制 SCON 中的 REN 为 1,此时对 RXD 引脚进行采样,当采样到起始位有效时,开始接收数据。当一帧数据接收完毕,且 RI=0、SM2=0 或接收到 RB8=1 时,接收的数据有效,此时可利用读接收寄存器指令"MOV　A,SBUF"将数据送入 CPU,同时将 RI 置 1。若要再次发送和接收数据,必须用软件将 TI、RI 清 0。

(3) 方式 2 和方式 3

此时串行口工作于异步通信方式,帧数据格式为 11 位(起始位 1 位、8 位数据位、1 位可编程数据位、1 位停止位)。

方式 2 与方式 3 的差别仅在于,方式 2 的波特率为 $f_{osc}/32$(SMOD=1)或 $f_{osc}/64$ (SMOD=0);而方式 3 与方式 1 一样,波特率是可变的,是由定时器 T1 的溢出率决定。

发送时，由软件设置 TB8 后构成第 9 位数据进行发送，TB8 可作为多机通信中的地址/数据信息的标志位，也可作为奇偶校验位。方式 2、方式 3 的发送过程与方式 1 的发送过程类似。

方式 2、方式 3 的接收过程与方式 1 类似，当接收到第 9 位数据后，将这一位数据送入 RB8 中。

表 5-4 列出了用定时器 T1 产生各种常用波特率的方法。

表 5-4　定时器 T1 产生的常用波特率

波特率	f_{osc}/MHz	SMOD	定时器 1		
			C/$\overline{\text{T}}$	方式	定时初值
方式 0（最大）1 MHz	12	×	×	×	×
方式 2（最大）375 kHz	12	1	×	×	×
方式 1、3　62.5 kHz	12	1	0	2	0FFH
19.2 kHz	11.059 2	1	0	2	0FDH
9.6 kHz	11.059 2	0	0	2	0FDH
4.8 kHz	11.059 2	0	0	2	0FAH
2.4 kHz	11.059 2	0	0	2	0F4H
1.2 kHz	11.059 2	0	0	2	0E8H
137.5 Hz	11.059 2	0	0	2	1DH
110 Hz	6	0	0	2	72H
110 Hz	12	0	0	1	0FEEBH

表 5-5 给出了串行口 4 种工作方式特性的小结。

表 5-5　串行口工作方式一览表

有关信号	方式	方式 0	方式 1	方式 2、3
SM0 SM1		00	01	方式 2：10　方式 3：11
发送	TB8	没有	没有	发送的第 9 位数据
	发送位	8 位	10 位（加起始位、停止位）	11 位（加起始位、可控位、停止位）
	数据	8 位	8 位	9 位（数据位、可控位）
	RXD	输出串行数据		
	TXD	输出同步脉冲	输出发送数据	输出发送数据
	波特率	$f_{osc}/12$	可变 $\dfrac{2^{SMOD}}{32} \times \dfrac{f_{osc}}{12 \times (256-X)}$	方式 2：$\dfrac{2^{SMOD}}{64} \times f_{osc}$ 方式 3 同方式 1
	中断	发送完，置中断标志位 TI=1，中断响应后由软件清 0		

续表

方式 有关信号		方式0	方式1	方式2、3
接收	RB8	没有	若SM2=0，接收停止位	接收发送的第9位数据
	REN	允许接收，REN=1		
	SM2	0	一般情况下为0	多机通信置1，一般接收置0
	接收位	8位	10位	11位
	数据位	8位	8位	9位
	波特率	与发送相同		
	接收条件	无条件	RI=0，且SM2=0或停止位=1	RI=0且SM2=0或接收的第9位数据=1
	中断	接收完毕，置中断标志RI=1，中断响应后由软件清0		
	RXD	串行数据输入端	输入接收数据	输入接收数据
	TXD	同步信号输出端		

5.3.3 串行通信的程序设计

串行口通信程序的编程主要包括以下几部分。

1. 串行口的初始化编程

微课：串行通信
程序设计

串行口的初始化编程主要是对串行口控制寄存器 SCON、电源控制寄存器 PCON 中的相关位的设定及对串行口波特率发生器 T1 的初始化。如果涉及中断系统，则还需要对中断允许控制寄存器 IE 及中断优先级控制寄存器 IP 进行设定。

常用初始化内容如下，可根据需要增减其中各项。

```
MOV    SCON,#工作方式控制字     ;设定串行口工作方式
MOV    PCON,#80H              ;波特率加倍时,设定
MOV    TMOD,#20H              ;波特率可变时,用于设定T1工作方式
MOV    TH1,#定时初值           ;与表5-4对应
MOV    TL1,#定时初值
CLR    ET1                    ;禁止定时器T1中断
SETB   TR1                    ;启动T1,产生波特率
SETB   EA                     ;若使用中断方式,开CPU中断
SETB   ES                     ;开串行口中断
SETB   PS                     ;设定串行口为高优先级中断
```

例 5-4 若 $f_{osc}=6$ MHz，波特率为 2 400 b/s，设 SMOD=1，则定时/计数器 T1 的计数初值为多少？并进行初始化编程。

编程思路：要设定波特率为 2 400 b/s，首先应计算定时初值：

$$X = 256 - 2^{SMOD} \times \frac{f_{osc}}{\text{波特率} \times 32 \times 12} = 256 - 2^1 \times \frac{6 \times 10^6}{2\ 400 \times 32 \times 12} = 242.98 \approx 243 = F3H$$

初始化程序如下：
```
MOV    SCON,#40H
MOV    TMOD,#20H
MOV    PCON,#80H
MOV    TH1,#0F3H
MOV    TL1,#0F3H
CLR    ET1
SETB   TR1
```

2. 发送和接收程序设计

通信过程包含两部分：发送和接收，因此通信软件也包括发送程序和接收程序，它们分别位于发送机和接收机中。发送和接收程序的设计一般采用两种设计方法：查询和中断。

异步串行通信是以帧为基本单位传送的。在每次发送或接收完一帧数据后，将由硬件使 SCON 中的 TI 或 RI 置 1。查询方式就是根据 TI 或 RI 的状态是否有效，来判断一次数据发送或接收是否完成，如图 5-15 所示。在发送程序中，首先将数据发送出去，然后查询是否发送完毕，再决定是否发下一帧数据，即"先发后查"。在接收程序中，首先判断是否接收到一帧数据，然后保存这一帧数据，再查询是否接收到下一帧数据，即"先查后收"。

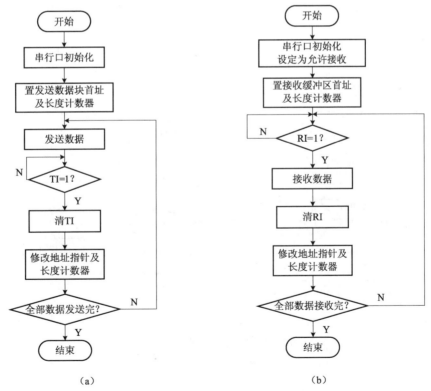

图 5-15 查询方式程序流程图
（a）发送程序；（b）接收程序

如果采用中断方法编程,则将 TI、RI 作为中断申请标志。如果设置系统允许串行口中断,则每当 TI 或 RI 产生一次中断申请,就表示一帧数据发送或接收结束。CPU 响应一次中断申请,执行一次中断服务程序,在中断服务程序中完成数据的发送或接收,如图 5-16 所示。其中,发送程序中必须有一次发送数据的操作,目的是为了启动第一次中断,之后的所有数据的发送均在中断服务程序中完成。而接收程序中,所有的数据接收操作均在中断服务程序中完成。

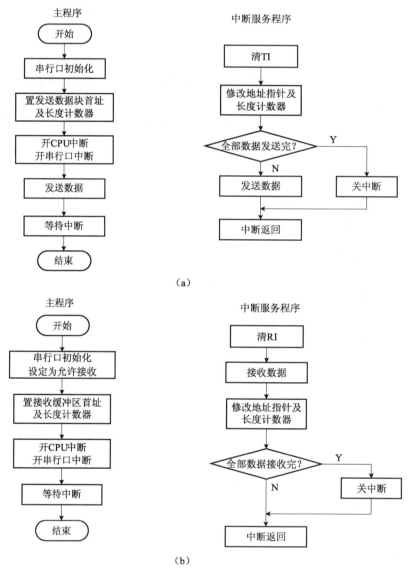

图 5-16 中断方式程序流程图
(a) 发送程序;(b) 接收程序

例 5-5 用查询方式实现,将甲机起始地址为 50H 的数据块传送至乙机以 50H 为首址的数据缓冲区中。设数据块的长度为 5。

编程思路:设波特率 = 2 400 b/s。由 T1 工作于方式 2,f_{osc} = 6 MHz,SMOD = 1,求得

TH1 = TL1 = 0F3H。

发送参考程序如下：

```
         ORG    0100H
FIRST：MOV    TMOD,#20H    ;定时器 T1 初始化
         MOV    TH1,#0F3H
         MOV    TL1,#0F3H
         MOV    SCON,#40H    ;串行口初始化
         MOV    PCON,#80H
         SETB   TR1
         MOV    R0,#50H      ;置数据块首址
         MOV    R1,#05H
F：    MOV    A,@R0         ;发送数据
         MOV    SBUF,A
JF：   JBC    TI,GG         ;查询 TI,判断是否发送完一帧数据
         SJMP   JF
GG：  INC    R0            ;修改地址
         DJNZ   R1,F          ;判断所有数据是否都送完
         SJMP   $
         END
```

接收参考程序如下：

```
         ORG    0100H
SIRST：MOV    TMOD,#20H    ;定时器 T1 初始化
         MOV    TH1,#0F3H
         MOV    TL1,#0F3H
         MOV    SCON,#50H    ;串行口初始化,允许接收
         MOV    PCON,#80H
         SETB   TR1
         MOV    R0,#50H      ;置数据块首址
         MOV    R1,#05H
JS：   JBC    RI,GG         ;查询 RI,判断是否接收完一帧数据
         SJMP   JS
GG：  MOV    A,SBUF        ;将 SBUF 中数据送入乙机的数据缓冲区
         MOV    @R0,A
         INC    R0            ;修改地址
         DJNZ   R1,JS
         SJMP   $
         END
```

例 5-6 用中断方式实现，将甲机起始地址为 ADDRT 的数据块传送至乙机以 ADDRR 为首址的数据缓冲区中。设数据块的长度为 6，串行口工作于方式 2，波特率为 $f_{osc}/64$。

发送参考程序如下：

```
        ORG     0000H
        ADDRT   EQU   40H
        LJMP    MAINT           ;转发送主程序
        ORG     0023H
        LJMP    INTSE1          ;转中断服务程序
MAINT:  MOV     SP,#60H         ;主程序
        MOV     SCON,#80H       ;串行口初始化
        MOV     PCON,#00H
        SETB    EA              ;开中断
        SETB    ES
        MOV     R1,#ADDRT
        MOV     R0,#00H
        MOV     A,@R1           ;发送数据
        MOV     SBUF,A
        SJMP    $
INTSE1: CLR     TI              ;清中断标志
        CJNE    R0,#05H,LOOP    ;是否数据全发完
        CLR     ES              ;关中断
        SJMP    ENDT
LOOP:   INC     R0              ;修改计数器
        INC     R1              ;修改地址指针
        MOV     A,@R1
        MOV     SBUF,A
ENDT:   RETI
        END
```

接收参考程序如下：

```
        ORG     0000H
        ADDRR   EQU   40H
        LJMP    MAINR           ;转接收主程序
        ORG     0023H
        LJMP    INTSE2          ;转中断服务程序
MAINR:  MOV     SP,#60H         ;主程序
        MOV     SCON,#90H       ;串行口初始化,允许接收
        MOV     PCON,#00H
        SETB    EA              ;开中断
        SETB    ES
        MOV     R1,#ADDRR       ;置接收缓冲区首址
        MOV     R0,#00H
```

```
            SJMP    $
INTSE2: CLR     RI              ;清中断标志
        MOV     A,SBUF          ;接收数据
        MOV     @R1,A
        INC     R0              ;修改计数器
        INC     R1              ;修改缓冲区地址指针
        CJNE    R0,#06H,LOOP    ;是否数据全收完
        CLR     ES              ;关中断
LOOP:   RETI
        END
```

3. 奇偶校验位的处理

当串行口采用方式 2 和方式 3 工作时，帧数据格式中的第 9 位可用作奇偶校验位，用以判断数据传送是否出错。当然第 9 位也可不用于奇偶校验，而由用户自行处理。

AT89S51 单片机在执行与累加器相关的指令时，如 "MOV A, @Ri" "INC A" 等，将会影响程序状态字 PSW 中的奇偶校验位 P 的状态。当累加器 A 中 1 的个数为奇数时，P 置为 1；若为偶数时，P 置为 0。

发送时，当发送的字节数据送入累加器 A 后，P 标志和 A 中 1 的总个数应为偶数，此时可将 P 值送入 TB8，这样就实现了数据的补偶发送。与此对应，在接收时，可在读取数据时进行"偶校验"，如果 RB8 中的位值与累加器 A 从 SBUF 读入的数据中的 1 加起来后，"1" 的个数是偶数，则接收正确，否则为出错。

例如：采用查询方式编写带奇偶校验的数据块发送和接收程序，若接收有错，将用户标志位 F0 置 1。要求串行口工作于方式 2，波特率为 $f_{osc}/32$，发送数据块存放在首址为 TDATA 的存储区内，字节数为 n。接收缓冲区首址为 RDATA。

发送参考程序如下：

```
            ORG     0100H
        TDATA  EQU  40H
            n      EQU  10H
START:  MOV     SCON,#80H       ;设定串口工作方式 2
        MOV     PCON,#80H       ;设置波特率加倍
        MOV     R0,#TDATA       ;指向数据区首址
        MOV     R7,#n           ;设定传送字节数
TX:     ACALL   TXSUB           ;调一帧传送子程序
        INC     R0              ;为下一次取数做准备
        DJNZ    R7,TX           ;判断是否传送结束,若未完则继续
        SJMP    $
TXSUB:  MOV     A,@R0           ;开始传送数据
        MOV     C,PSW.0         ;置奇偶校验位到 TB8
        MOV     TB8,C
        MOV     SBUF,A          ;启动数据传送
```

```
TX1: JBC    TI,TX2          ;查询是否传完
     SJMP   TX1
TX2: CLR    TI              ;结束清 TI,为下一次做准备
     RET
     END
```

接收参考程序如下:

```
       ORG    0100H
       RDATA  EQU    40H
       n      EQU    10H
START: MOV    SCON,#90H      ;以方式 2 接收
       MOV    PCON,#80H      ;波特率加倍
       MOV    R1,#RDATA      ;数据块首址
       MOV    R7,#n
RX:    ACALL  RXSUB          ;调接收子程序
       INC    R1             ;准备下一个数
       DJNZ   R7,RX
       SJMP   $
RXSUB: JNB    RI,$           ;查询等待
       CLR    RI             ;清 0,为下次接收做准备
       MOV    A,SBUF         ;启动接收
       JNB    PSW.0,RX1      ;P=0,转 RX1
       JNB    RB8,RERR       ;P=1,RB8=0,转出错处理
       SJMP   RX2
RX1:   JB     RB8,RERR       ;P=0,RB8=1,转出错处理
RX2:   MOV    @R1,A          ;保存数据
       RET
RERR:  SETB   F0
       RET
```

5.3.4 串行通信的常用标准接口

AT89S51 单片机与其他 51 系列单片机或 PC 进行串行通信时,AT89S51 单片机串行接口的信号电平为 TTL 类型,抗干扰能力差,传输距离短。为了提高串行通信的可靠性,延长通信距离,工程设计人员一般采用标准串行接口,如 RS-232C、RS-422A 和 RS-485。这 3 种接口的标准最初都是由美国电子工业联盟(Electronic Industries Alliance,EIA)制定并发布的。

1. RS-232C 串行接口

RS-232C 接口实际上是一种串行通信标准,是 EIA 在 1969 年推出的(又称 EIA RS-232C)。它是目前 PC 与通信工业中应用最广泛的一种串行接口。它适合于数据传输速率在

0~20 kb/s 范围内的通信，最大传输距离 15 m，只能实现一发一收通信方式。

（1）信号接口

目前较为常用的 RS-232C 接口连接器有 9 针串口（DB-9）和 25 针串口（DB-25）两种，其结构如图 5-17 所示。在保证通信准确性的前提下，如果通信距离较近（小于12 m），可以用电缆线直接连接，图 5-18 是这种连接方式的示意图；若通信距离较远，需附加调制解调器（Modem）。

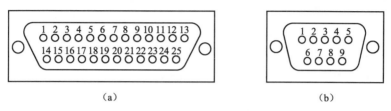

图 5-17　连接器外形
（a）25 针串口（DB-25）；（b）9 针串口（DB-9）

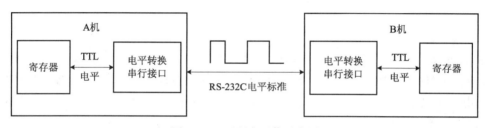

图 5-18　近距离通信示意图

实际上 DB-25 中有许多引脚很少用，在计算机与终端设备通信的过程中一般只使用 3~9 根信号线。最常用的 9 个引脚的信号内容如表 5-6 所示。最为简单且常用的是三线制接法，即发送数据线、接收数据线和接地线 3 脚相连。传输线采用屏蔽双绞线，如图 5-19 所示。

表 5-6　DB-9 与 DB-25 常用信号引脚说明

DB9 引脚	DB25 引脚	信号名称	符号	功能
3	2	发送数据	TXD	发送串行数据
2	3	接收数据	RXD	接收串行数据
7	4	发送请求	RTS	请求将线路切换到发送方式
8	5	允许发送	CTS	线路已接通可以发送数据
6	6	数据准备就绪	DSR	准备就绪
5	7	信号地	SGND	信号公共地
1	8	载波检测	DCD	接收到远程载波
4	20	数据准备就绪	DTR	准备就绪
9	22	振铃指示	RI	数据通信接通，终端设备被呼叫

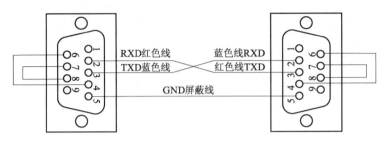

图 5-19 三线制接法

（2）逻辑电平

RS-232C 是早期为促进公用电话网络进行数据通信而制定的标准。采用的是 EIA 电平，规定如下。

① 数据线 TXD 和 RXD。$-15 \sim -3$ V 规定为"1"，$+3 \sim +15$ V 规定为"0"。

② 控制线 RTS、CTS、DSR、DCD、DTR 等。$-15 \sim -3$ V 规定为信号无效（断开）；$+3 \sim +15$ V 规定为信号有效（接通）。

③ $-3 \sim +3$ V 为过渡区，不作定义。

（3）电平转换电路

RS-232C 信号的电平与单片机串口信号的电平不一致，二者之间必须进行转换。使用电平转换芯片 MAX232 就可以实现 RS-232C/TTL 电平的双向转换。MAX232 芯片使用单一的 +5 V 电源供电，配接 5 个 1 μF 电解电容即可完成 RS-232C 电平与 TTL 电平之间的转换，其电路接线如图 5-20 所示。

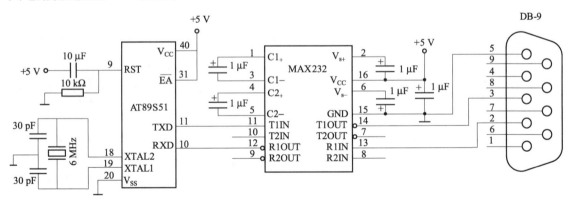

图 5-20 MAX232 电平转换芯片电路接线图

2. RS-485 串行接口

RS-232C 虽然使用广泛，但其出现较早，在现代网络通信中已暴露出明显的不足，主要表现为：接口的信号电平值较高，易损坏接口电路芯片；必须经过电平转换电路方能与 TTL 电路相连；传输效率较低；对噪声的抗干扰性弱；传输距离有限。

针对 RS-232C 的不足，相继出现了一些新的接口技术，RS-485 就是其中之一，它以良好的抗噪声干扰性、长距离传输特性和多站能力等优点成为用户首选的串行接口。具体表现在以下几个方面。

① RS-485 的电气特性：逻辑"1"以两线间的电压差为+2～+6 V 表示；逻辑"0"以两线间的电压差为-6～-2 V 表示。接口信号电平比 RS-232C 降低了，不易损坏接口电路的芯片，且该电平与 TTL 电平兼容，可方便与 TTL 电路连接。

② RS-485 传输数据的速度较快，最高速率达到 10 Mb/s。传输距离可达 1 200 m。

③ RS-485 接口允许在双绞线上同时连接 32 个负载（收发器），即具有多站能力。

④ 采用平衡驱动器和差分接收器的组合，工作于半双工方式，抗共模干扰能力强，即抗噪声干扰性好。

⑤ RS-485 接口所组成的半双工网络一般只需要两根连线，因此 RS-485 接口采用屏蔽双绞线传输。RS-485 连接器采用 DB-9 的 9 芯插头座。

MAX485 接口芯片是 Maxim 公司的一种 RS-485 芯片。它采用单一+5 V 电源工作，额定电流为 300 μA，采用半双工通信方式。它具有将 TTL 电平转换为 RS-485 电平的功能。MAX485 芯片与 AT89S51 单片机的接口电路如图 5-21 所示。MAX485 芯片的内部含有一个驱动器和一个接收器。RO 和 DI 端分别为接收器的输出和驱动器的输入端，与单片机连接时只需分别与单片机的 RXD 和 TXD 相连即可；$\overline{RE}$ 和 DE 端分别为接收和发送的使能端，当 $\overline{RE}$ 为"0"时，器件处于接收状态；当 DE 为逻辑"1"时，器件处于发送状态，因为 MAX485 工作在半双工状态，所以只需用单片机的一个引脚控制这两个引脚即可；A 端和 B 端分别为接收和发送的差分信号端，当 A 引脚的电平高于 B 的时，代表发送的数据为"1"；当 A 引脚的电平低于 B 的时，代表发送的数据为"0"。常在 A 和 B 端之间加匹配电阻，一般可选 120 Ω 的电阻。

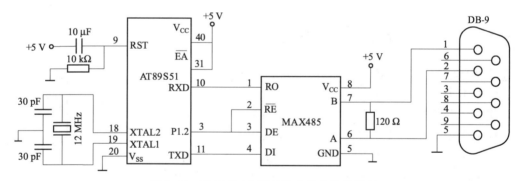

图 5-21　MAX485 电平转换芯片电路接线图

5.4　C51 的中断函数及应用

5.4.1　C51 的中断函数

C51 编译器支持用户在 C51 源程序中直接编写高效的中断服务程序。为了满足编写中断服务程序的需要，C51 编译器增加了一个关键字 interrupt，用于定义中断服务函数，其一般格式为：

函数类型　函数名（形式参数表）［interrupt m］［using n］

其中，关键字 interrupt m 后面的 m 表示中断号，取值范围为 0~31。在 51 系列单片机中，m 通常取以下值。

0：外部中断 0。

1：定时器 0。

2：外部中断 1。

3：定时器 1。

4：串行口。

5：定时器 2。

using n 后面的 n 用于定义函数使用的工作寄存器组，n 的取值范围为 0~3。对应于 51 系列单片机片内 RAM 中的 4 个工作寄存器组。如果不用该选项，则编译器会自动选择一个寄存器组使用。

使用中断服务函数必须注意：中断函数必须是无参数无返回值的函数。如果在中断函数中调用其他函数时，必须保持被调函数使用的寄存器组与中断函数的一致。中断函数是禁止被直接调用的，否则会产生编译错误。中断函数最好写在文件的尾部，并且禁止使用 extern 存储种类说明。

例如：

void　timer1（void）　　interrupt 3　using 3

｛

｝

5.4.2　C51 的中断及定时器编程实例

在 AT89S51 单片机的 P1.0 端接 LED 灯，要求采用定时器控制，使 LED 灯每 2 s 闪烁一次。时钟频率 $f_{osc}=6$ MHz。

说明：外部硬件接线如图 5-22 所示，将 P1.1 的端子接入 P3.5 的定时器计数输入端。设置定时器 T0 采用方式 1，产生周期为 200 ms 脉冲，使 P1.1 每 100 ms 取反一次，同时将 P1.1 输出信号取反后接入 P3.5 作为定时器 T1 的计数脉冲，T1 对下降沿计数，采用方式 2。因此，T1 计 5 个脉冲正好 1 000 ms。T0 与 T1 均采用中断方式。T0 的计数值为 50 000，T1 的计数值为 5。

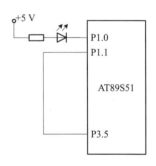

图 5-22　中断定时器外部硬件接线图

参考程序如下：

```
#include<reg51.h>
sbit P10=P1^0;
sbit P11=P1^1;
main( )
{
    P10=0;            /*置灯初始状态灭*/
```

```
    P11 = 1;                        /*保证第一次反相便开始计数*/
    TMOD = 0x61;                    /*T0 方式 1 定时,T1 方式 2 计数*/
    TH0 = -50000/256;               /*预置计数初值*/
    TL0 = -50000%256;
    TH1 = -5;
    TL1 = -5;
    IP = 0x08;                      /*置中断优先级寄存器为 T1 高*/
    EA = 1;ET0 = 1;ET1 = 1;         /*开中断*/
    TR0 = 1;TR1 = 1;                /*启动定时/计数器*/
    for(;;){}                       /*等待中断*/
}
void timer0(void) interrupt 1 using 1    /*T0 中断服务程序*/
{
    P11 = ! P11;                    /*100 ms 到 P1.0 反相*/
    TH0 = -50000/256;               /*重载计数初值*/
    TL0 = -50000%256;
}
void timer1(void) interrupt 3 using 2    /*T1 中断服务程序*/
{
    P10 = ! P10;
}
```

任务训练 1　音乐播放器电路设计与制作

1. 训练目的

① 掌握 AT89S51 单片机中断和定时器的综合应用。

② 学习中断和定时器的编程方法。

③ 掌握单片机全系统调试的过程及方法。

2. 训练内容

用单片机的 P1.0 引脚控制喇叭发出音乐,其电路接线如图 5-23 所示。

仿真:音乐播放器

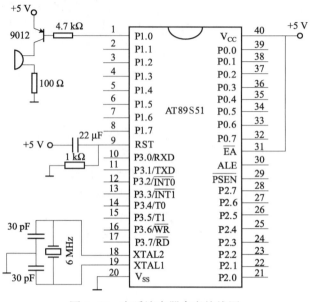

图 5-23 音乐演奏器参考接线图

3. 元器件清单

元器件清单见表 5-7。

表 5-7 音乐播放器元器件清单

序　号	元器件名称	规　　格	数　量
1	51 单片机	AT89S51	1 个
2	晶振	6 MHz 立式	1 个
3	起振电容	30 pF 瓷片电容	2 个
4	复位电容	22 μF　16 V 电解电容	1 个
5	电阻	100 Ω、1 kΩ、4.7 kΩ	各 1 个
6	三极管	9012	1 个
7	蜂鸣器	8 Ω	1 个
8	DIP 封装插座	40 脚集成插座	1 个
9	ISP 下载接口	DC3-10P 牛角座	1 个
10	万能板	150 mm×90 mm	1 块

4. 准备知识及参考程序

音乐主要是由音符和节拍决定的，音符对应于不同的声波频率，而节拍表达的是声音持续的时间。

通过控制定时器定时时间的不同可以产生不同频率的方波，用于驱动喇叭发出不同的音符,再利用延时来控制发音时间的长短,即可控制节拍,把乐谱中的音符和相应的节拍变换成定时常数和延迟常数,作成数据表格存放在存储器中。由程序查表得到定时常数和延迟常数,分别用以控制定时器产生方波的频率和发出该频率方波的持续时间。当延迟时间到时,再查下一个音符的定时常数和延迟常数,依次进行下去。

例:歌曲"新年好"的一段简谱,1=C　1 1 1̇5 | 3 3 3̇1 | 1 3 5̇5 | 4 3 2-|

利用定时器 T1 以方式 1 工作,产生各音符对应频率的方波,由 P1.0 输出驱动喇叭发音。节拍控制通过改变调用延时子程序 D200（延时 200 ms）的次数来实现,以每拍 800 ms 为例,一拍需循环调用 D200 延时子程序 4 次,同理,半拍就需调用两次,设晶振频率为 6 MHz,乐曲中的音符、频率、半周期、定时值的关系见表 5-8。

表 5-8　音符、频率、半周期、定时值的关系

C 调音符	5̣	6̣	7̣	1	2	3	4	5	6	7
频率/Hz	392	440	494	524	588	660	698	784	880	988
半周期/ms	1.28	1.14	1.01	0.95	0.85	0.76	0.72	0.64	0.57	0.51
定时值	FD80	FDC6	FE07	FE25	FE57	FE84	FE98	FEC0	FEE3	FF01

参考程序如下:

```
            ORG    0000H
            LJMP   START
            ORG    001BH           ;定时器中断入口
            MOV    TH1,R1          ;重装定时初值
            MOV    TL1,R0
            CPL    P1.0            ;输出方波
            RETI                   ;中断返回
            ORG    0100H
START:      MOV    TMOD,#10H       ;T1 方式 1
            MOV    IE,#88H         ;允许 T1 中断
            MOV    DPTR,#TAB       ;装入表首址
LOOP:       CLR    A
            MOVC   A,@A+DPTR
            MOV    R1,A            ;定时器高 8 位存 R1
            INC    DPTR
            CLR    A
            MOVC   A,@A+DPTR
            MOV    R0,A            ;低 8 位存 R0
            ORL    A,R1
            JZ     NEXT0           ;全 0 为休止符
            MOV    A,R0
```

	ANL	A,R1	
	CJNE	A,#0FFH,NEXT	;全1表示乐曲结束
	SJMP	START	;从头开始,循环演奏
NEXT:	MOV	TH1,R1	;装入定时值
	MOV	TL1,R0	
	SETB	TR1	
	SJMP	NEXT1	
NEXT0:	CLR	TR1	;关定时器,停止发音
NEXT1:	CLR	A	
	INC	DPTR	
	MOVC	A,@A+DPTR	;查延迟常数
	MOV	R2,A	
LOOP1:	LCALL	D200	;调用延时200 ms子程序
	DJNZ	R2,LOOP1	;控制延时次数
	INC	DPTR	
	AJMP	LOOP	;处理下一音符
D200:	MOV	R4,#81H	;延时200 ms子程序
D200B:	MOV	A,#0FFH	
D200A:	DEC	A	
	JNZ	D200A	
	DEC	R4	
	CJNE	R4,#00H,D200B	
	RET		
TAB:	DB	0FEH,25H,02H,0FEH,25H,02H,0FEH,25H,04H	
	DB	0FDH,80H,04H,0FEH,84H,02H,0FEH,84H,02H	
	DB	0FEH,84H,04H,0FEH,25H,04H,0FEH,25H,02H	
	DB	0FEH,84H,02H,0FEH,0C0H,04H,0FEH,0C0H,04H	
	DB	0FEH,98H,02H,0FEH,84H,02H,0FEH,57H,04H	
	DB	00H,00H,04H,0FFH,0FFH	
	END		

乐谱一：‖ 1 2 3 1 | 1 2 3 1 | 3 4 5 - | 3 4 5 - |
　　　　 | 5 6 5 4 3 ‖ 5 6 5 4 3 ‖ 5 1 - | 5 1 - ‖

乐谱二：‖ 5 6 5 - | 3 2 3 - | 5 3 2 1 | 3 5 1 3 2 - |
　　　　 | 5 6 5 - | 3 2 3 - | 5 3 2 1 | 2 1 2 3 1 - ‖

5. 操作步骤

① 硬件接线。将各元器件按硬件接线图焊接到万能板上。

② 编程并下载。将设计参考程序输入并下载到AT89S51中。

③ 观察运行结果。将ISP下载线拔除，听喇叭是否发出音乐。

6. 编程扩展

① 查找国歌《义勇军进行曲》简谱，设计音乐播放器的乐谱码表。
② 使用 C51 重新编写音乐播放器程序，并下载调试。
③ 增加音乐选择按钮，实现对两首音乐的选择控制。

任务训练 2　双机通信电路设计与制作

1. 训练目的

① 掌握 AT89S51 单片机串行口的应用。
② 学习串行口的编程方法。
③ 掌握单片机全系统调试的过程及方法。

2. 训练内容

用两个 AT89S51 单片机组成通信系统进行数据的接收和发送。单片机 A 的 P1 口接拨动开关 S0~S7，由 CPU 将 P1 口的开关状态经由 TXD 传给单片机 B。单片机 B 将接收的数据输出至 P1 口，通过二极管发光以显示对应的数据。

仿真：双机通信

双机通信硬件电路接线图如图 5-24 所示。

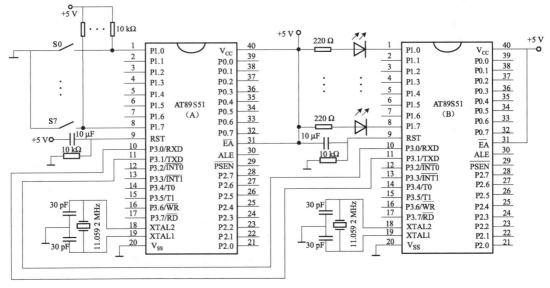

图 5-24　双机通信硬件电路接线图

3. 元器件清单

元器件清单见表 5-9。

表 5-9 双机通信电路元器件清单

序号	元器件名称	规格	数量
1	51 单片机	AT89S51	2 个
2	晶振	11.059 2 MHz 立式	2 个
3	起振电容	30 pF 瓷片电容	4 个
4	复位电容	10 μF 16 V 电解电容	2 个
5	电阻	10 kΩ 电阻	10
6	电阻	220 Ω	8
7	发光二极管	红色或绿色	8
8	拨动开关	8 位红色拨码开关	1
9	DIP 封装插座	40 脚集成插座	2
10	ISP 下载接口	DC3-10P 牛角座	2
11	万能板	150 mm×90 mm	2

4. 参考程序

发送参考程序如下：

```
            ORG    0000H
            AJMP   MAIN
            ORG    0100H
MAIN：      MOV    SP,#60H
            MOV    SCON,#40H    ;串行口以方式 1 工作
            MOV    TMOD,#20H    ;T1 以方式 2 工作
            MOV    TH1,#0FDH    ;波特率 9 600 b/s
            MOV    TL1,#0FDH
            SETB   TR1
            MOV    P1,#0FFH
            MOV    30H,#0FFH    ;设拨码开关初始值
K0：        MOV    A,P1         ;读入拨码开关
            CJNE   A,30H,K1     ;判断与前次是不是相同,不同则跳至 K1
            SJMP   K0
K1：        MOV    30H,A        ;存入拨动开关新值
            MOV    SBUF,A       ;输入 SBUF 发送
WAIT：      JBC    TI,K0        ;是否发送完毕
            SJMP   WAIT
            END
```

接收参考程序如下：

```
            ORG   0000H
            AJMP  MAIN
            ORG   0100H
MAIN：      MOV   SP,#60H
            MOV   SCON,#50H
            MOV   TMOD,#20H
            MOV   TH1,#0FDH
            MOV   TL1,#0FDH
            SETB  TR1
            MOV   P1,#0FFH
K0：        JB    RI,KK       ;是否接收到数据,有则跳至KK
            SJMP  K0
KK：        MOV   A,SBUF      ;将接收到的数据保存到累加器
            MOV   P1,A        ;输出至P1
            CLR   RI          ;清除RI
            SJMP  K0
            END
```

5．操作步骤

① 硬件接线。将各元器件按硬件接线图焊接到万能板上。
② 编程并下载。将设计参考程序分别输入并下载到两个 AT89S51 单片机中。
③ 观察运行结果。将 ISP 下载线拔除，改变拨码开关状态，观察 LED 灯的亮灭。

6．编程扩展

① 试用中断方式重新设计程序。
② 试用 C51 重新编程并下载调试。

本章小结

微课：双机通信仿真

AT89S51 共有 5 个中断源，分别为外部中断 0、定时/计数器 0 溢出中断 T0、外部中断 1、定时/计数器/溢出中断 T1、串行口中断。对应的中断入口地址分别为 0003H、000BH、0013H、001BH 及 0023H。AT89S51 的中断控制由中断允许控制寄存器 IE、中断优先级控制寄存器 IP 完成。

AT89S51 的中断请求的建立由各自的中断的数值状态及 IE 的位状态共同完成，处理过程为：接收中断请求→查询中断级别及判优→关中断、转入中断入口地址→保护现场→开中断→处理中断程序→关中断→恢复现场→开中断→中断返回至上级程序断点处。

不同中断源的中断请求标志在响应后应进行不同的处理。中断请求标志 TF0 和 TF1 由硬件自动清除；来自 $\overline{\text{INT0}}$ 与 $\overline{\text{INT1}}$ 引脚的中断信号的清除与中断触发方式有关。对于下降沿触发方式的外部中断，由硬件自动清除；对于低电平触发方式的外部中断，要采取外接硬件

电路强制清除；串行口的标志位 TI 和 RI，必须用软件来清除。

AT89S51 内部有两个定时/计数器 T0、T1。每个定时/计数器均具备定时或计数功能，在信号上取决于计数脉冲的来源，其功能和计数的长度由 TMOD 寄存器控制。方式 0 的计数最大值为 2^{13}，方式 1 的计数最大值为 2^{16}，方式 2 的计数最大长度为 2^8，T0 可工作于方式 3，T1 在工作方式 3 时常用作串行口的波特率发生器。

AT89S51 的串行口由一块内置的 UART 构成，其工作方式的选择由串行口控制寄存器 SCON 设定。不同的工作方式其发送数据的长度、波特率等有所不同，其中，方式 0 和方式 2 的波特率为定值，方式 1 和方式 3 的波特率与定时器 T1 在工作方式 2 的溢出率有关。

在 C51 源程序中也可以编写中断服务程序。C51 编译器增加了一个关键字 interrupt，用于定义中断服务函数，其一般格式为

函数类型　函数名（形式参数表）［interrupt m］［using n］

思考题与习题

1. 名词解释：
   ① 中断　　　② 中断源
   ③ 中断系统　　④ 中断优先权
   ⑤ 中断嵌套　　⑥ 中断屏蔽

2. AT89S51 单片机中各中断源的中断处理程序的入口地址可否自行设定？当中断处理程序的长度大于 8 B 时如何处理？

3. AT89S51 单片机的中断系统由哪些部件构成？分别有何用处？

4. AT89S51 单片机中断系统有几个中断源？各中断标志如何产生？如何清除？CPU 响应中断时，它们的中断入口地址分别是多少？

5. AT89S51 内部设有几个定时/计数器？它们是由哪些特殊功能寄存器组成的？

6. AT89S51 单片机定时/计数器 T0、T1 有哪几种操作模式？它们有什么区别？

7. AT89S51 单片机定时/计数器在定时或计数工作方式下，其计数脉冲分别由谁提供？定时时间与哪些因素有关？作计数时，对外界计数脉冲频率有何限制？

8. 设单片机的 f_{osc} = 12 MHz，若内部 RAM 的 30H 单元的内容为 55H，则定时器的定时时间为 30 ms；否则定时时间为 15 ms。试对定时/计数器进行初始化编程。

9. 已知 AT89S51 的 f_{osc} = 6 MHz，利用定时/计数器 T0 编程实现 P1.0 端口输出矩形波。要求：矩形波高电平宽度为 50 μs，低电平宽度为 300 μs。

10. 已知 AT89S51 的 f_{osc} = 12 MHz，用定时/计数器 T1 编程实现 P1.0 和 P1.1 引脚上分别输出周期为 2 ms 和 500 μs 的方波。

11. 什么是异步串行通信？它有哪些特点？

12. AT89S51 单片机的串行口由哪些功能部件组成？各有何作用？

13. AT89S51 的串行数据缓冲器只有一个地址，如何判断是发送还是接收信号？

14. AT89S51 的串行口有几种工作方式？各种方式下的数据格式及波特率有何区别？

15. 试用查询方式编写一数据块发送程序。数据块首址为内部 RAM 的 30H 单元，其长

度为 20 B，设串行口工作于方式 1，传送的波特率为 9 600 b/s（f_{osc} = 6 MHz），不进行奇偶校验处理。

16. 试用中断方式编写一数据块接收程序。接收缓冲区首址为内部 RAM 的 20H 单元，接收的数据为 ASCII 码，设串行口工作于方式 1，波特率设定为 1200 b/s（f_{osc} = 11.059 2 MHz），接收时进行奇偶校验，若出错则删除接收的数据。

第 6 章

AT89S51 单片机的显示及键盘接口

本章知识点

- 常用显示器的类型及编程方法。
- 键盘的分类及编程方法。

先导案例

AT89S51 单片机是一块芯片，是集成度很高的微型计算机，但在实际应用中，为了实现人机交互，常需要外接键盘及显示器，以方便用户的使用。单片机外接的键盘常较简单，通常用按钮实现。显示器要求显示的信息不多，因此常使用数码管、点阵或液晶屏实现。图 6-1 所示的计算器、时钟等。

(a)　　　　　　　　　　(b)

图 6-1　键盘与显示器应用案例

(a) 计算器；(b) 电子钟

6.1 显示器及其接口电路

在单片机应用系统中，通常要使用显示器作为输出设备显示系统的状态，常用的显示器有 LED 数码显示器、点阵显示器及液晶显示器 3 种。

6.1.1 LED 数码显示器及其接口电路

动画：数码管的字形码

LED（Light Emitting Diode）是发光二极管的缩写，LED 数码显示器是由若干段发光二极管构成的，当某些段的发光二极管导通时，显示对应的字符。LED 显示器控制简单，使用方便，在单片机中应用非常普遍。7 段 LED 数码显示器的外形及内部连线如图 6-2 所示。

LED 数码显示器内部的发光二极管有共阴极和共阳极两种连接方法，如图 6-2（b）和图 6-2（c）所示。若为共阴极接法，则输入高电平使发光二极管点亮；若为共阳极接法，则输入低电平使发光二极管点亮。使用 LED 显示器时，要注意区分两种不同的接法。为了显示数字或符号，要为 LED 显示器提供代码（字形码），两种接法的字形码是不同的。

微课：数码管分类

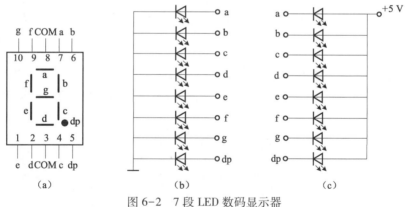

图 6-2 7 段 LED 数码显示器
(a) 引脚图；(b) 共阴极；(c) 共阳极

7 段发光二极管再加上一个小数点位，共计 8 段，提供给 LED 显示器的字形码正好为 1 B，各字形码的对应关系如下所示。

代码位	D7	D6	D5	D4	D3	D2	D1	D0
显示段	dp	g	f	e	d	c	b	a

微课：数码管的字形码

用 LED 显示器显示十六进制数的字形码见表 6-1。

表 6-1 LED 数码管的字形码表

显示字符	共阳极码	共阴极码	显示字符	共阳极码	共阴极码
0	C0H	3FH	9	90H	6FH
1	F9H	06H	A	88H	77H
2	A4H	5BH	B	83H	7CH
3	B0H	4FH	C	C6H	39H
4	99H	66H	D	A1H	5EH
5	92H	6DH	E	86H	79H
6	82H	7DH	F	8EH	71H
7	F8H	07H	"灭"	FFH	00H
8	80H	7FH			

LED 显示器的显示方式分为静态显示和动态显示两种。

1. 静态显示

实际使用的 LED 显示器通常由多位构成，对多位 LED 显示器的控制包括字形控制（显示什么字符）和字位控制（哪些位显示）。在静态显示方式下，每一位显示器的字形控制线是独立的，分别接到一个 8 位 I/O 口上，字位控制线连在一起，接地或+5 V。

动画：数码管静态显示　　微课：1 位数码管显示

例 6-1 图 6-3 所示为两位 LED 显示器与 AT89S51 单片机的接口电路。编程将内部 RAM 中的 BCD1（十进制的个位）和 BCD2（十进制的十位）单元的数值分别显示于两位 LED 显示器上。

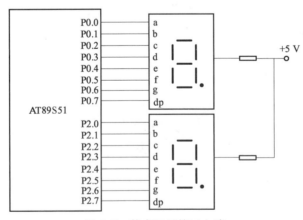

图 6-3 静态显示接口电路

参考程序如下：
    ORG   0050H

```
            BCD1    DATA    50H
            BCD2    DATA    51H
START:      MOV     A,BCD1
            MOV     DPTR,#TAB
            MOVC    A,@A+DPTR       ;查个位字形码
            MOV     P2,A
            MOV     A,BCD2
            MOVC    A,@A+DPTR       ;查十位字形码
            MOV     P0,A
            SJMP    $
TAB:        DB      0C0H,0F9H,0A4H,0B0H,99H
            DB      92H,82H,0F8H,80H,90H
            RET
```

由于每一位 LED 显示器分别由一个 8 位输出口控制字形码，所以显示器能稳定且独立地显示字符，这种方式编程简单，但占用的 I/O 口多，适合于显示器位数少的场合。

静态显示还可以采用串行显示的形式，它是利用 AT89S51 的串行口工作在方式 0（同步移位寄存器方式）时，向串入并出的移位寄存器发送字形码实现显示的，这种工作方式可以用最少的口线，实现多位 LED 显示。常用的移位寄存器有 74LS164、CD4094 等。74LS164 的引脚如图 6-4 所示，其中，Q0~Q7 为并行输出端，A、B 为串行输入端，CK 为时钟输入端，$\overline{CLR}$ 为清 0 端。

由它构成的静态显示电路如图 6-5 所示。图中，74LS164 作为 7 段数码管的输出口，AT89S51 单片机的 P1.3 作为同步脉冲的输出控制线，P1.4 作为 74LS164 的清 0 控制端。

微课：案例：0-9 计数显示

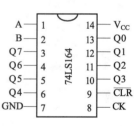

图 6-4　74LS164 的引脚

动画：串行静态显示

仿真：74LS164 显示

例 6-2　设单片机片内 RAM 中以 50H 开始的 3 个单元存放着 3 位待显示的字符，试采用图 6-5 中的串行显示方式，将字符显示出来。

参考程序如下：

```
            ORG     0100H
DISP:       CLR     P1.4            ;显示器熄灭
            SETB    P1.3            ;打开移位脉冲输入
            SETB    P1.4            ;打开74LS164
```

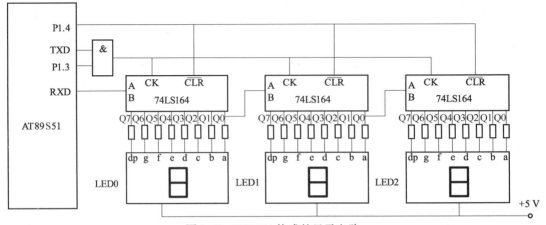

图 6-5　74LS164 构成的显示电路

```
        MOV    SCON,#00H      ;设置串口工作在方式 0
        MOV    R0,#50H        ;设置显示缓冲区首址
        MOV    R2,#03H        ;设置循环次数
        MOV    DPTR,#TAB
LOOP:   MOV    A,@R0
        MOVC   A,@A+DPTR      ;查显示码
        MOV    SBUF,A         ;送显示
WAIT:   JNB    TI,WAIT        ;发送是否完成
        CLR    TI             ;请发送完成标志
        INC    R0
        DJNZ   R2,LOOP        ;未发送完继续
        CLR    P1.3
        RET
TAB:DB         0C0H,0F9H,0A4H,0B0H,99H
    DB         92H,82H,0F8H,80H,90H
```

2. 动态显示

当 LED 显示器位数较多时，为简化电路一般采用动态显示方式。所谓动态显示就是一位一位轮流点亮每位显示器，在同一时刻只有一位显示器在工作（点亮），但由于人眼的视觉暂留效应和发光二极管熄灭时的余辉，将出现多个字符"同时"显示的现象。

微课：动态扫描原理

为了实现 LED 显示器的动态显示，通常将所有位的字形控制线并联在一起，由一个 8 位 I/O 口控制，将每一位 LED 显示器的字位控制线（即每个显示器的阴极公共端或阳极公共端）分别由相应的 I/O 口控制，实现各位的分时选通。

如图 6-6 所示，为 4 位共阳极 LED 显示器与 AT89S51 单片机的接口电路图。单片机的 P2 口作为字位控制口，经 PNP 三极管放大电路接各显示器公共端，P0 口作为字形控制口接显示器的各个输入端。

例 6-3 编程实现 4 位一体共阳极 LED 数码管从左到右显示数字 "1" "2" "3" "4"（参照图 6-6 电路）。

动画：动态显示原理

微课：动态扫描程序设计

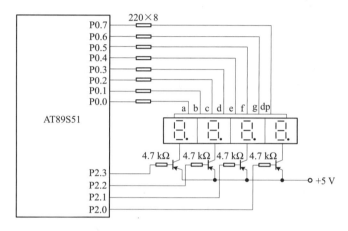

图 6-6 4 位动态 LED 显示接口

编程思路：依次在 P2.0~P2.3 送出低电平，同时在 P0 口送字形码，循环扫描。
参考程序如下：

START:	MOV	40H,#1	;将待显示的数据存入 40H 开始的存储单元中
	MOV	41H,#2	
	MOV	42H,#3	
	MOV	43H,#4	
DISP:	MOV	R0,#40H	;将地址初值送入 R0 寄存器
	MOV	DPTR,#TAB	;将显示码表首地址送 DPTR
	MOV	R2,#4	;设置循环次数，即显示位数
	MOV	R1,#0F7H	;设置从左边开始第一个显示位码
PLAY:	MOV	A,R1	;取字位码
	MOV	P2,A	;送端口控制位选线
	RR	A	;将字位码右移 1 位并保存，为下一次显示做准备
	MOV	R1,A	
	MOV	A,@R0	;取待显示的下一位数据
	MOVC	A,@A+DPTR	;查显示码
	MOV	P0,A	;送段选线
	LCALL	DELAY1ms	
	INC	R0	;指向下一数据存储地址

```
        DJNZ    R2,PLAY         ;控制循环次数,即显示位数
        LJMP    DISP
TAB:    DB      0C0H,0F9H,0A4H,0B0H,99H    ;0~9 的共阳极码表
        DB      92H,82H,0F8H,80H,90H
DELAY1ms:MOV    R6,#14H         ;1ms 延时子程序
DL1:    MOV     R7,#19H
        DJNZ    R7,$
        DJNZ    R6,DL1
        RET
        END
```

当某些字符的显示需要带小数点（dp）时,可将 dp 段引脚通过一个电阻固定接地或 +5 V电源,这种方法适合小数点位置固定的场合。若显示时小数点位置需变动,则可建立小数点位置标志,当程序查得该标志条件满足时,则加入小数点控制位代码,完成带小数点的显示。

在使用动态显示过程中需注意的问题。

① 点亮时间。在动态显示过程中需调用延时子程序,以保证每一位显示器稳定地点亮一段时间,通常延时时间为 1 ms。

② 驱动能力。在动态显示方式下,LED 显示器的工作电流较大,尤其是字位控制线上的驱动电流可达 40~60 mA,为了保证显示器具有足够的亮度,通常需连接驱动器提高驱动能力,常用的驱动器有 7406 和 7407 等。

6.1.2　点阵显示器

点阵显示器实际上就是 LED 显示器,构成显示器的所有 LED 都依矩阵形式排列。点阵显示器主要用来制作电子显示屏,广泛用于火车站、体育场、股票交易厅、大型医院等场合作信息发布或广告显示。其优点是能够根据所需的大小、形状、单色或彩色来进行编辑,利用单片机控制实现各种动态效果或图形显示。

图 6-7　点阵显示器外形

1. 分类和结构

点阵显示器的种类可分为单色、双色、三色几种。依 LED 的极性排列方式,又可分为共阴极与共阳极两种类型。如果根据矩阵每行或每列所含 LED 个数的不同,点阵显示器还可分为 5×7、8×8、16×16 等类型。这里以单色共阳极 8×8 点阵显示器为例,其外形和引脚排列如图 6-7 所示,内部等效电路如图 6-8 所示。

2. 显示原理

由图 6-8 可知,只要让某些 LED 亮,就可以组成数字、英文字母、图形和汉字。从内部结构不难看出,点亮 LED 的方法就是要让该 LED 所对应的 Y 线、X 线加上高、低电平,使 LED

处于正向偏置状态。如果采用直接点亮的方式，则显示形状是固定的；而若采用多行扫描的方式，就可以实现很多动态效果。当然，无论使用哪种形式，都要依据 LED 的亮暗来组成图案。以下针对数字、字母和汉字作简要说明。

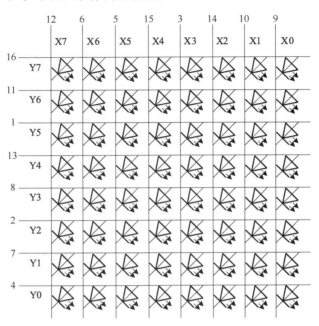

图 6-8　点阵显示器内部结构

数字、字母和简单的汉字只需一片 8×8 点阵显示器就可以显示，但如果要显示较复杂的汉字，则必须要由几个 8×8 点阵显示器共同组合才能完成。图 6-9 给出了几个数字、字母和简单汉字的造型表。

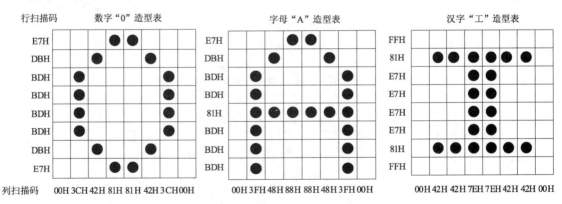

图 6-9　数字"0"、字母"A"和汉字"工"的造型表

点阵显示器的造型表通常以数据码表的形式存放在程序中。使用查表指令"MOVC A，@A+DPTR"或"MOVC A，@A+PC"对其进行读取。

点阵显示器常采用扫描法显示数字或字符的造型。有两种扫描方式：行扫描和列扫描。行扫描就是控制点阵显示器的行线依次输出有效驱动电平，当每行行线状态有效时，分别输出对应的行扫描码至列线,驱动该行 LED 点亮。在图 6-9 中,若要显示数字"0",可先将 Y0 行置"1",X7~X0 输出"11100111(E7H)";再将 Y1 行置"1",X7~X0 输出"11011011(DBH)";按照这种方式,将行线 Y0~Y7 依次置"1",X7~X0 依次输出相应的行扫描码值。

列扫描与行扫描类似,只不过是控制列线依次输出有效驱动电平,当第 n 列有效时,输出列扫描码至行线,驱动该列 LED 点亮。在图 6-9 中,若要显示数字"0",可先将 X0 列置"0",Y7~Y0 输出"00000000(00H)";再将 X1 行置"0",Y7~Y0 输出"00111100(3CH)";按照这种方式,将列线 X0~X7 依次置"0",Y7~Y0 依次输出相应的列扫描码值。

行扫描和列扫描都要求点阵显示器一次驱动一行或一列(8 个 LED),如果不外加驱动电路,LED 会因电流较小而亮度不足。点阵显示器常采用 74LS244、ULN2003 等芯片驱动。

6.1.3 液晶显示器

液晶显示器(LCD)是一种利用液晶在电场作用下,其光学性质发生变化以显示图形的显示器,具有显示质量高、体积小、重量轻、功耗小等优点。它既可以显示字符,也可以显示点阵图形,在仪器仪表及办公设备中应用广泛。

仿真:点阵显示屏

通常,液晶显示器是由液晶显示器件、连接件、集成电路、PCB、背光源、结构件组合在一起而构成一个整体,因此也称为液晶显示模块。液晶显示模块从显示形式上可分为数显式、点阵字符式及点阵图形式 3 种。这里以点阵字符型液晶显示模块 LCD1602 为例,介绍液晶显示器的使用方法。

仿真代码:点阵显示屏

1. LCD1602 液晶显示模块内部结构

字符型液晶显示模块是一类专门用于显示字母、数字、符号等的点阵式的 LCD。它是由若干个 5×7 或 5×11 等点阵字符位组成,每个点阵字符位都可以显示一个字符。LCD1602 是一种 16×2 字符的液晶显示模块,广泛用于数字式便携仪表中,其外形如图 6-10 所示。

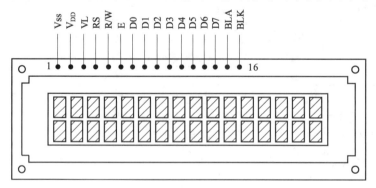

图 6-10 LCD1602 外形

各引脚的说明如下。

V_{SS}:接地端。

V_{DD}:电源正极,+5 V 电压。

VL：液晶显示偏压信号。

RS：数据/命令寄存器选择端。高电平表示选通数据寄存器，低电平表示选通命令寄存器。

R/W：读/写选择端。高电平表示读操作，低电平表示写操作。

E：使能端，高电平有效。

D0~D7：数据输入/输出端。

BLA：背光源正极。

BLK：背光源负极。

2. LCD1602 的控制命令

LCD1602 内部采用一片型号为 HD44780 的集成电路作为控制器。它具有驱动和控制两个主要功能。LCD1602 内部包含了 80B 的显示缓冲区 DDRAM 及用户自定义的字符发生存储器 CGROM，可以用于显示数字、英文字母、常用符号和日文假名等，每个字符都有一个固定的代码，如数字的代码为 30H~39H，大写字母 A 的代码为 41H 等。将这些字符代码输入 DDRAM 中，就可以实现显示。还可以通过对 HD44780 编程实现字符的移动、闪烁等功能。

显示缓冲区的地址分配按 16×2 格式一一对应。如果是第 1 行第 1 列，则地址为 00H；若为第 2 行第 3 列，则地址为 42H。

00	01	02	03	04	05	06	07	08	09	0A	0B	0C	0D	0E	0F	…	27
40	41	42	43	44	45	46	47	48	49	4A	4B	4C	4D	4E	4F	…	67

控制器内部设有一个数据地址指针，可用它访问内部显示缓冲区的所有地址，数据指针的设置必须在缓冲区地址基础上加 80H。例如：要访问左上方第 1 行第 1 列的数据，则指针为 80H+00H=80H。

LCD1602 内部控制器有以下 4 种工作状态。

① 当 RS=0、R/W=1、E=1 时，可从控制器中读出当前的工作状态。

② 当 RS=0、R/W=0、E=上升沿时，可向控制器写入控制命令。

③ 当 RS=1、R/W=1、E=1 时，可从控制器读数据。

④ 当 RS=1、R/W=0、E=上升沿时，可向控制器写数据。

LCD1602 内部的控制命令共有 11 条，这里简单介绍以下比较重要的 5 条。

（1）清屏

RS	R/W	E	D7	D6	D5	D4	D3	D2	D1	D0	功能
0	0	1	0	0	0	0	0	0	0	1	清屏

该命令用于清除显示器，即将 DDRAM 中的内容全部写入"空格"的 ASCII 码"20H"。此时，光标回到显示器的左上方，同时将地址计数器 AC 的值设置为 0。

（2）光标归位

RS	R/W	E	D7	D6	D5	D4	D3	D2	D1	D0	功能
0	0	1	0	0	0	0	0	0	1	×	光标归位

该命令用于将光标送回到显示器的左上方，同时，地址计数器 AC 值设置为"0"，DDRAM 中的内容不变。

（3）模式设定

RS	R/W	E	D7	D6	D5	D4	D3	D2	D1	D0	功能
0	0	1	0	0	0	0	0	1	I/D	S	模式设定

用于设定每写入一个字节数据后，光标的移动方向及字符是否移动。

若 I/D=0、S=0，则光标左移一格且地址计数器 AC 减 1；若 I/D=1、S=0，则光标右移一格且地址计数器 AC 加 1；若 I/D=0、S=1，则显示器字符全部右移一格，但光标不动；若 I/D=1、S=1，则显示器字符全部左移一格，但光标不动。

（4）显示器开关控制

RS	R/W	E	D7	D6	D5	D4	D3	D2	D1	D0	功能
0	0	1	0	0	0	0	1	D	C	B	开关控制

当 D=1 时，显示器显示；D=0 时，显示器不显示。
当 C=1 时，光标显示；C=0 时，光标不显示。
当 B=1 时，光标闪烁；B=0 时，光标不闪烁。

（5）功能设定

RS	R/W	E	D7	D6	D5	D4	D3	D2	D1	D0	功能
0	0	1	0	0	1	1	1	0	0	0	功能设定

表示设定当前显示器的显示方式为 16×2，字符点阵 5×7，8 位数据接口。

3. 接口电路及编程方法

对 LCD1602 的编程分两步完成。首先进行初始化，即设置液晶控制模块的工作方式，如显示模式控制、光标位置控制、起始字符地址等；然后再将待显示的数据传送出去。

仿真：液晶显示器

AT89S51 单片机与 LCD1602 的接口电路如图 6-11 所示。其中，VL 用于调整液晶显示器的对比度，接地时，对比度最高；接正电源时，对比度最低。

例如：设计将字符"A"显示在液晶显示器 LCD1602 屏幕的左上角。

参考程序如下：

```
        ORG     0000H
        LJMP    START
        ORG     000BH
        LJMP    INSE
        ORG     0100H
START:  MOV     TMOD,#00H
        MOV     TH0,#00H
```

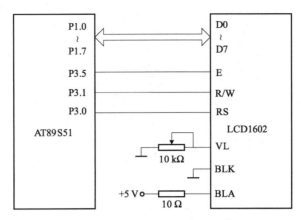

图 6-11　LCD1602 的接口电路

```
        MOV     TL0,#00H
        MOV     IE,#82H
        SETB    TR0
        MOV     R5,#50H
        MOV     SP,#60H
        LCALL   INIT          ;调用初始化程序
        MOV     A,#80H        ;写入显示地址为第一行第一位
        ACALL   WHITE
        MOV     A,#41H        ;字母"A"的代码
        LCALL   WHITEDDR
        SJMP    $
INSE:   MOV     TH0,#00H      ;中断服务子程序
        MOV     TL0,#00H
        DJNZ    R5,NO
        MOV     R5,#50H
NO:     RETI
INIT:   MOV     A,#38H        ;初始化功能设定,显示方式为16×2、字符点阵5×7
        LCALL   WHITE
        MOV     A,#0EH        ;显示器开、光标开、光标不闪烁
        LCALL   WHITE
        MOV     A,#06H        ;字符不动,光标自动右移一格
        LCALL   WHITE
        RET
WHITE:  LCALL   CBUSY         ;写入指令寄存器子程序
        CLR     P3.5          ;提供 E 端上升沿脉冲
        CLR     P3.0          ;使 RS=0,选通命令寄存器
        CLR     P3.1          ;使 R/W=0,发出写信号
```

```
              SETB    P3.5
              MOV     P1,A           ;写控制命令
              CLR     P3.5
              RET
WHITEDDR：LCALL   CBUSY          ;写入数据寄存器子程序
              CLR     P3.5           ;提供 E 端上升沿脉冲
              SETB    P3.0           ;使 RS=1,选通数据寄存器
              CLR     P3.1           ;使 R/W=0,发出写信号
              SETB    P3.5
              MOV     P1,A           ;写显示数据
              CLR     P3.5
              RET
CBUSY：   PUSH    ACC            ;检查忙碌子程序
CLOOP：   CLR     P3.0
              SETB    P3.1           ;使 R/W=1,发出读信号
              CLR     P3.5
              SETB    P3.5
              MOV     A,P1           ;读状态
              CLR     P3.5
              JB      ACC.7,CLOOP    ;若最高位=1,表示 LCD 忙,等待
              POP     ACC
              ACALL   DELAY          ;调延时子程序
              RET
```

6.2 键盘及其接口电路

在单片机应用系统中,通常使用键盘完成人机对话,实现控制命令及数据的输入。键盘分为非编码键盘和编码键盘,由软件完成对按键闭合状态识别的称为非编码键盘,由专用硬件实现对按键闭合状态识别的称为编码键盘。AT89S51 单片机使用非编码键盘,本教材主要介绍非编码键盘及其接口电路。

微课：键盘简介

6.2.1 独立式键盘

独立式键盘采用的是将开关直接与 I/O 口相连的形式,如图 6-12 所示。当任意一个按键被按下,都会使相应的输入端出现低电平;若没有按键按下,则为高电平。在软件设计中,只需不断地查询端口出现低电平的情况,以此判断哪个按键被按下。其典型的程序结构如下。

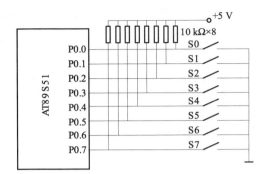

图 6-12 独立式键盘结构

微课：独立式键盘的工作原理

```
KEY:    MOV   A,#0FFH      ;对 P0 口写"1",为输入作准备
        MOV   P0,A
        MOV   A,P0         ;输入按键状态
        JNB   ACC.0,KEY0   ;若 S0 按键按下,则转 KEY0 处理程序
        JNB   ACC.1,KEY1   ;若 S1 按键按下,则转 KEY1 处理程序
        …
```

独立式键盘的结构比较简单，但每个按键都占用了一个口线，因此只适用于按键数量比较少的情况。

6.2.2 矩阵式键盘

当按键数量较多时，可将这些按键按行列构成矩阵，在行列的交点上连接一个按键，因此又称矩阵式键盘或行列式键盘。

微课：独立式键盘的设计

1. 行列式键盘的结构

4×4 行列式键盘的结构如图 6-13 所示。设键盘中有 $m×n$ 个按键，采用矩阵式结构需要 $m+n$ 条口线，图中键盘有 4×4 个按键，则需要 4+4 条口线，若键 4 按下，则 X1 行线与 Y0 列线接通。X1 行若为低电平，则 Y0 列也输出低电平，而其他列输出都为高电平，根据行和列的电平信号就可以判断出按键所处的行和列的位置。

2. 按键的识别

按键的识别就是判断键盘中是否有按键按下，若有按键按下，则确定按键所在的行列的位置和键值。按键的识别方法有扫描法和反转法两种，其中扫描法较为常见，下面以图 6-13 中的键盘为例，说明扫描法识别按键的过程。识别过程如下。

动画：矩阵式键盘工作原理—扫描法

① 判断键盘上有无按键闭合。由 AT89S51 单片机向所有行线 X0~X3 输出低电平"0"，然后读列线 Y0~Y3 的状态，若为全"1"，即键盘上列线全为高电平，则说明键盘上没有按键闭合，若 Y0~Y3 不为全"1"则表明有键按下。

动画：矩阵式键盘工作原理—反转法

② 消抖处理。当判断有键闭合后，需要进行消抖处理。按键是一种机械开关，其机械触点在闭合或断开瞬间，会出现电压抖动现象，如图 6-14 所示。为了保证按键识别的准确性，可采用硬件和软件两种方法进行消抖处理。硬件方法可采用 RS 触发器等消抖电路；软件方法则是采用时间延迟（10 ms），待信号稳定再判别键盘的状态，若仍有按键闭合，则确认有键按下，否则认为是按键的抖动。

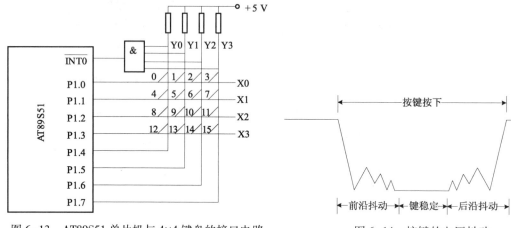

图 6-13 AT89S51 单片机与 4×4 键盘的接口电路　　　　图 6-14 按键的电压抖动

③ 判别键号。将行线中的一条置"0"，若该行无键闭合，则所有的列线状态均为"1"；若有键闭合，则相应的列线会为"0"，依次将行线置"0"，读取列线状态，根据行列线号可获得键号。在图 6-13 中，若 X0~X3 输出为 1 101 时，读出 Y0~Y3 为 1 101，则 X2 行 Y2 列相交的键处于闭合状态，闭合的键号等于为低电平行的首键号与为低电平的列号之和，即：

$$N = 为低电平行的首键号 + 为低电平的列号 = 8 + 2 = 10$$

④ 键的释放。再次延时等待闭合键释放，键释放后将键值送入 A 中，然后执行处理按键对应的功能操作。

6.2.3　键盘的接口及程序设计

单片机对键盘的扫描方式有编程扫描方式、定时扫描方式和中断扫描方式 3 种。

1. 编程扫描方式

编程扫描方式是利用 CPU 的空闲时间，调用键盘扫描子程序，响应键盘的输入请求。图 6-13 中键扫描程序如下：

```
BEGIN:  MOV   R4,#00H         ;R4 寄存器清 0
        MOV   P1,#0F0H        ;P1 口高 4 位置 1
        MOV   A,P1            ;输入 P1 口数据
        ANL   A,#0F0H         ;屏蔽低 4 位
        CJNE  A,#0F0H,DELAY   ;判断有没有键按下,若有调延时
```

仿真代码：矩阵式键盘

仿真：矩阵式键盘

	SJMP	RETU	;转返回
DELAY:	ACALL	DEL10	;10 ms 延时消除抖动
	MOV	A,P1	;重新输入 P1 口数据
	ANL	A,#0F0H	;屏蔽低 4 位
	CJNE	A,#0F0H;PROG	;再次判断是否真有键按下
	SJMP	RETU	;没有返回
PROG:	MOV	R2,#04H	;向 R2 送行扫描次数
	MOV	R3,#01H	;向 R3 送行线初值
SCAN:	MOV	A,R3	
	CPL	A	
	MOV	P1,A	;输出第一行为低电平
	MOV	A,P1	;输入扫描结果列线值
	ANL	A,#0F0H	;屏蔽低 4 位
	CJNE	A,#0F0H,FN	;判断是否为本行键,是转键值处理
	MOV	A,R3	
	RL	A	;修改行线状态使下一行为低电平
	MOV	R3,A	;保存修改后的值
	DJNZ	R2,SCAN	;扫描次数减1,若没完成继续扫描
	SJMP	RETU	
FN:	CPL	A	
	ANL	A,#0F0H	;A 的高 4 位为键所在的列号
	ADD	A,R3	;列号加首键号得按键值
	MOV	R4,A	;按键值送 R4 保存
RETU:	RET		
DEL10:	…		;10 ms 延时子程序(略)

本程序执行后 R4 内容为键值,其中高 4 位为列值,低 4 位为行值。若无键按下,R4 的内容为 00H。根据键值可编写相应的键编码程序,将键值转换成对应的编码,供后续程序使用。关于键编码程序,请参阅相关资料。

在扫描法中,CPU 的空闲时间必须扫描键盘,否则有键按下时 CPU 将无法知道,但多数时间中 CPU 处于空扫描状态,不利于程序的优化。

2. 定时扫描方式

通常利用单片机内部的定时器产生 10 ms 定时中断,CPU 响应中断对键盘进行扫描,响应键盘的输入请求。

3. 中断扫描方式

在图 6-13 中,当有按键按下时,列线中必有一个为低电平,经与门输出低电平,向单片机的$\overline{INT0}$引脚发出中断请求,CPU 执行中断服务程序,判断闭合的键号并进行相应的处理,这种方法可大大提高 CPU 的效率。

任务训练 1　秒表电路设计与制作

1. 训练目的

① 进一步熟悉 AT89S51 单片机外部引脚线路连接。
② 学习数码管静态显示方式的编程及设计。
③ 掌握单片机全系统调试的过程及方法。

2. 训练内容

利用单片机和 2 位 LED 数码管制作一个秒表,其任务要求如下。

① 显示时间为 00~99 s,每秒自动加 1,计满显示"FF"。

仿真:秒表

② 设计一个"开始"按钮 S1 和一个"停止"按钮 S2,按"开始"键,显示秒数从 00 开始;按"停止"键,保持实时时间,停止计时。

硬件电路接线如图 6-15 所示。这里采用静态显示方式将 P0 口和 P2 口接两个共阳极 LED 数码管,并通过 220 Ω 的限流电阻限制通过 LED 数码管的电流。为了控制秒表的启动和清零,使用了按钮复位电路中的复位按键 S1 实现。另一用于停止秒表工作的按键 S2 的一端通过 10 kΩ 的上拉电阻与 P3.2 相连,另一端接地。31 脚 $\overline{EA}$ 与 +5 V 相连,以保证单片机上电复位后从内部程序存储器开始运行程序。

微课:秒表的硬件
电路制作

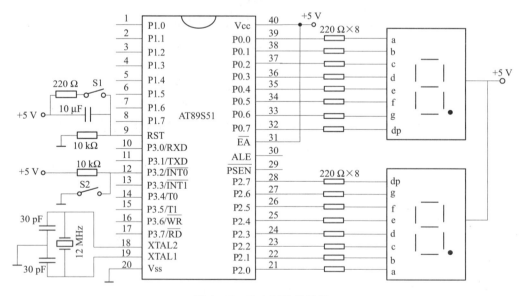

图 6-15　秒表硬件接线图

3. 元器件清单

元器件清单见表 6-2。

表 6-2　秒表电路元器件清单

序　号	元器件名称	规　格	数　量
1	51 单片机	AT89S51	1 个
2	晶振	12 MHz 立式	1 个
3	起振电容	30 pF 瓷片电容	2 个
4	复位电容	10 μF 16 V 电解电容	1 个
5	复位电阻	10 kΩ 电阻	2 个
6	限流电阻	220 Ω 电阻	17 个
7	七段 LED 数码管	共阳极	2 个
8	按钮	四爪微型轻触开关	2 个
9	DIP 封装插座	40 脚集成插座	1 个
10	ISP 下载接口	DC3-10P 牛角座	1 个
11	万能板	150 mm×90 mm	1 块

4. 参考程序

为了将所定时的秒数正确地显示出来，必须设计一个秒计数器，实现每隔 1 s 加 1 的操作，同时，还需要将秒数的累计值转换成十进制数，以备 LED 数码管显示。

由于经过二-十进制转换完成后的数据是数值而不是显示字形码，因此，还需要设计将数值大小转换成字形码的程序，以保证两位数码管正确地显示出秒数的字形。

微课：秒表的软件设计

为了控制秒表计数的停止，每隔 1 ms 检测按键 S2 的状态，以终止计数。

参考程序如下：

```
        ORG    0000H
        LJMP   MAIN
        ORG    0030H
        N      EQU   5FH          ;秒计数器
        BCD1   EQU   5EH          ;BCD 码个位数
        BCD2   EQU   5DH          ;BCD 码十位数
        CRTN1  EQU   5CH          ;个位显示码
        CRTN2  EQU   5BH          ;十位显示码
MAIN:   MOV    SP,#60H
        MOV    N,#00H             ;秒计数器清零
        MOV    P0,#0C0H           ;显示器输入"0"
        MOV    P2,#0C0H
DELAY:  MOV    R7,#04H            ;1 s 延时
```

```
DL1:    MOV     R6,#250
DL2:    MOV     R5,#250
DL3:    NOP
        NOP
        DJNZ    R5,DL3
        JNB     P3.2,MAIN3      ;每 1 ms 检测是否停止计时
        DJNZ    R6,DL2
        DJNZ    R7,DL1
        MOV     A,N
        CJNE    A,#99H,MAIN1    ;判断是否超出显示最大值
        SJMP    MAIN2
MAIN1:  ACALL   NBCD
        ACALL   TBFLIN
        ACALL   DISPLAY
        LJMP    DELAY
MAIN2:  MOV     BCD1,#0FH       ;显示"FF"
        MOV     BCD2,#0FH
        ACALL   TBFLIN
MAIN3:  ACALL   DISPLAY
        SJMP    MAIN3
NBCD:   CLR     A               ;BCD 码转换子程序
        CLR     C
        MOV     A,N             ;取秒计数值
        ADD     A,#1
        DA      A               ;BCD 码调整
        MOV     N,A             ;存回原单元
        ANL     A,#0FH
        MOV     BCD1,A          ;分离个位并保存
        MOV     A,N
        SWAP    A
        ANL     A,#0FH
        MOV     BCD2,A          ;分离十位并保存
        RET
TBFLIN: MOV     A,BCD1          ;查个位显示码
        MOV     DPTR,#DOT
        MOVC    A,@A+DPTR
        MOV     CRTN1,A
        MOV     A,BCD2          ;查十位显示码
        MOVC    A,@A+DPTR
        MOV     CRTN2,A
        RET
```

```
DOT:       DB      0C0H,0F9H,0A4H,0B0H,99H,92H,82H,0F8H
           DB      80H,90H,88H,83H,0C6H,0A1H,86H,8EH
DISPLAY:   MOV     P2,CRTN1              ;输出显示子程序,个位送 P2
           MOV     P0,CRTN2              ;十位送 P0
           RET
           END
```

5. 操作步骤

① 硬件接线：将各元器件按硬件接线图焊接到万能板上。

② 编程并下载：将设计参考程序分别输入并下载到 AT89S51 中。

微课:秒表的程序下载与调试

③ 观察运行结果：将 ISP 下载线拔除，按下起动按钮，观察 LED 数码管的显示数值。按下停止按钮，观察显示器的显示状态。

6. 编程扩展

微课:秒表的仿真调试

① 试用动态显示方式重新设计硬件电路及秒表程序。

② 试用 C51 重新设计秒表程序。

任务训练 2 电子琴电路设计与制作

1. 训练目的

① 学习 AT89S51 单片机与矩阵式键盘的硬件连接。

② 学习矩阵式键盘的编程及设计方法。

③ 掌握单片机全系统调试的过程及方法。

2. 训练内容

利用单片机和矩阵式键盘制作一个电子琴，其任务要求如下。

① 将 4×4 键盘中的 16 个按键作为电子琴的琴键。

② 琴键按下时，发出音符，琴键松开后，停止发音，同时将按下的琴键的键号显示在一位显示器上。

仿真：电子琴

硬件电路接线如图 6-16 所示。

硬件电路主要包括 3 部分，与 P3 口相连的 4×4 键盘，用于模拟电子琴的 16 个琴键，其代表的音符范围从低音 3 到高音 4；与 P2 口相连的一个共阳极 LED 数码管及与 P1.0 相连的喇叭。

3. 元器件清单

元器件清单见表 6-3。

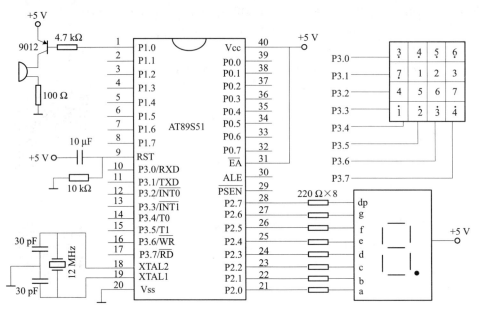

图 6-16 电子琴硬件接线图

表 6-3 电子琴电路元器件清单

序 号	元器件名称	规 格	数 量
1	51 单片机	AT89S51	1 个
2	晶振	12 MHz 立式	1 个
3	起振电容	30 pF 瓷片电容	2 个
4	复位电容	10 μF 16 V 电解电容	1 个
5	复位电阻及上拉电阻	10 kΩ 电阻	5 个
6	七段 LED 数码管	共阳极	1 个
7	4×4 键盘	四爪微型轻触开关	16 个
8	电阻	100 Ω、4.7 kΩ	各 1 个
9	限流电阻	220 Ω	8 个
10	三极管	9012	1 个
11	蜂鸣器	8 Ω	1 个
12	DIP 封装插座	40 脚集成插座	1 个
13	ISP 下载接口	DC3-10P 牛角座	1 个
14	万能板	150 mm×90 mm	1 块

4. 参考程序

与音乐播放器设计思路相同，首先根据每个音符所对应的音频计算出定时器的定时初值。将这些定时初值按顺序依次排列，做成 TABLE2 表格。通过键盘扫描程序，将琴键按下的状态转换为键值，再通过查表程序找到这些键值对应的定时器初值。然后利用定时器中断程序，产生一定频率的方波信号，驱动喇叭发出声音。

参考程序如下：

```
        LINE    EQU     30H
        ROW     EQU     31H
        VAL     EQU     32H
                ORG     0000H
                SJMP    START
                ORG     000BH
                LJMP    INT_T0
START:  MOV     P2,#0FFH
        MOV     TMOD,#01H
LSCAN:  MOV     P3,#0F0H        ;按键扫描程序
L1:     JNB     P3.0,L2
        LCALL   DELAY
        JNB     P3.0,L2
        MOV     LINE,#00H
        LJMP    RSCAN
L2:     JNB     P3.1,L3
        LCALL   DELAY
        JNB     P3.1,L3
        MOV     LINE,#01H
        LJMP    RSCAN
L3:     JNB     P3.2,L4
        LCALL   DELAY
        JNB     P3.2,L4
        MOV     LINE,#02H
        LJMP    RSCAN
L4:     JNB     P3.3,L1
        LCALL   DELAY
        JNB     P3.3,L1
        MOV     LINE,#03H
RSCAN:  MOV     P3,#0FH
C1:     JNB     P3.4,C2
        MOV     ROW,#00H
        LJMP    CALCU
C2:     JNB     P3.5,C3
        MOV     ROW,#01H
        LJMP    CALCU
C3:     JNB     P3.6,C4
```

	MOV	ROW,#02H	
	LJMP	CALCU	
C4:	JNB	P3.7,C1	
	MOV	ROW,#03H	
CALCU:	MOV	A,LINE	;计算键值
	MOV	B,#04H	
	MUL	AB	
	ADD	A,ROW	
	MOV	VAL,A	;根据键值查表得到定时器的定时常数,从而
			;发出不同频率的声音
	MOV	DPTR,#TABLE2	
	MOV	B,#2	
	MUL	AB	
	MOV	R1,A	
	MOVC	A,@A+DPTR	
	MOV	TH0,A	
	INC	R1	
	MOV	A,R1	
	MOVC	A,@A+DPTR	
	MOV	TL0,A	
	MOV	IE,#82H	
	SETB	TR0	
	MOV	A,VAL	;显示键号
	MOV	DPTR,#TABLE1	
	MOVC	A,@A+DPTR	
	MOV	P2,A	
W0:	MOV	A,P3	
	CJNE	A,#0FH,W1	
	MOV	P2,#0FFH	
	CLR	TR0	
	LJMP	LSCAN	
W1:	MOV	A,P3	
	CJNE	A,#0F0H,W2	
	MOV	P2,#0FFH	
	CLR	TR0	
	LJMP	LSCAN	
W2:	SJMP	W0	
INT_T0:	MOV	DPTR,#TABLE2	;定时器中断程序
	MOV	A,VAL	
	MOV	B,#2	

```
                MUL     AB
                MOV     R1,A
                MOVC    A,@A+DPTR
                MOV     TH0,A
                INC     R1
                MOV     A,R1
                MOVC    A,@A+DPTR
                MOV     TL0,A
                CPL     P1.0                          ;输出特定频率的方波,驱动扬声器发声
                RETI
        DELAY:  MOV     R6,#10
        D1:     MOV     R7,#250
                DJNZ    R7,$
                DJNZ    R6,D1
                RET
        TABLE1: DB      0C0H,0F9H,0A4H,0B0H,99H,92H,82H,0F8H   ;共阳极码表
                DB      80H,90H,88H,83H,0C6H,0A1H,86H,8EH
        TABLE2: DW      64021,64103,64260,64400                ;音符计数初值表
                DW      64524,64580,64684,64777
                DW      64820,64898,64968,65030
                DW      65058,65110,65157,65178
                END
```

5. 操作步骤

① 硬件接线：将各元器件按硬件接线图焊接到万能板上。

② 编程并下载：将设计参考程序分别输入并下载到 AT89S51 中。

③ 观察运行结果：将 ISP 下载线拔除，按下各琴键，听喇叭所发出的声音，并观察 LED 数码管的显示数值。试着演奏一首曲子。

6. 编程扩展

试用 C51 重新设计电子琴程序。

本章小结

为了实现人机交互，单片机通过外接键盘输入命令，经显示器将时间、计数值等数据输出。

键盘主要有独立式与矩阵式两种形式。独立式键盘适用于对按键数量要求不多的场合，编程相对容易。当按键数量较多时，常使用矩阵式键盘，编程较难。使用过程中还应注意对键盘的消抖。

显示器主要有 LED 数码管、点阵显示器及液晶显示器三种形式。在单片机应用系统中，使用最多的是 LED 数码管。LED 数码管常用的显示方式有静态显示和动态显示。当所需的显示位数少时常用静态显示，显示位数多时常用动态显示。

思考题与习题

1. 试说明键盘的工作原理，并说明键盘消抖的作用。
2. 试说明扫描法编程的要领。
3. 什么是 LED 的动态显示和静态显示？两种显示方式各有何优缺点？
4. 若要在共阴极数码管上显示"P"，其字形码是多少？
5. 用串行口扩展 4 个 LED 数码管显示电路，编程使数码管轮流显示"ABCD"、"EFGH"，每秒钟变换一次。
6. 用点阵显示器重新设计秒表的硬件电路及软件程序。
7. 用液晶显示器重新设计秒表的硬件电路及软件程序。

第 7 章
AT89S51 单片机的数/模及模/数转换接口

本章知识点

- D/A 及 A/D 转换的基本知识。
- 常用 D/A 转换器及编程方法。
- 常用 A/D 转换器及编程方法。

先导案例

在单片机应用系统中，常会涉及许多如温度、压力、位移和速度等模拟量，这时需要将模拟量转换成数字量后，由单片机进行数据处理，模拟量转换成数字量的过程为模/数转换（A/D 转换），实现模/数转换的器件为模/数转换器（A/D 转换器）；同样，在使用单片机对一些外部设备（如电磁阀、电动机等）进行连续可调控制时，应该将单片机直接输出的数字量转换成模拟量驱动外部设备，数字量转换成模拟量的过程称为数/模转换（D/A 转换），实现数/模转换的器件叫数/模转换器（D/A 转换器）。如图 7-1（a）所示的智能温控器可将被测温度经 A/D 转换器送入温控器进行数据处理；如图 7-1（b）所示的电动执行器可通过 D/A 转换器将控制信号转换为电压大小驱动阀门的开度。

图 7-1 A/D 转换及 D/A 转换应用实例
（a）智能温控器；（b）电动执行器

7.1 数/模转换接口

7.1.1 D/A 转换的基本知识

1. D/A 转换的过程

D/A 转换的基本原理是用电阻解码网络将 N 位数字量逐位转换成模拟量并求和，D/A 转换器的基本结构如图 7-2 所示。

图 7-2 D/A 转换器的基本结构

在进行转换时首先将单片机输出的数字信号传递到数据寄存器中，然后由模拟电子开关把数字信号的高低电平变成对应的电子开关状态。当数字量某位为"1"时，电子开关将基准电压 V_R 接入电阻网络的相应支路，若为"0"时，则将该支路接地。各支路的电流信号经过电阻网络加权后，由运算放大器求和并转换成电压信号，作为 D/A 转换器的输出。

D/A 电阻解码网络通常由 T 型电阻网络构成，关于电阻解码网络的工作原理请参考相关资料。

由于数字量的不连续性，同时 D/A 转换器进行转换及单片机输出数据都需要一定的时间，因此输出的模拟量随时间的变化曲线是呈阶梯状不连续的曲线，如图 7-3 所示。

动画：D/A 转换原理

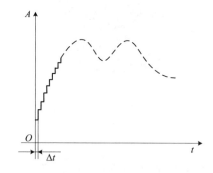

图 7-3 D/A 转换器的输出曲线

图中时间坐标的最小分度 Δt 是相邻两次输出数据的时间间隔，如果 Δt 较小，曲线的台阶较密，就可以近似认为 D/A 转换后的输出电压或电流是连续的。

2. D/A 转换器的主要性能指标

（1）分辨率

D/A 转换器输出模拟量的最小变化量，常用输入数字量的位数来描述。如果 D/A 转换器输入的数字量位数为 n，则它的分辨率为 $1/2^n$，输入数字量位数越多，输出模拟量的最小变化量就越小。

（2）建立时间

从输入数字量到转换为模拟量输出所需的时间，反映 D/A 转换器的速度快慢程度，一般电流型 D/A 转换器比电压型 D/A 转换器快。

（3）转换精度

在 D/A 转换器转换范围内，输入数字量对应的模拟量实际输出值与理论值之间的最大误差，主要包括失调误差、增益误差和非线性误差等。

7.1.2 8位D/A转换器DAC0832

D/A转换器的种类很多，按照输入数字量的位数可分为8位、10位、12位和16位等转换器；按照输入数字量的数码形式可分为二进制码和BCD码等转换器；按传输数字量的方式可分为并行和串行转换器；按输出方式可分为电流输出型和电压输出型转换器；按工作原理可分为T型电阻网络型和权电流型转换器。这里介绍目前使用较为普遍的8位D/A转换器DAC0832及接口电路。

微课：DAC0832芯片引脚

DAC0832是电流输出型转换器，可外接运算放大器转换为电压输出，转换控制方便，价格低廉，应用非常广泛。

1. 内部结构及引脚分配

DAC0832的内部结构如图7-4所示，由8位输入锁存器、8位DAC寄存器、8位D/A转换器和转换控制电路构成，输入锁存器和DAC寄存器构成两级数据输入缓存，通过转换控制电路实现双缓冲、单缓冲或直通3种工作方式。DAC0832采用20脚双列直插式封装，引脚分配如图7-5所示。

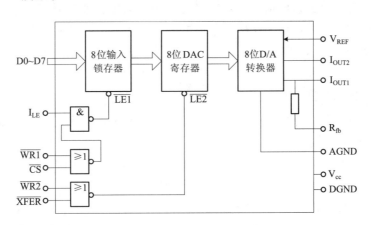

图7-4 DAC0832的内部结构

各引脚功能如下。

D0~D7：8位数字量输入端。

I_{OUT1}、I_{OUT2}：电流输出引脚，电流I_{OUT1}与I_{OUT2}的和为常数。

$\overline{CS}$：片选信号，低电平有效。

I_{LE}：允许锁存信号，高电平有效。

$\overline{WR1}$：写信号1，低电平有效。当$\overline{WR1}$、$\overline{CS}$、I_{LE}均为有效时，将数据写入输入锁存器。

$\overline{WR2}$：写信号2，低电平有效。

$\overline{XFER}$：数据传送控制信号，低电平有效。当$\overline{WR2}$、$\overline{XFER}$有效时，将数据由输入锁存器

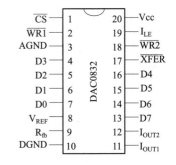

图7-5 DAC0832引脚分配图

送入DAC寄存器。

V_{REF}：基准电压输入端，可在-10～+10 V范围内调节。

R_{fb}：反馈信号输入端，当采用电压输出时，可作为外部运算放大器的反馈电阻端。

V_{CC}：数字电源输入引脚，+5～+15 V。

DGND、AGND：分别为数字地和模拟地。

2. DAC0832的工作方式

DAC0832内部有输入锁存器和DAC寄存器两个缓冲器，由这两个缓冲器的状态可使DAC0832工作在单缓冲器、双缓冲器和直通3种方式下。

直通方式将输入锁存器和DAC寄存器的有关控制信号都置为有效状态，当数字量送到数据输入端时，不经过任何缓冲立即进入D/A转换器进行转换，这种方式一般不用于单片机控制系统。

动画：DAC0832的控制—直通

单缓冲器方式将输入锁存器或DAC寄存器的任意一个置于直通方式而另一个受CPU控制，当数字量送入时只经过一级缓冲就进入D/A转换器进行转换，这种方式适用于只有一路模拟量输出或有几路模拟量输出但不要求同步的系统。

双缓冲方式是输入锁存器和DAC寄存器分别受CPU控制，数字量的输入锁存和D/A转换分两步完成。当数字量被写入输入锁存器后并不马上进行D/A转换，当CPU向DAC寄存器发出有效控制信号时，才将数据送入DAC寄存器进行D/A转换，这种工作方式适用于多路模拟量同步输出的场合。

动画：DAC0832的控制—单缓冲

3. DAC0832的输出方式

DAC0832的输出方式为电流输出型，若需要电压输出可使用运算放大器构成单极性输出或双极性输出，如图7-6所示。

图中若参考电压V_{REF}为-5 V，则单极性输出电路中电压$V_{out}=0～+5$ V；双极性输出电路中电压$V_A=0～+5$ V，$V_{out}=-5～+5$ V。

动画：DAC0832的控制—双缓冲

4. DAC0832与AT89S51单片机的接口

(1) 单缓冲工作方式

图7-7所示为DAC0832采用单缓冲方式与AT89S51单片机的接口电路，允许锁存信号I_{LE}接+5 V，片选信号$\overline{CS}$与单片机的P3.0相连，数据传送控制信号$\overline{XFER}$和写信号$\overline{WR2}$接地，写信号$\overline{WR1}$与单片机的P3.1相连，DAC寄存器处于直通方式，当CPU对DAC0832执行一次写操作，就控制输入锁存器打开，将数据送入D/A转换器进行转换。

微课：DAC0832程序设计　　微课：DAC0832的硬件接口电路

例7-1 利用如图7-7所示电路，在Vout端产生锯齿波信号输出。

参考程序如下：

```
START: CLR    P3.0            ;选通DAC0832芯片
       MOV    A,#00H          ;装入待转换的数据
LOOP:  SETB   P3.1
```

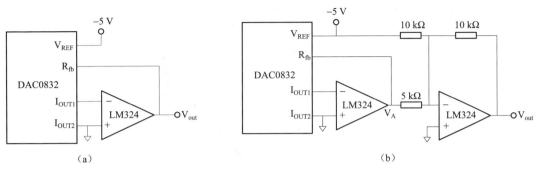

图 7-6 DAC0832 的电压输出电路
（a）单极性输出；（b）双极性输出

```
        MOV     P2,A            ;装载数据至 DAC0832 数据端口
        CLR     P3.1            ;启动 D/A 转换
        ACALL   DELAY           ;延时子程序 DELAY(略)
        INC     A
        AJMP    LOOP
```

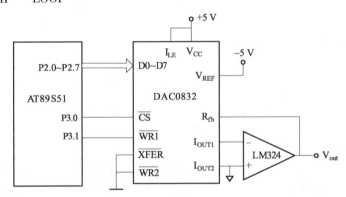

图 7-7 DAC0832 单缓冲方式接口电路

（2）双缓冲工作方式

图 7-8 所示是一个两路模拟量同步输出的 D/A 转换电路，DAC0832 的数据线连接到单片机 P2 端口，允许锁存信号 I_{LE} 接+5 V，两个写信号 $\overline{WR1}$ 和 $\overline{WR2}$ 都接到单片机的 P3.3 上，数据传送控制信号 $\overline{XFER}$ 都接到单片机的 P3.2 上，用于控制同步转换输出，$\overline{CS}$ 分别接单片机的 P3.0 和 P3.1 上，实现输入锁存控制。

例 7-2 利用如图 7-8 所示电路实现两路锯齿波同步输出。

参考程序如下：

```
START:  MOV     R6,#00H
        MOV     R7,#0FFH
LOOP:   CLR     P3.0            ;选通 DAC0832(1)的地址
        SETB    P3.3
        MOV     A,R6            ;将 R6 的数据送 DAC0832(1)的输入锁存器
        MOV     P2,A
```

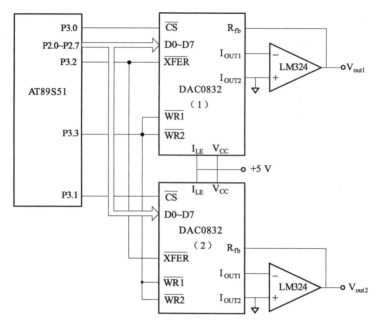

图 7-8 DAC0832 双缓冲方式接口电路

```
        CLR     P3.3
        INC     A
        MOV     R6,A
        SETB    P3.0            ;DAC0832(1)禁用
        CLR     P3.1            ;选通 DAC0832(2)的地址
        SETB    P3.3
        MOV     A,R7            ;将 R7 的数据送 DAC0832(2)的输入锁存器
        MOV     P2,A
        CLR     P3.3
        DEC     A
        MOV     R7,A
        SETB    P3.1
        CLR     P3.2            ;打开两片 DAC0832 的 DAC 寄存器,两路同步输出
        LCALL   DELAY           ;延时子程序(略)
        SETB    P3.2
        AJMP    LOOP
```

微课:DAC0832 仿真案例
三角波发生器

仿真代码:低频
信号发生器

仿真:低频信号
发生器

7.1.3 串行 D/A 转换器 TLC5615 及接口电路

TLC5615 是 TI 公司生产的高性能 10 位电压输出型串行 D/A 转换器,最大输出电压是基准电压值的两倍。具有上电复位功能,即把 DAC 寄存器复位至全零。只需要通过 SPI 串行总线就可以完成 10 位数据的 D/A 转换,适用于电池供电的测试仪表、移动电话,也适用于数字失调与增益调整以及工业控制场合。

1. TLC5615 引脚图及各引脚功能

TLC5615 引脚排列如图 7-9 所示,其芯片各引脚功能如下。

DIN:串行数据输入端。

SCLK:串行时钟输入端。

$\overline{CS}$:芯片选用端,低电平有效。

DOUT:用于级联时的串行数据输出端。

AGND:模拟接地端。

REFIN:基准电压输入端,2~($V_{DD}-2$) V,通常取 2.048 V。

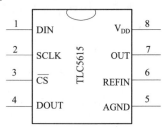

图 7-9 TLC5615 引脚排列

OUT:D/A 转换模拟电压输出端。

V_{DD}:正电源端,电压范围为 4.5~5.5 V,通常取 5 V。

2. TLC5615 的工作时序

TLC5615 工作时序如图 7-10 所示。由图中可以看出,当片选$\overline{CS}$为低电平时,输入数据 DIN 由时钟 SCLK 同步输入或输出,而且最高有效位在前,低有效位在后。输入时在 SCLK 的上升沿把串行输入数据 DIN 移入内部的 16 位移位寄存器,在 SCLK 的下降沿输出串行数据 DOUT,片选$\overline{CS}$的上升沿把数据传送至 DAC 寄存器。

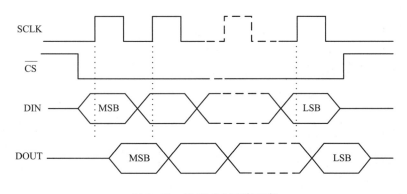

图 7-10 TLC5615 工作时序

当片选$\overline{CS}$为高电平时,串行输入数据 DIN 不能由时钟同步送入移位寄存器;输出数据 DOUT 保持最近的数值不变而不进入高阻状态,输入时钟 SCLK 应当为低电平。

串行数模转换器 TLC5615 的使用方式有两种,即级联方式和非级联方式。如不使用级联方式,DIN 只需输入 12 位数据。DIN 输入的 12 位数据中,前 10 位为 TLC5615 输入的

D/A 转换数据，且输入时高位在前，低位在后，后两位必须写入数值为零的低于 LSB 的位，因为 TLC5615 的 DAC 输入锁存器为 12 位宽。如果使用 TL5615 的级联功能，来自 DOUT 的数据需要输入 16 位时钟下降沿，因此完成一次数据输入需要 16 个时钟周期，输入的数据也应为 16 位。输入的数据中，前 4 位为高虚拟位，中间 10 位为 D/A 转换数据，最后 2 位为低于 LSB 的位即零。

3. TLC5615 接口电路及编程

图 7-11 所示为利用 TLC5615 串行 D/A 转换器实现的波形发生器硬件电路图，其中 AT89S51 产生 SPI 信号驱动 TLC5615 实现数据采样及转换，这里以锯齿波为例说明 TLC5615 转换电路的编程方法。

参考程序如下：

```
        ORG     0000H
```

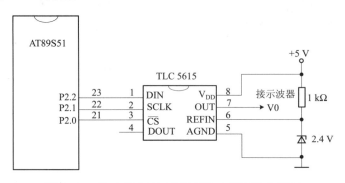

仿真：TLC5615 锯齿波发生器

图 7-11 基于 TLC5615 的波形发生器硬件电路图

```
            LJMP    START
            ORG     0030H
START:      MOV     SP, #60H
MAIN:       CLR     A               ;初始化
            MOV     R1, A           ;高4位清零
            MOV     R0, A           ;低8位清零
COUNT:      LCALL   DAC
            LCALL   DELAY           ;延时子程序（略）
            MOV     A, R0
            ADD     A, #04H         ;转换数据加1，后两位为0
            MOV     R0, A
            CJNE    R0, #00H, COUNT
            MOV     A, R1
            INC     A
            MOV     R1, A
            CJNE    R1, #10H, COUNT
            MOV     R1, #00H
```

```
            SJMP    MAIN
DAC:        CLR     P2.0            ;片选有效
            MOV     R2,#4           ;将要送入的前4位数据位数
            MOV     A,R1            ;前4位数据送累加器低4位
            SWAP    A               ;A中高4位与低4位互换
            LCALL   WR_data         ;DIN输入前4位数据
            MOV     R2,#8           ;将要送入的后8位数据位数
            MOV     A,R0            ;8位数据送入累加器A
            LCALL   WR_data         ;DIN输入后8位数据
            CLR     P2.1            ;时钟低电平
            SETB    P2.0            ;片选高电平,输入的12位数据有效
            RET
WR_data:    NOP                     ;空操作
LOOP:       CLR     P2.1            ;时钟低电平
            RLC     A               ;数据送入位标志位CY
            MOV     P2.2,C          ;数据输入有效
            SETB    P2.1            ;时钟高电平
            DJNZ    R2,LOOP         ;循环送数
            RET                     ;返回
            END
```

7.2 模/数转换接口

7.2.1 A/D转换的基本知识

1. A/D转换过程

A/D转换的功能是把模拟量转换为 n 位数字量,如图7-12所示为A/D转换器的输入和输出关系图。

说明如下:

① 输入A/D转换器的模拟量转换成离散量称为采样,经过采样后输出不连续的物理量,在图7-12中各个孤立的点表示采样结果,每个点的纵坐标代表某个时刻的模拟量,在相邻的两次采样中,A/D转换输出保持前一时刻的值,A/D转换后的输出特性是一条阶梯曲线。

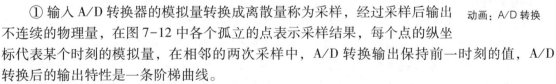
动画:A/D转换

② 相邻两次采样的时间间隔称为采样周期,为了使输出量能充分反映输入量的变化情况,采样周期要根据输入量变化的快慢决定,一次A/D转换所需要的时间应该小于采样周期。

③ 采样输出的离散量转换为相应的数字量称为量化,假设输入的模拟量为 0~4.99 V

时,经 8 次采样输出的离散量分别为 0.00 V、0.71 V、1.42 V、2.13 V、2.84 V、3.55 V、4.28 V 和 4.99 V,则经量化后输出的数字量为 3 位二进制数,离散量与数字量的对应关系如表 7-1 所示。

表 7-1 模拟量与数字量的对应关系

输出离散量/V	0.00	0.71	1.42	2.13	2.84	3.55	4.28	4.99
输出数字量	000	001	010	011	100	101	110	111

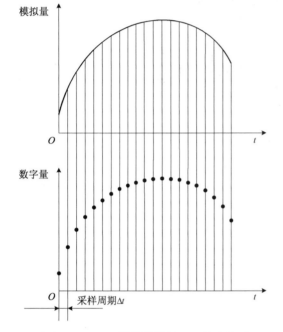

图 7-12 A/D 转换器的输入和输出关系

④ 数字量最低位 LSB(Least Significant Bit,最小有效位)对应的模拟电压称为一个量化单位,如果模拟电压小于此值,则不能转换为相应的数字量。LSB 表示 A/D 转换器的分辨能力,从表 7-1 可知,1LSB = 0.71 V。

为了实现输出数字信号近似于输入模拟信号的指标,必须有足够大的采样频率和转换位数。采样频率越大,采样后的信号越接近输入信号,一般选择采样频率大于 5~10 倍模拟信号的最高频率。A/D 转换器的位数越多,转换后的数字量也越接近于模拟量。

2. A/D 转换器的主要技术指标

① 分辨率:A/D 转换器能分辨的最小模拟输入量,通常用转换数字量的位数表示,如 8 位、10 位、12 位和 16 位等,位数越高,分辨率越高。例如,对于 8 位 A/D 转换器,当输入电压满刻度为 5 V 时,输出数字量的变化范围为 0~255,转换电路对输入模拟电压的分辨能力为 5 V/255 = 19.5 mV。

② 转换时间:A/D 转换器完成一次转换所需的时间。转换时间是软件编程时必须考虑的参数,若 CPU 采用无条件传送方式输入转换后的数据,则从启动 A/D 芯片转换开始到 A/D 芯片转换结束的时间称为延时等待时间,该时间由启动转换程序之后的延时程序实现,延时等待时间必须大于或等于 A/D 转换时间。

③ 量程:A/D 转换器所能转换的输入电压范围。

④ 量化误差:将模拟量转换成数字量过程中引起的误差。

⑤ 精度:数字输出量对应的模拟输入量的实际值与理论值之间的差值。

常用的 A/D 转换器按照转换输出数据方式分为串行与并行两种,并行 A/D 转换器按原理可分为计数式、双积分式、逐次逼近式和并行式 4 种,目前常用的是双积分式和逐次逼近式转换器。

双积分式 A/D 转换器的主要特点是转换精度高、抗干扰能力好、价格便宜,但转换速度较慢,主要应用在转换速度要求不高的场合。目前使用较多的双积分 A/D 转换器芯片有 ICL7106/ICL7107/ICL7126 系列、MC14433 和 ICL7136 等。

逐次逼近式 A/D 转换器的主要特点是转换速度较快、精度较高，转换时间在几微秒到几百微秒之间，典型芯片有 8 位 MOS 型 ADC0801~ADC0805、8 位 CMOS 型 ADC0808/0809 和 ADC0816/0817 等。这里主要介绍 ADC0809 芯片。

7.2.2　8 位 A/D 转换器 ADC0809

1. ADC0809 的内部结构及引脚功能

ADC0809 是一种典型的 8 位 8 通道逐次逼近式 A/D 转换器，其内部逻辑结构如图 7-13 所示。

8 路模拟量开关可选通 8 个模拟通道，允许 8 路模拟量分时输入，共用 1 个 A/D 转换器进行转换，地址锁存与译码电路完成对 ADDA、ADDB 和 ADDC 三个地址位的锁存和译码，译码输出用于 8 路模拟通道的选择，三态输出锁存器用于存放和输出转换得到的数字量。

动画：ADC0809 引脚功能及控制方式

微课：ADC0809 引脚功能

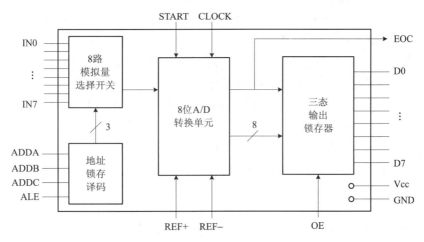

图 7-13　ADC0809 内部逻辑结构框图

ADC0809 芯片为 28 引脚双列直插式封装的芯片，其引脚排列如图 7-14 所示。

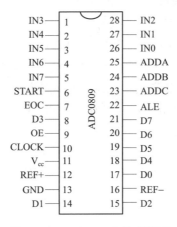

图 7-14　ADC0809 芯片引脚图

各引脚功能如下。

IN7~IN0：模拟量输入通道。

ADDA、ADDB 和 ADDC：8 路模拟通道地址选通输入端，地址状态与通道的对应关系见表 7-2。

表 7-2　ADC0809 通道选择

ADDC	ADDB	ADDA	选择的通道	ADDC	ADDB	ADDA	选择的通道
0	0	0	IN0	1	0	0	IN4
0	0	1	IN1	1	0	1	IN5
0	1	0	IN2	1	1	0	IN6
0	1	1	IN3	1	1	1	IN7

ALE：地址锁存允许信号。在 ALE 信号的上升沿将通道地址锁存至地址锁存器。

START：启动 A/D 转换控制信号。在 START 信号的上升沿，所有内部寄存器清 0；在 START 下降沿时，开始进行 A/D 转换；在 A/D 转换期间，START 保持低电平。

D7~D0：数据输出线。三态缓冲输出形式，与单片机的数据线可以直接相连。

OE：输出允许信号。控制三态输出锁存器向单片机输出转换得到的数据。OE=0，输出数据线呈高阻态；OE=1，输出转换得到的数据。

CLOCK：时钟信号。ADC0809 内部没有时钟电路，需要外接时钟信号，通常使用频率为 500 kHz 的时钟信号。

EOC：转换结束状态信号。EOC=0，正在进行转换；EOC=1，转换结束。EOC 信号可作为查询的状态标志，也可作为中断请求信号使用。

Vcc：+5 V 电源。

GND：地。

REF+、REF-：参考电压。参考电压用来与输入的模拟信号进行比较，作为逐次逼近的基准，其典型值为 REF+为+5 V，REF-为 0 V。

2．接口电路

ADC0809 与 AT89S51 单片机的连接如图 7-15 所示。

将单片机的地址锁存允许信号 ALE 分频后作为 ADC0809 的外部时钟信号，ADC0809 的地址译码引脚 ADDA、ADDB 和 ADDC 接地，选择通道 0。ADC0809 的转换启动信号 START 由单片机的 P1.0 提供，输出允许信号 OE 与 P1.1 相连，执行读操作时将 A/D 转换的结果送入单片机。

微课：ADC0809
硬件接口电路

A/D 转换后的数字量通常采用查询方式和中断方式传送到单片机进行数据处理。单片机通过查询方式测试 EOC 的状态，可判断转换是否完成；单片机也可以把 EOC 状态作为中断信号，用中断方式进行数据传送。

例如：设 ADC0809 与 AT89S51 单片机接口电路如图 7-15 所示，要求将通道 0 的模拟量进行 A/D 转换，并将数据存放在内部 RAM 的 40H 单元中。

参考程序如下：

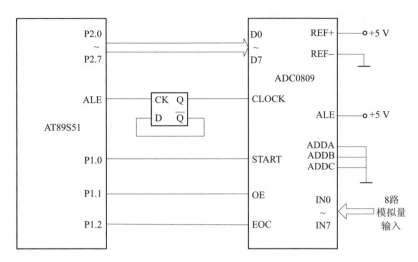

图 7-15 ADC0809 与单片机接口电路

```
            ST      BIT     P1.0
            OE      BIT     P1.1
            EOC     BIT     P1.2
    ORG     0000H
            LJMP    MAIN
    ORG     0030H
MAIN:       MOV     40H,#00H
            CLR     ST
            ACALL   DELAY10MS
            SETB    ST              ;启动 A/D 转换
            ACALL   DELAY10MS
            CLR     ST
            JNB     EOC,$           ;等待转换完成
            SETB    OE              ;允许输出
            MOV     A,P2            ;读转换数据
            CLR     OE
            MOV     40H,A
            SJMP    $
            END
```

微课：ADC0809 程序设计

7.2.3 串行 A/D 转换器 TLC549 及接口电路

TLC549 是 TI 公司生产的一种低价位、高性能的 8 位串行 A/D 转换器，它以 8 位开关电容逐次逼近的方法实现 A/D 转换，其转换速度小于 17 μs，最大转换速率为 40 kHz，典型内部系统时钟为 4 MHz，电源为 3~6 V，总失调误差为±0.5LSB，典型功耗值为 6 mW。采用差分参考电压高阻输入，抗干扰，可按比例量程校准转换范围。它能方便地采用 SPI 串行接口

方式与各种微处理器连接,构成各种廉价的测控应用系统。

1. TLC549 引脚及各引脚功能

TLC549 引脚排列如图 7-16 所示,其芯片各引脚功能如下。

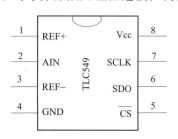

图 7-16 TLC549 外围引脚图

REF+:正基准电压输入端,电压范围为 2.5~Vcc+0.1 V。

REF-:负基准电压输入端,电压范围为 -0.1~2.5 V,且要求 $V_{REF+}-V_{REF-} \geq 1$ V。

V_{CC}:系统电源正极性端,电压范围 3~6 V。

GND:接地端。

$\overline{CS}$:芯片选择输入端,要求输入高电平 $V_{IN} \geq 2$ V,输入低电平 $V_{IN} \leq 0.8$ V。

SDO:转换结果数据串行输出端,与 TTL 电平兼容,输出时高位在前,低位在后。

AIN:模拟信号输入端,模拟信号电压范围 0~V_{CC},当 $V_{AIN} \geq V_{REF+}$ 电压时,转换结果为全"1"(即 0FFH),$V_{AIN} \leq V_{REF-}$ 电压时,转换结果为全"0"(即 00H)。

SCLK:外接 I/O 时钟输入端,用于同步芯片的输入/输出操作,无须与芯片内部系统时钟同步。

2. TLC549 的工作时序

当 TLC549 的引脚 $\overline{CS}$ 变为低电平后,TLC549 芯片被选中,同时前次转换结果的最高有效位 MSB(A7)自 SDO 端输出,接着要求自 SCLK 端输入 8 个外部时钟信号,前 7 个 SCLK 信号的作用,是配合 TLC549 输出前次转换结果的 A6~A0 位,并为本次转换做准备。在第 4 个 SCLK 信号由高至低的跳变之后,片内采样/保持电路对输入模拟量采样开始,第 8 个 SCLK 信号的下降沿使片内采样/保持电路进入保持状态并启动 A/D 转换。转换时间为 36 个系统时钟周期,最大为 17 μs。直到 A/D 转换完成前的这段时间内,TLC549 的控制逻辑要求 $\overline{CS}$ 保持高电平,或 SCLK 时钟端保持 36 个系统时钟周期的低电平。由此可见,在 TLC549 的 SCLK 端输入 8 个外部时钟信号期间需要完成以下工作:读入前次 A/D 转换结果;对本次转换的输入模拟信号采样并保持;启动本次 A/D 转换开始。其工作时序如图 7-17 所示。

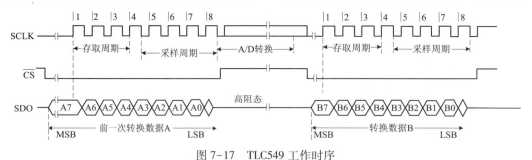

图 7-17 TLC549 工作时序

3. TLC549 接口电路及编程

图 7-18 所示为 TLC549 串行 A/D 转换器与单片机的接口电路,其中 AT89S51 产生 SPI 信号驱动 TLC549 实现数据采样及转换,将转换结果存入 35H 单元。串行 A/D 转换子程序框图为图 7-19。A/D 转换参考程序如下。

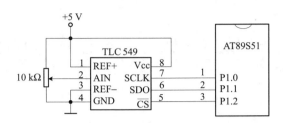

图 7-18　TLC549 与单片机接口电路

```
ADC1:   SETB    P1.2            ;TLC549 转换子程序
        CLR     P1.0            ;初始化
        CLR     A
        MOV     R0,#00H
ADC2:   CLR     P1.2            ;选通 TLC549
        NOP
NEXT:   SETB    P1.0            ;产生转换时钟
        MOV     C,P1.1          ;串行数据输出
        RLC     A
        CLR     P1.0
        INC     R0
        CJNE    R0,#8,NEXT      ;8 位是否都输出
        MOV     R0,#00
        SETB    P1.2
        MOV     35H,A
        RET
```

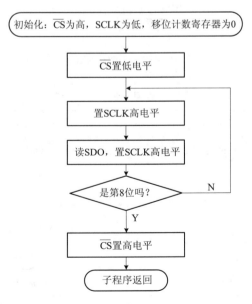

图 7-19　串行 A/D 转换子程序框图

任务训练1 数控电源设计与制作

1. 训练目的

① 熟悉 AT89S51 单片机与 D/A 转换器 DAC0832 的接线方法。

② 学习数/模转换芯片 DAC0832 的编程方法。

③ 进一步掌握单片机全系统调试的过程及方法。

2. 训练内容

用一片 DAC0832 与 AT89S51 单片机连接,设计简易数控电源,通过"+""-"两个按键来控制电压的升降,实现输出电源电压的可调。电路原理如图 7-20 所示。

仿真:数控电源

3. 元器件清单

元器件清单见表 7-3。

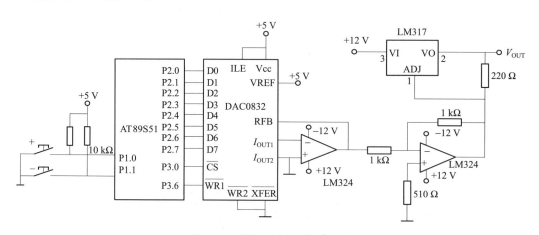

图 7-20 数控电源电路原理图

表 7-3 数控电源元器件清单

序 号	元器件名称	规 格	数 量
1	AT89S51 单片机	AT89S51	1 个
2	晶振	12 MHz 立式	1 个
3	起振电容	30 pF 瓷片电容	2 个
4	复位电容	10 μF 16 V 电解电容	1 个
5	复位电阻	10 kΩ 电阻	1 个
6	D/A 转换器	DAC0832	1 个
7	电阻	10 kΩ、1 kΩ、510 Ω、220 Ω	若干

续表

序 号	元器件名称	规 格	数 量
8	放大器	LM324	1个
9	可调三端稳压器	LM317	1个
10	按键	四爪轻触按键	2个
11	DIP 封装插座	40脚、20脚、14脚	各1个
12	ISP 下载接口	DC3-10P 牛角座	1个
13	万能板	150 mm×90 mm	1块

4. 参考程序

```
            ORG     0000H
            AJMP    MAIN
            ORG     0030H
MAIN：   CLR     P3.0             ;选通 DAC0832
            MOV     R0,#00H          ;置初始值
SAO：    JNB     P1.0,JIA         ;扫描按键是否按下
            JNB     P1.1,JIAN
            AJMP    SAO
JIA：     INC     R0
            MOV     A,R0
            CJNE    A,#00H,SONG
            MOV     R0,#0FFH
            MOV     A,R0
            AJMP    SONG
JIAN：   DEC     R0
            MOV     A,R0
            CJNE    A,#0FFH,SONG
            MOV     R0,#00H
            MOV     A,R0
SONG：  SETB    P3.6             ;数据转换
            MOV     P2,A
            CLR     P3.6
LOP：    MOV     A,P1
            CJNE    A,#0FFH,LOP
            AJMP    SAO
            END
```

5. 操作步骤

① 硬件接线：将各元器件按硬件接线图焊接到万能板上。

② 编程并下载：将设计参考程序输入并下载到 AT89S51 中。

③ 观察运行结果：将 ISP 下载线拔除，分别按下"+"和"-"按键，用万用表测量数控电源的电压输出端，观察电压变化情况。

6. 编程扩展

① 试用串行 D/A 转换器 TLC5615 重新设计程序。

② 试用 C51 重新设计数控电源程序。

任务训练 2　数字电压表设计与制作

1. 训练目的

① 熟悉 AT89S51 单片机与 A/D 转换器 ACD0809 的接线方法。

② 学习模/数转换芯片 ACD0809 的编程方法。

③ 进一步掌握单片机全系统调试的过程及方法。

2. 训练内容

设计一个数字电压表，要求能测量 0~5 V 的直流电压值，并通过 4 位数码管实时显示该电压值。硬件电路如图 7-21 所示。

3. 元器件清单

元器件清单见表 7-4。

仿真：数字电压表

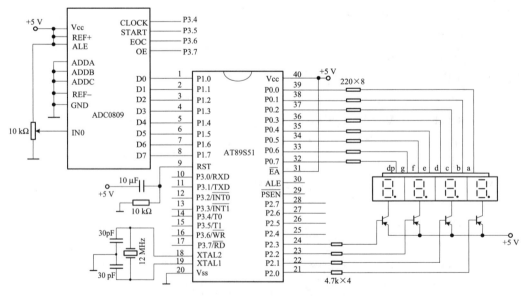

图 7-21　数字电压表硬件电路图

表7-4 数字电压表元器件清单

序 号	元器件名称	规 格	数 量
1	51单片机	AT89S51	1个
2	晶振	12 MHz 立式	1个
3	起振电容	30 pF 瓷片电容	2个
4	复位电容	10 μF 16 V 电解电容	1个
5	复位电阻	10 kΩ 电阻	1个
6	A/D 转换器	ADC0809	1个
7	电阻	220 Ω	若干
8	可调电阻	10 kΩ	1个
9	LED 数码管	共阴极 4 位一体	1个
10	DIP 封装插座	40 脚、28 脚	各1个
11	ISP 下载接口	DC3-10P 牛角座	1个
12	万能板	150 mm×90 mm	1块

4. 参考程序

```
LED_0    EQU    30H
LED_1    EQU    31H
LED_2    EQU    32H
LED_3    EQU    33H
ADC      EQU    35H
CLOCK    BIT    P3.4
ST       BIT    P3.5
EOC      BIT    P3.6
OE       BIT    P3.7
         ORG    0000H
         SJMP   START
         ORG    000BH
         LJMP   INT_T0
         ORG    0030H
START:   MOV    LED_0,#00H
         MOV    LED_1,#00H
         MOV    LED_2,#00H
         MOV    LED_3,#00H
         MOV    DPTR,#TABLE
         MOV    TMOD,#02H
         MOV    TH0,#246
         MOV    TL0,#246
```

```
            MOV     IE,#82H
            SETB    TR0
WAIT:       CLR     ST
            SETB    ST
            CLR     ST
            JNB     EOC,$
            SETB    OE
            MOV     ADC,P1
            CLR     OE
            MOV     A,ADC
            MOV     R7,A
            MOV     LED_3,#00H
            MOV     LED_2,#00H
            MOV     A,#00H
LOOP1:      ADD     A,#20H
            DA      A
            JNC     LOOP2
            MOV     R4,A
            INC     LED_2
            MOV     A,LED_2
            CJNE    A,#0AH,LOOP4
            MOV     LED_2,#00H
            INC     LED_3
LOOP4:      MOV     A,R4
LOOP2:      DJNZ    R7,LOOP1
            ACALL   BTOD1
            LCALL   DISP
            SJMP    WAIT
            ORG     0200H
BTOD1:      MOV     R6,A
            ANL     A,#0F0H
            MOV     R5,#4
LOOP3:      RR      A
            DJNZ    R5,LOOP3
            MOV     LED_1,A
            MOV     A,R6
            ANL     A,#0FH
            MOV     LED_0,A
            RET
```

```
INT_T0: CPL     CLOCK
        RETI
DISP:   MOV     R0,#LED_0
        MOV     R3,#0FEH
        MOV     A,R3
LOOP:   MOV     P2,A
        MOV     A,@R0
        MOVC    A,@A+DPTR
        MOV     P0,A
        ACALL   DELAY
        INC     R0
        MOV     A,R3
        JNB     ACC.3,BACK
        RL      A
        MOV     R3,A
        AJMP    LOOP
BACK:   RET
DELAY:  MOV     R1,#2
D1:     MOV     R2,#250
        DJNZ    R2,$
        DJNZ    R1,D1
        RET
TABLE:  DB      0C0H,0F9H,0A4H,0B0H,99H
        DB      92H,82H,0F8H,80H,90H
        END
```

5. 操作步骤

① 硬件接线：将各元器件按硬件接线图焊接到万能板上。

② 编程并下载：将设计参考程序输入并下载到 AT89S51 中。

③ 观察运行结果：将 ISP 下载线拔除，调节可调电阻，观察 LED 数码管显示值的变化，并用万用表测量 ADC0809 电压输入端电压值，进行比较。

6. 编程扩展

① 试用串行 A/D 转换器 TLC549 重新设计程序。

② 试用 C51 重新设计数字电压表程序。

本章小结

AT89S51 单片机通常可直接处理的数据为数字量或开关量。当需要对模拟量进行处理时，必须外接模/数或数/模转换芯片，将模拟量与数字量进行相互转换，以便实现模拟量的输入和输出。

DAC0832 是一种常用的 D/A 转换芯片，它的工作方式有三种：直通、单缓冲和双缓冲，可通过不同的控制信号实现。它的输出方式为电流型输出，也可通过转换电路实现单极性和双极性电压输出。DAC0832 的转换数据由单片机以并行方式经 I/O 端口输出，编程较简单，但接线较复杂。TLC5615 是一种 10 位电压输出型串行 D/A 转换芯片，它只需要三根线与单片机连接，硬件接线简单，但编程复杂。

ADC0809 是一种常用的 A/D 转换芯片，它是 8 位 8 通道并行 A/D 转换器，编程时可采用查询方式和中断方式实现 A/D 转换。单片机以并行方式通过 ADC0809 将数据采集到 CPU 中，对 A/D 转换的编程控制较简单，但硬件接线较复杂。TLC549 是一种 8 位串行 A/D 转换芯片，它只需要三根线与单片机连接，硬件接线简单，但编程复杂。

思考题与习题

1. 什么是 A/D 转换，什么是 D/A 转换？
2. DAC0832 的工作方式有哪几种，每种方式是如何实现控制的？
3. DAC0832 的输出方式为电压型还是电流型？如何实现双极性输出？
4. A/D 转换器的分辨率是指什么？分辨率若为 12 位，输入电压范围为 0~5 V 时，则 A/D 转换器最小能分辨的电压是多少？
5. 在一个晶振为 12 MHz 的 AT89S51 应用系统中，接有一片 DAC0832，请自行设计其硬件电路。若输出电压为 0~5 V，试编写一个程序，使 DAC0832 输出一个矩形波，波形占空比为 1:4。高电平时电压为 2.5 V，低电平时电压为 1.25 V。
6. 在一个晶振为 12 MHz 的 AT89S51 应用系统中，接有一片 A/D 转换器 ADC0809，请自行设计其硬件电路。若采样的周期为 2 ms/次，试将某一个通道采样的 50 个数依次存放在以 3000H 为首址的片外数据存储区中。
7. 结合数字电压表程序，设计一个能显示输出电压值的数控电源。

第 8 章 AT89S51 单片机的系统扩展

本章知识点

- AT89S51 单片机的总线结构。
- I/O 并行口扩展硬件接线及编程方法。
- 常用串行扩展接口类型及编程方法。

先导案例

在 AT89S51 单片机内部已经集成了 CPU、I/O 口、定时器、中断系统、存储器等计算机的基本部件（即系统资源），使用非常方便，应用于小型控制系统已经足够了。但是当所要设计的单片机应用系统较为复杂时，仍会感到以上资源不足以满足需要，这时就要在 AT89S51 单片机的外部再扩展其他芯片或电路，使相关功能得以扩充，称之为系统扩展（即系统资源的扩充）。单片机系统扩展有并行扩展和串行扩展两种方法。并行扩展通过单片机的三总线（地址总线 AB、数据总线 DB、控制总线 CB）来实现，这种扩展方式硬件结构复杂、占用单片机的端口资源多、抗干扰能力较差。近年来推出了一些非总线型的外围接口芯片，可以方便地使用 SPI 和 I²C 等串行总线标准进行系统扩展。串行扩展接线灵活、占用资源少、抗干扰能力强、功耗低，已成为单片机扩展外围电路的主流方式。图 8-1（a）所示为并行方式扩展的 6264 存储器，图 8-1（b）所示为串行方式扩展的 24C02 存储器。

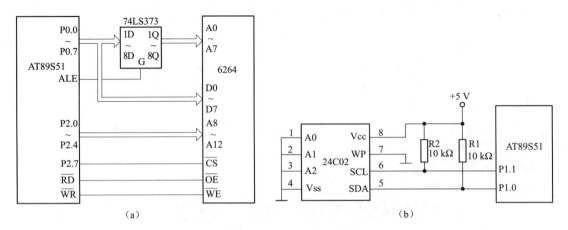

图 8-1 存储器的并行与串行扩展
(a) 并行方式扩展；(b) 串行方式扩展

8.1 AT89S51 单片机的总线结构

8.1.1 单片机系统总线

单片机外部并行扩展以单片机为核心，通过系统总线挂接存储器芯片或 I/O 接口芯片来实现。挂接存储器芯片就是存储器扩展，挂接 I/O 接口芯片就是 I/O 扩展。扩展系统总线结构如图 8-2 所示。

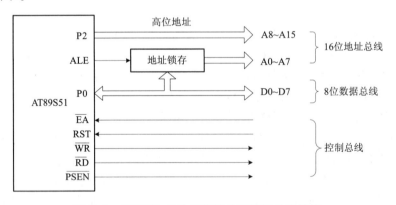

图 8-2 AT89S51 单片机外部并行扩展总线结构

由于 AT89S51 单片机引脚数量有限，外部没有独立的总线，只能利用 I/O 端口实现总线构成。

1. 地址总线

地址总线（Address Bus, AB）用于传送单片机发出的地址信号，以便进行存储单元和 I/O 端口的选择。地址总线的位数决定了可访问存储器或 I/O 口的容量。AT89S51 单片机有

16 条地址线，所以能寻址 64 KB 空间。

AT89S51 单片机的 16 位地址线由 P0 和 P2 口提供。其中，P2 口提供高 8 位地址线；P0 口提供低 8 位地址线。由于 P0 口是低 8 位地址和 8 位数据的复用线，因此必须外接锁存器，用于将先发送出去的低 8 位地址锁存起来，然后才能传送数据。

注意：P0、P2 口在系统扩展中用于地址线后就不能作为一般 I/O 口使用。

2. 数据总线

数据总线（Data Bus，DB）用于在单片机与存储器之间或单片机与 I/O 端口之间传送数据。数据总线是双向的，可以进行两个方向的数据传送。

AT89S51 单片机数据总线为 8 位，由 P0 口提供。在数据总线上可以连接多个外围芯片，但在某一时刻只能有一个有效的数据传送通道。

3. 控制总线

控制总线（Control Bus，CB）实质上是一组控制信号线，用于协调单片机与外围芯片之间的联系。在 AT89S51 进行系统扩展时所用到的控制信号主要包括：地址锁存允许信号 ALE、读片外程序存储器选通信号 $\overline{PSEN}$、片外程序存储器选择信号 $\overline{EA}$、外部数据存储器读、写信号 $\overline{RD}$、$\overline{WR}$ 等。

8.1.2 单片机与外部芯片的并行扩展

各种外围接口电路与单片机的并行扩展是利用三总线实现，方法如下。

1. 地址线的连接

通常将外围芯片的低 8 位地址线经锁存器与 AT89S51 的 P0 口相连，高 8 位地址线与 AT89S51 的 P2 口相连。如果不足 16 位则按从低至高的顺序与 P0、P2 口的各位相连。

外围芯片的片选信号也接至地址总线，常有 3 种接法。

① 接至 AT89S51 剩余的高位地址线，这种接法称为线选法。适用于外围芯片少的情况，接法简单。

② 接至 AT89S51 剩余高位地址线经译码器译码后的输出端，这种接法称为译码法。适用于外围芯片数量较多的情况，但需要增加译码器。

③ 将片选信号直接接地。

2. 数据线的连接

外围芯片的数据线可直接与 AT89S51 的 P0 口相连。

3. 控制线的连接

外围芯片的控制线连接可根据实际需要与 AT89S51 的部分控制总线相连。

例 8-1 图 8-3 为 AT89S51 单片机与 ADC0809 芯片的并行连接电路，试分析 ADC0809 的 8 个输入通道地址。

将单片机的地址锁存允许信号 ALE 分频后作为 ADC0809 的外部时钟信号。ADC0809 的数据线 D0~D7 与单片机的数据总线 P0 口相连。ADC0809 的地址译码引脚 ADDA、ADDB 和 ADDC 分别与单片机地址总线的低三位 A0、A1 和 A2（即 P0.0~P0.2）相连，进行通道选择。ADC0809 的片选信号由 P2.7 来控制，则输入通道 IN0~IN7 的地址为 7FF8H~7FFFH，

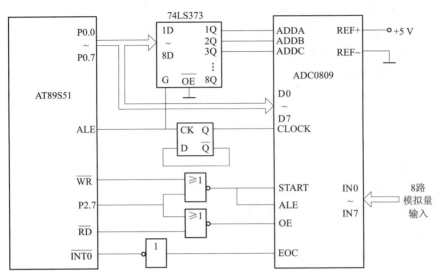

图 8-3 ADC0809 与单片机接口电路

如表 8-1 所示。

表 8-1 ADC0809 各通道地址分配表

选择的通道	P2.7	P2.6~P2.0	P0.7~P0.3	ADDC P0.2	ADDB P0.1	ADDA P0.0	地址
IN0	0	1111111	11111	0	0	0	7FF8H
IN1	0	1111111	11111	0	0	1	7FF9H
IN2	0	1111111	11111	0	1	0	7FFAH
IN3	0	1111111	11111	0	1	1	7FFBH
IN4	0	1111111	11111	1	0	0	7FFCH
IN5	0	1111111	11111	1	0	1	7FFDH
IN6	0	1111111	11111	1	1	0	7FFEH
IN7	0	1111111	11111	1	1	1	7FFFH

启动信号 START 由单片机的写信号 $\overline{WR}$ 和 P2.7 共同提供，将 ALE 与 START 相连，执行外部存储器写操作命令"MOVX @ DPTR，A"时启动 ADC0809；输出允许信号 OE 由单片机读信号 $\overline{RD}$ 和 P2.7 共同控制，执行外部存储器读操作命令"MOVX A，@ DPTR"时将 A/D 转换的结果送入单片机。

8.2 并行接口的扩展

在 AT89S51 系列单片机扩展的应用系统中，P0 口和 P2 口常用来作为外部存储器及扩展 I/O 接口的地址线，而不能作为单纯的 I/O 接口使用；只有 P1 口及 P3 口的某些位可直接用于 I/O 口。因此，单片机提供给用户的 I/O 接口线并不多，对于复杂一些的应用系统都需要进行 I/O 接口的扩展。

扩展 I/O 端口的方法主要有两种，一种是利用数据缓冲器或数据锁存器构成简单的并行 I/O 接口，如 74LS244、74LS373、74LS273、74LS377 等；另一种是利用可编程的专用芯片扩展 I/O 接口，如 8255 或 8155。

8.2.1 并行 I/O 口的简单扩展

在单片机应用系统中，常采用 TTL 电路或 CMOS 电路构成的缓冲器或锁存器扩展各种 I/O 接口（以 TTL 电路为例）。单片机将外部扩展的 I/O 接口和片外数据存储器统一编址，每个扩展的 I/O 接口均相当于一个扩展的外部数据存储器单元，对扩展 I/O 接口的读/写操作采用 MOVX 指令，并用 $\overline{RD}$ 和 $\overline{WR}$ 作为输入或输出控制。

将 TTL 芯片用于输入或输出接口时，要求接口电路具有三态缓冲或锁存选通功能。当传送数据的保持时间较长时，可用三态门扩展 8 位并行输入接口。当传送数据的保持时间较短时，应采用锁存器扩展 8 位并行输入接口。为了增加抗干扰能力，可采用带允许控制端的锁存器作为输出接口。如图 8-4 所示为常用的 I/O 接口芯片引脚图。表 8-2 为它们的真值表。

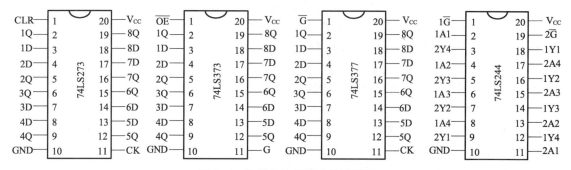

图 8-4　常用 I/O 扩展芯片引脚图

表 8-2　常用 I/O 芯片真值表

74LS273 真值表

CLR	CK	D	Q
0	×	×	0
1	↑	1	1
1	↑	0	0
1	0	×	保持

74LS377 真值表

$\overline{G}$	CK	D	Q
1	×	×	保持
0	↑	1	1
0	↑	0	0
×	0	×	保持

74LS373 真值表

$\overline{OE}$	G	D	Q
0	1	1	1
0	1	0	0
0	0	×	保持
1	×	×	高阻

74LS244 真值表

$\overline{G}$	A	Y
0	0	0
0	1	1
1	×	高阻

图 8-5 所示为一个简单的 I/O 扩展电路，由 74LS244 作为输入口，74LS273 作为输出

口，将输入的按键状态通过发光二极管显示出来。

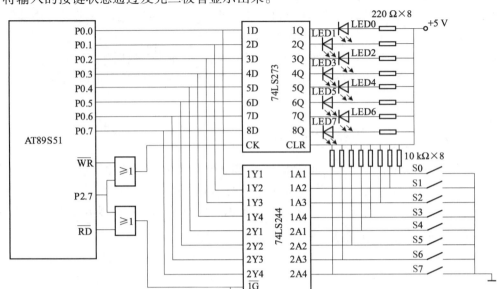

图 8-5　简单 I/O 口扩展电路

图 8-5 中可见，P0 口为双向口，既能从 74LS244 输入数据，又能将数据传送给 74LS273 输出。输入控制信号由 P2.7 和 $\overline{RD}$ 经或门合成一负脉冲信号，选通 74LS244，将外部开关状态输入单片机的输入口。输出控制信号由 P2.7 和 $\overline{WR}$ 经或门合成负脉冲的上升沿（后沿）信号，将 P0 口数据输出送到 74LS273 的数据输出端控制发光二极管的亮灭。

输出和输入都是在 P2.7 为低电平时有效，因此 74LS273、74LS244 的接口地址都是 7FFFH，由于分别采用 $\overline{RD}$ 和 $\overline{WR}$ 信号控制，不会发生读写冲突。对图 8-5 电路可用以下程序实现读写控制：

```
MOV    DPTR,#7FFFH
MOVX   A,@DPTR         ;通过 74LS244 读
MOVX   @DPTR,A         ;通过 74LS273 写
```

如果系统中还有其他扩展接口电路，应考虑将其地址空间区分开来，以防止地址重叠。

在选择触发器或锁存器作为接口芯片时，应注意芯片的不同特点。触发器采用边沿触发传送数据，锁存器采用电平触发传送数据。如作为锁存器的 74LS373 是高电平有效；而作为触发器的 74LS273 是脉冲的上升沿有效。

8.2.2　8155 可编程接口芯片

8155 芯片是单片机应用系统中广泛使用的可编程接口芯片之一，包含两个 8 位 I/O 并行接口和一个 6 位 I/O 并行接口，一个 14 位的减 1 定时/计数器及 256B 片内 RAM。其内部结构及引脚排列如图 8-6 所示。

1. 引脚说明

8155 芯片为 40 引脚双列直插式芯片，如图 8-6（b）所示。

第 8 章 AT89S51 单片机的系统扩展

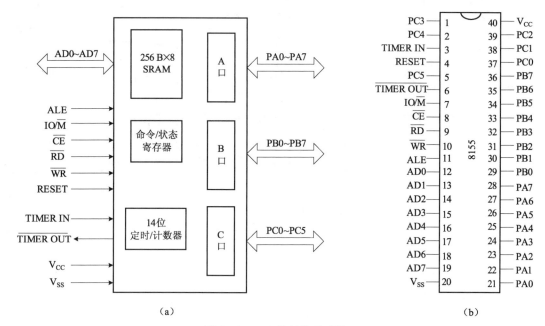

图 8-6　8155 的结构及引脚
（a）内部结构；（b）引脚

各引脚功能如下。

PA0~PA7：A 口输入/输出线。

PB0~PB7：B 口输入/输出线。

PC0~PC5：C 口输入/输出线。

AD0~AD7：三态地址/数据复用线，可以直接与 AT89S51 单片机的 P0 端口连接，地址锁存允许信号 ALE 的下降沿将 8 位地址锁存在 8155 内部地址锁存器中，该地址既可作为存储器的低 8 位地址，也可作为 I/O 接口的通道地址，具体功能由输入的 $IO/\overline{M}$ 信号的状态决定。

RESET：复位信号线，高电平有效，复位后 3 个 I/O 接口均为输入方式。

ALE：地址锁存允许信号线，下降沿有效，可直接与 AT89S51 单片机的 ALE 引脚相连。

$\overline{CE}$：片选信号线，低电平有效。

$IO/\overline{M}$：I/O 口和片内 RAM 选择信号线。当 $IO/\overline{M}=1$ 时，选择 I/O 口；当 $IO/\overline{M}=0$ 时，选择读写片内 RAM。

$\overline{WR}$：写选通信号线，低电平有效。

$\overline{RD}$：读选通信号线，低电平有效。

TIMER IN：定时/计数器时钟输入端。

$\overline{\text{TIMER OUT}}$：定时/计数器脉冲输出端。

V_{CC}：+5 V 电源输入端。

V_{SS}：接地端。

2. 8155 端口及内存地址分配

8155 内部有 7 个寄存器，需要 3 条地址线，端口地址分配见表 8-3。

表 8-3　8155 端口地址分配表

$\overline{OE}$	IO/$\overline{M}$	A7	A6	A5	A4	A3	A2	A1	A0	所选寄存器或端口
0	1	×	×	×	×	×	0	0	0	命令/状态寄存器
0	1	×	×	×	×	×	0	0	1	A 口
0	1	×	×	×	×	×	0	1	0	B 口
0	1	×	×	×	×	×	0	1	1	C 口
0	1	×	×	×	×	×	1	0	0	定时/计数器低 8 位
0	1	×	×	×	×	×	1	0	1	定时/计数器高 8 位
0	0	×	×	×	×	×	×	×	×	内部 RAM 单元

3. 8155 命令/状态寄存器

使用 8155 芯片时必须先定义后使用，即对命令寄存器写入相应的控制数据，以实现 8155 芯片不同的工作方式。8155 芯片的命令寄存器与状态寄存器处于同一地址单元，前者只能写入控制信号，后者只能读出状态信息。

8155 芯片的命令寄存器由 8 位锁存器组成，将工作方式控制字写入命令寄存器内，可设定 8155 芯片的工作方式并实现对中断和定时/计数器的控制，工作方式控制字共有 8 位，定义如下。

D7	D6	D5	D4	D3	D2	D1	D0
TM2	TM1	IEB	IEA	PC2	PC1	PB	PA

PB、PA：控制端口 B 与 A 的数据传送方式。"0" 为输入方式；"1" 为输出方式。
PC2、PC1：控制端口工作方式，见表 8-4。

表 8-4　端口的工作方式

PC2	PC1	端口的工作方式
0	0	A、B 口为基本输入输出，C 口为输入
0	1	A、B 口为基本输入输出，C 口为输出
1	0	A 口为选通输入输出，B 口为基本输入输出，PC0~PC2 为控制信号，PC3~PC5 为输出
1	1	A、B 口均为选通输入输出，C 口为控制信号

TM2、TM1：控制定时/计数器工作方式，见表 8-5。

表 8-5　定时/计数器工作方式

TM2	TM1	定时/计数器的工作方式
0	0	空操作，不影响计数操作

续表

TM2	TM1	定时/计数器的工作方式
0	1	停止定时/计数器工作
1	0	定时/计数器计满后,立即停止工作
1	1	置方式和长度后,立即启动计数器工作

IEB、IEA:控制端口 B 与 A 的中断。"0"为禁止中断;"1"为允许中断。

在不同工作方式下,C 口各位的功能不同,通过对 C 口的各位进行编程,实现 A 口、B 口在选通工作方式下的控制信号,见表 8-6。

表 8-6 C 口的控制分配表

方式	通用 I/O 方式		选通 I/O 方式	
PC1PC0	00	01	10	11
PC0	输入	输出	INTRA(A 口中断)	INTRA(A 口中断)
PC1	输入	输出	BFA(A 口缓冲器满)	BFA(A 口缓冲器满)
PC2	输入	输出	$\overline{STBA}$(A 口选通)	$\overline{STBA}$(A 口选通)
PC3	输入	输出	输出	INTRB(B 口中断)
PC4	输入	输出	输出	BFB(B 口缓冲器满)
PC5	输入	输出	输出	$\overline{STBB}$(B 口选通)

8155 芯片的状态寄存器由 8 位锁存器构成,只读不写,CPU 读取指令后判断 8155 的工作状态。

8155 芯片的状态字由 7 位组成,最高位空出不用,其余各位定义如下。

D7	D6	D5	D4	D3	D2	D1	D0
×	TIMER	INTEB	BFB	INTRB	INTEA	BFA	INTRA

TIMER:定时/计数器中断标志。"0"表示定时/计数器尚未计满;"1"表示定时/计数器溢出中断。

INTEB:B 口中断允许标志。"0"表示禁止中断;"1"表示允许中断。

BFB:B 口缓冲器空/满标志。"0"表示空;"1"表示满。

INTRB:B 口中断请求标志。"0"表示无中断;"1"表示有中断。

INTEA:A 口中断允许标志。"0"表示禁止中断;"1"表示允许中断。

BFA:A 口缓冲器空/满标志。"0"表示空;"1"表示满。

INTRA:A 口中断请求标志。"0"表示无中断;"1"表示有中断。

4. 8155 芯片的定时/计数器及其使用

8155 芯片的定时/计数器是一个 14 位的减法计数器,可以对输入定时/计数器的脉冲进行计数。与 AT89S51 内部的定时/计数器类似,在使用前必须先装入计数初值。其格式如下。

D15	D14	D13	D12	D11	D10	D9	D8	D7	D6	D5	D4	D3	D2	D1	D0
M2	M1	T13	T12	T11	T10	T9	T8	T7	T6	T5	T4	T3	T2	T1	T0

其中 T0~T13 为初值，M1、M2 用于控制定时/计数器的输出方式。8155 芯片的定时/计数器在到达最后一个计数值时，将在 $\overline{\text{TIMER OUT}}$ 端输出矩形波或脉冲。其输出方式由 M1、M2 的状态决定，见表 8-7。

表 8-7 定时/计数器输出方式设置

M2	M1	输出方式	波　形
0	0	单方波	
0	1	连续方波（自动重装初值）	
1	0	单脉冲	
1	1	连续脉冲（自动重装初值）	

5. 8155 芯片应用举例

例 8-2 图 8-7 所示为 AT89S51 单片机与 8155 的接口电路，试编程将单片机片内 30H 单元起始的内容依次存入 8155 内部 RAM 50H 开始的单元中，长度为 20H 字节。

编程思路：根据电路图可知，P2.7 与 $\overline{\text{CE}}$ 相连，P2.0 与 IO/$\overline{\text{M}}$ 相连，则 8155 内部 RAM 的地址范围为 7E00H~7EFFH，命令状态口的地址为 7F00H，A 口的地址为 7F01H，B 口的地址为 7F02H，C 口的地址为 7F03H。

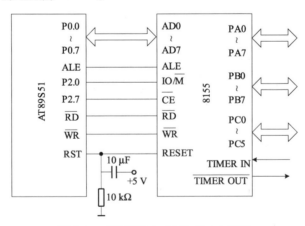

图 8-7 AT89S51 与 8155 接口电路图

参考程序如下：
　　　　ORG　　0100H

```
START: MOV    R0,#30H        ;R0 指向 AT89S51 片内 RAM 首地址
       MOV    DPTR,#7E50H    ;DPTR 指向 8155 内部 RAM 首地址
       MOV    R7,#20H
LOOP:  MOV    A,@R0
       MOVX   @DPTR,A        ;写入数据
       INC    R0
       INC    DPTR
       DJNZ   R7,LOOP        ;20H 字节未完,继续
       SJMP   $
       END
```

例 8-3 如图 8-7 所示,要求编程实现每秒从 A 口读入一次数据送 B 口。

参考程序如下：

```
       ORG    0100H
START: MOV    DPTR,#7F00H    ;DPTR 指向命令寄存器地址
       MOV    A,#02H         ;命令字 00000010B,A 口输入,B 口输出
       MOVX   @DPTR,A        ;初始化 8155
LOOP:  MOV    DPTR,#7F01H    ;DPTR 指向 A 口地址
       MOVX   A,@DPTR        ;从 A 口取数据
       MOV    DPTR,#7F02H    ;DPTR 指向 B 口地址
       MOVX   @DPTR,A        ;送 B 口
       ACALL  DELAY          ;调用 1 s 延时(略)
       SJMP   LOOP
       END
```

例 8-4 如图 8-7 所示,要求编程实现使TIMER OUT端产生方波,且为 TIMER IN 端输入脉冲的 30 分频。

参考程序如下：

```
       ORG    0100H
START: MOV    DPTR,#7F04H    ;送低 8 位计数值
       MOV    A,#1EH
       MOVX   @DPTR,A
       INC    DPTR           ;送高 6 位计数值
       MOV    A,#40H         ;设置 M2M1 = 01,输出脉冲为连续方波
       MOVX   @DPTR,A
       MOV    DPTR,#7F00H    ;启动计数器工作
       MOV    A,#0C0H        ;设置工作方式控制字
       MOVX   @DPTR,A
       END
```

仿真案例：8155 动态显示

8.3 I²C 总线扩展

8.3.1 I²C 串行总线概述

单片机应用系统中使用的串行扩展方式主要有 Philips 公司的 I²C（Inter IC）总线、Motorola 公司的 SPI（Serial Peripheral Interface，串行外设接口）和 Dallas 公司的单总线(1-Wire)。

I²C 总线是由 Philips 公司推出的一种双向二线制串行传输总线。具有控制方式简单灵活，器件体积小，通信速率高、低功耗等特点。I²C 总线允许接入多个器件，如 A/D 及 D/A 转换器、存储器等。总线上的器件既可作为发送器，也可作为接收器。按照一定的通信协议进行数据交换。在每次数据交换开始时，作为主控器的器件需要通过总线竞争获得主控权。每个器件都具有唯一的地址，各器件间通过寻址确定接收方。

目前很多单片机内部都集成了 I²C 总线接口，对 AT89S51 单片机而言，内部没有集成 I²C 总线接口，但可以通过软件实现 I²C 总线的通信。

I²C 总线是由串行数据线 SDA 和串行时钟线 SCL 构成的总线，可以发送和接收数据。在 CPU 和被控制器件间双向传送，最高传送速率为 400 kb/s。SDA 是双向串行数据线，用于地址、数据的输入和数据的输出，使用时需加上拉电阻。SCL 是时钟线，为器件数据传输的同步时钟信号。

I²C 总线的通信协议可简述如下。

当总线处于等待状态时，数据线 SDA 和时钟线 SCL 都必须保持高电平状态。

当时钟线 SCL 保持高电平时，且数据线 SDA 出现由高变低的变化时，为 I²C 总线工作的起始信号，此时 I²C 被启动。当 SCL 为高电平时，且 SDA 由低变高时，为 I²C 总线停止信号，此时 I²C 总线停止数据传送。SDA 上的数据在 SCL 高电平时必须稳定，在 SCL 低电平时才允许变化。

在 I²C 总线开始信号后，送出的第一个字节数据是用来选择从器件地址，其中前 7 位为地址码，第 8 位为方式位（R/$\overline{W}$）。方式位为"0"表示发送，即 CPU 把信息写到所选择的接口或存储器；方式位为"1"表示 CPU 将从接口或存储器读信息。系统发出开始信号后，系统中的各个器件将自己的地址和 CPU 发送到总线上的地址进行比较，如果与 CPU 发送到总线上的地址一致，则该器件即为被 CPU 寻址的器件，其接收信息还是发送信息则由第 8 位（R/$\overline{W}$）确定。

在 I²C 总线上以字节为单位进行传送，每次先传送最高位。每次先传的数据字节数不限，在每个被传送的字节后面，接收器都必须发一位应答位（ACK），总线上第 9 个时钟脉冲对应于应答位，数据线上低电平为应答信号，高电平为非应答信号。待发送器确认后，再发下一数据。

数据格式如下：

| 起始位 | 从器件地址 | R/$\overline{W}$ | ACK | 数据 | ACK | 数据 | ACK | … | 停止位 |

8.3.2 24CXX 系列存储器使用

串行 E²PROM 是可以电擦除和电写入的存储器，具有体积小、接口简单、数据保存可靠、可在线改写、功耗低等特点，常用于单片机应用系统掉电时保存一些重要的数据。

AT24CXX 系列 E²PROM 是典型的 I²C 总线接口器件。具有功耗低、工作电压宽（1.8~5.5 V）、擦写次数多（大于 10 000 次）、写入速度快（小于 10 ms）、硬件写保护等特点。

图 8-8 为 AT24CXX 器件的引脚图。图中 A0、A1、A2 是三条地址线，用于确定从芯片的器件地址。Vcc 和 Vss 分别是为正、负电源。SDA 为串行数据输入/输出，数据通过这条双向 I²C 总线串行传送。SCL 为串行时钟输入线。WP 为写保护控制端，接"0"允许写入，接"1"禁止写入。

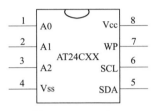

图 8-8 AT24CXX 器件的引脚图

当 I²C 总线产生开始信号后，主控器件首先发出控制字节，用于选择从器件并控制总线的传送方向。其结构如下。

1 0 1 0	A2 A1 A0	R/$\overline{W}$
I²C 从器件类型标识符	片选或块选	读/写控制位

I²C 总线的控制字节的高 4 位是器件类型识别符，AT24CXX 的器件类型识别符是 1010，由 Philips 公司的 I²C 通信协议所决定，表示从器件为串行 E²PROM。接着的三位是由 A2、A1、A0 决定的器件地址，这三位受不同的电平控制，可实现在一个系统中扩展多片串行 E²PROM 芯片。控制字节的 A2、A1、A0 的选择必须与外部 A2、A1、A0 引脚的硬件连接或内部选择相匹配，若 A2、A1、A0 无内部连接这 3 位无关紧要，需进行器件选择，A2、A1、A0 引脚可接高电平或低电平。最低位是读写控制位 R/$\overline{W}$，"0"表示下一字节进行写操作，"1"表示下一字节进行读操作。

当主控器件产生控制字节并检测到应答信号后，总线上将传送相应的字地址或数据信息。

1. 起始信号、停止信号和应答信号

起始信号：当 SCL 处于高电平时，SDA 从高到低的跳变作为 I²C 总线的起始信号，起始信号应在读/写命令之前发出。

停止信号：当 SCL 处于高电平时，SDA 从低到高的跳变作为 I²C 总线的停止信号，表示一种操作的结束。

I²C 总线上的数据和地址都是以 8 位的串行信号传送。在接收一字节后，接收器必须产生一个应答信号 ACK，主控器件必须产生一个与此应答信号相应的额外时钟脉冲。在此时钟脉冲的高电平期间，拉 SDA 线为稳定的低电平，为应答信号（ACK）。若不在从器件输出的最后一个字节中产生应答信号，则主控器件必须给从器件发一个数据结束信号。在这种情况下，从器件必须保持 SDA 为高电平（用 $\overline{ACK}$ 表示），使得主控器件能产生停止信号。起始信号、停止信号及应答信号的时序图如图 8-9 所示。

2. 写操作

AT24CXX 的写操作有字节写和页面写两种。

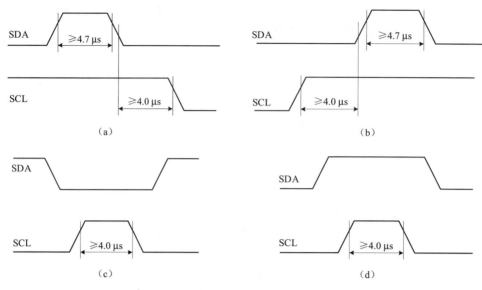

图 8-9　I^2C 总线上起始信号、停止信号及应答信号的时序图

（a）起始信号；（b）停止信号；（c）发送 ACK；（d）发送 $\overline{ACK}$

（1）字节写操作

在主控器件单片机送出起始位后，接着发送写控制字节，即 1010 A2A1A0 0，指示从器件被寻址。当主控器件接收到来自从器件 AT24CXX 的应答信号 ACK 后，将发送待写入的字节地址到 AT24CXX 的地址指针。主控器件再次接收到来自 AT24CXX 的应答信号 ACK 后，将发送数据字节写入存储器的指定地址中。当主控器件再次收到应答信号 ACK 后，产生停止位结束一个字节的写入。注意写完一个字节后必须要有一个 5 ms 的延时。AT24CXX 字节写时序图如图 8-10 所示。

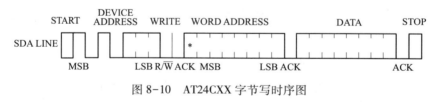

图 8-10　AT24CXX 字节写时序图

（2）页面写操作

AT24CXX 允许多个字节顺序写入，称为页面写。和字节写操作类似，只是主控器件在完成第一个数据传送之后，不发送停止信号，而是继续发送待写入的数据。先将写控制字节、字地址发送到 AT24CXX，接着发 X 个数据字节，主控器件发送不多于一个页面的数据字节到 AT24CXX。这些数据字节暂存在片内页面缓存器中，在主控器件发送停止信息以后写入存储器。接收每一字节以后，低位顺序地址指针在内部加 1，高位顺序字地址保持为常数。如果主控器件在产生停止信号以前发送了多于一页的数据字节，地址计数器将会循环归 0，并且先接收到的数据将被覆盖。像字节写操作一样，一旦停止信号被接收到，则开始内部写周期（5 ms）。AT24CXX 页面写的时序图如图 8-11 所示。

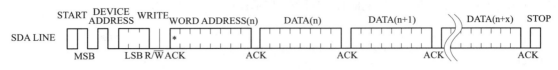

图 8-11　AT24CXX 页面写时序图

3. 读操作

当从器件地址的 R/$\overline{\text{W}}$ 位被置为 1 时，启动读操作。AT24CXX 系列的读操作有 3 种类型：读当前地址内容、读指定地址内容、读顺序地址内容。

（1）读当前地址内容

AT24CXX 芯片内部有一个地址计数器，此计数器保持被存取的最后一个字的地址，并自动加 1。因此，如果以前读/写操作的地址为 N，则下一个读操作从 N+1 地址中读出数据。在接收到从器件的地址中 R/$\overline{\text{W}}$ 位为 1 的情况下，AT24CXX 发送一个应答信号（ACK）并且送出 8 位数据字后，主器件将不产生应答信号（相当于产生 NO ACK），但产生一个停止条件，AT24CXX 不再发送数据。AT24CXX 读当前地址内容的时序图如图 8-12 所示。

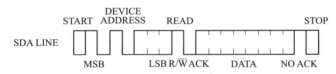

图 8-12　AT24CXX 读当前地址内容的时序图

（2）读指定地址内容

首先主控器件给出一个起始信号 S，然后发出从器件地址 1010A2A1A00（最低位置 0），再发需要读的存储器地址；在收到从器件的应答信号 ACK 后，产生一个开始信号 S，以结束上述写过程；再发一个读控制字节，从器件 AT24CXX 再发 ACK 信号后发出 8 位数据，如果接收数据以后，主控器件发 $\overline{\text{ACK}}$ 后再发一个停止信号 S，AT24CXX 不再发后续字节。AT24CXX 读指定地址内容的时序图如图 8-13 所示。

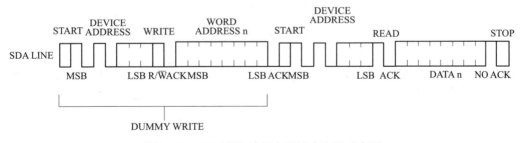

图 8-13　AT24CXX 读指定地址内容的时序图

（3）读顺序地址的内容

读顺序地址内容的操作与读当前地址内容的操作类似，只是在 AT24CXX 发送一个字节以后，主控器件不发 $\overline{\text{ACK}}$ 和 STOP，而是发 ACK 应答信号，控制 AT24CXX 发送下一个顺序地址的 8 位数据字。这样可读 X 个数据，直到主控器件不发送应答信号，而发一个停止信号。AT24CXX 读顺序地址内容的时序如图 8-14 所示。

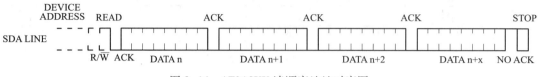

图 8-14　AT24CXX 读顺序地址时序图

8.3.3　AT24CXX 系列存储器接口电路与编程

图 8-15 所示为 AT24C02 与 AT89S51 单片机的接口电路。用 AT89S51 单片机的 P3.2 和 P3.3 分别发出 SCL 和 SDA 信号。将数据 0AAH 存入 AT24C02 的地址 00H 中，再将该单元数据读出，送到 P1 口控制 8 个发光二极管工作。汇编语言参考程序如下：

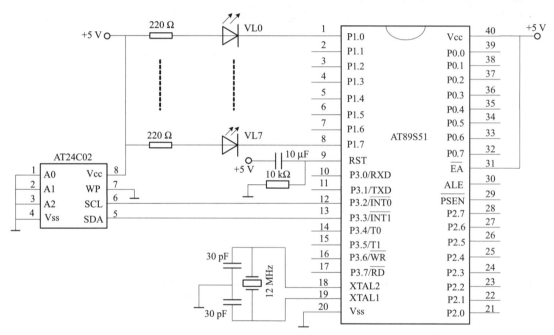

图 8-15　AT89S51 与 AT24C02 的接口电路图

```
        SDA     BIT     P3.3            ;定义 24C02 数据线
        SCL     BIT     P3.2            ;定义 24C02 时钟线
        ORG     0000H
        AJMP    MAIN
        ORG     0030H
MAIN:   MOV     SP,#60H
        MOV     P1,#0FFH
        MOV     A,#0AAH
        ACALL   WRITE_DATA
        ACALL   DELAY2MS
```

```
            ACALL       READ_DATA
            MOV         P1,A
            SJMP        $
WRITE_DATA: MOV R0,#00H                    ;写 1 B 数据子程序,数据写入首地址
            MOV         B,A
            LCALL       WRITE_BYTE         ;将计数值写入 24C02
            RET
READ_DATA:  MOV R0,#00H                    ;读 1 B 数据子程序,读取的首地址
            LCALL       READ_BYTE          ;读 E²PROM
            ACALL       STOP
            RET
WRITE_BYTE: ACALL START                    ;写操作子程序
            MOV         A,#0A0H
            ACALL       SENDBYTE
            ACALL       WAITACK
            MOV         A,R0               ;R0:写入的地址,
            ACALL       SENDBYTE
            ACALL       WAITACK
            MOV         A,B                ;B:写入的数据
            ACALL       SENDBYTE
            ACALL       WAITACK
            ACALL       STOP
            RET
READ_BYTE:  ACALL START                    ;读操作子程序
            MOV         A,#0A0H
            ACALL       SENDBYTE
            ACALL       WAITACK
            MOV         A,R0               ;R0:读出的地址
            ACALL       SENDBYTE
            ACALL       WAITACK
            ACALL       START
            MOV         A,#0A1H
            ACALL       SENDBYTE
            ACALL       WAITACK
            ACALL       RCVBYTE
            RET
RCVBYTE:    MOV         R7,#08             ;接收一个字节数据子程序
            CLR         A
            SETB        SDA                ;释放 SDA 数据线
```

```
R_BYTE: CLR     SCL
        NOP
        NOP
        NOP
        NOP
        SETB    SCL                 ;启动一个时钟周期,读总线
        NOP
        NOP
        NOP
        NOP
        MOV     C,SDA               ;将 SDA 状态读入 C
        RLC     A                   ;结果移入 A
        SETB    SDA                 ;释放 SDA 数据线
        DJNZ    R7,R_BYTE           ;判断 8 位数据是否接收完全
        RET
SENDBYTE: MOV   R7,#08              ;发送 1 B 数据子程序
S_BYTE: RLC     A                   ;发送 A 中的数据
        MOV     SDA,C
        SETB    SCL
        NOP
        NOP
        NOP
        NOP
        CLR     SCL
        DJNZ    R7,S_BYTE           ;8 位发送完毕
        RET
WAITACK: CLR    SCL                 ;等待应答信号
        SETB    SDA                 ;释放 SDA 信号线
        NOP
        NOP
        SETB    SCL
        NOP
        NOP
        NOP
        MOV     C,SDA
        JC      WAITACK             ;SDA 为低电平,返回了响应信号
        CLR     SDA
        CLR     SCL
        RET
```

```
START: SETB    SDA                    ;启动信号子程序
       SETB    SCL
       NOP
       CLR     SDA
       NOP
       NOP
       NOP
       NOP
       CLR     SCL
       RET
STOP:  CLR     SDA                    ;停止信号子程序
       NOP
       SETB    SCL
       NOP
       NOP
       NOP
       NOP
       SETB    SDA
       NOP
       NOP
       CLR     SCL
       CLR     SDA
       RET
DELAY2MS: MOV  R6,#10                 ;延时子程序
DEL1:  MOV     R7,#200
       DJNZ    R7, $
       DJNZ    R6,DEL1
       RET
       END
```

8.4 SPI 总线的扩展

8.4.1 SPI 串行总线概述

SPI（Serial Peripheral Interface，串行外部接口）是由 Motorola 公司开发的全双工同步串行总线，用于 MCU 与 E^2PROM、ADC、FRAM 和显示驱动器之类的慢速外设器件间的串行通信。SPI 的主要特点是可以同时发出和接收串行数据，可以当作主机或从机工作，提供频

率可编程时钟、发送结束中断标志、写冲突保护、总线竞争保护等。SPI 通信由一个主设备和一个或多个从设备组成，主设备启动一个与从设备的同步通信，从而完成数据的交换。SPI 总线系统可直接与各个厂家生产的多种标准外围器件直接接口，该接口一般使用 4 条线：串行时钟线（SCK）、主机输入/从机输出数据线 MISO、主机输出/从机输入数据线 MOSI 和低电平有效的从机选择线 $\overline{SS}$。

SPI 协议可简述如下。

$\overline{SS}$ 是控制芯片是否被选中的，也就是说只有片选信号 $\overline{SS}$ 为预先规定的使能信号时（高电位或低电位），对此芯片的操作才有效。通过 $\overline{SS}$ 信号使得 SPI 允许在同一总线上连接多个 SPI 设备。

SPI 是串行通信协议，数据是一位一位地从高到低位传输的。由 SCK 提供时钟脉冲，MISO、MOSI 则基于此脉冲完成数据传输。数据通过 MOSI 线在时钟上升沿或下降沿时输出，在紧接着的下降沿或上升沿由 MISO 线读取。在至少 8 次时钟信号的改变（上沿和下沿为一次），就可以完成 8 位数据的传输，其工作时序如图 8-16 所示。数据传输的时钟波特率可以高达 5 Mb/s，具体速度大小取决于 SPI 硬件。

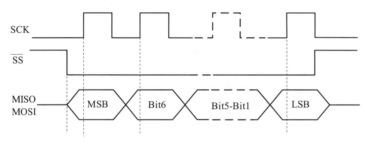

图 8-16 SPI 总线时序图

SCK 信号线只由主设备控制，从设备不能控制信号线。同样，在一个基于 SPI 的设备中，至少有一个主控设备。与普通的串行通信不同，普通的串行通信一次连续传送至少 8 位数据，而 SPI 允许数据一位一位地传送，甚至允许暂停，因为 SCK 时钟线由主控设备控制，当没有时钟跳变时，从设备不采集或传送数据。SPI 还是一个数据交换协议，因为 SPI 的数据输入和输出线独立，所以允许同时完成数据的输入和输出。不同的 SPI 设备的实现方式不尽相同，主要是数据改变和采集的时间不同及在时钟信号上沿或下沿采集定义不同。

在点对点的通信中，SPI 接口不需要进行寻址操作，且为全双工通信，显得简单高效。在多个从设备的系统中，每个从设备需要独立的使能信号，硬件上比 I^2C 系统要稍微复杂一些。

SPI 接口的缺点是没有指定的流控制，没有应答机制确认是否接收到数据。

8.4.2 DS1302 时钟芯片的使用

DS1302 是美国 Dallas 公司推出的一种高性能、低功耗、内含 31 B 静态 RAM 的实时时钟芯片（RTC），可采用 SPI 接口与 CPU 进行同步通信，一次可传送多个字节的时钟信号和 RAM 数据。实时时钟可提供秒、分、时、日、星期、月和年的信息，每月天数可以自动调整，具有闰年补偿功能。工作电压宽达 2.5～5.5 V。采用双电源供电（主电源和备用电源），可设置备用电源充电方式。DS1302 能实现数据与出现该数据的时间同时记录，因而广泛应用于电话、传真、便携式仪表及电池供电的测量仪表中。

1. DS1302 的引脚

DS1302 的外部引脚分配如图 8-17 所示。

各引脚功能如下。

X1、X2：晶体振荡器引脚，外接 32.768 kHz 晶振。

V_{CC1}：备用电源。

V_{CC2}：主电源。当 $V_{CC2}>V_{CC1}+0.2\ V$ 时，由 V_{CC2} 向 DS1302 供电；当 $V_{CC2}<V_{CC1}$ 时，由 V_{CC1} 向 DS1302 供电。

GND：电源地。

SCLK：串行时钟输入端。

I/O：串行数据输入/输出端。

$\overline{RST}$：复位端。

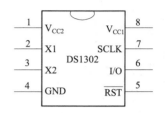

图 8-17　DS1302 的外部引脚分配

2. DS1302 的工作原理

DS1302 内部结构如图 8-18 所示，芯片主要由输入移位寄存器、控制寄存器、振荡器、实时时钟以及数据存储器 RAM 组成。

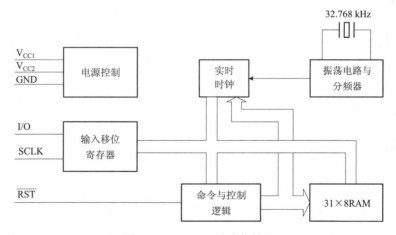

图 8-18　DS1302 的内部结构

在进行任何数据传送时必须先初始化，将 $\overline{RST}$ 引脚置为高电平，然后将 8 位地址和命令字装入移位寄存器，数据在 SCLK 上升沿时被输入。无论是读周期还是写周期，前 8 位均指定为访问地址。将命令字装入移位寄存器后，接下来的时钟周期在读操作时 DS1302 输出数据，在写操作时 DS1302 输入数据。时钟脉冲的个数在单字节方式下为 8+8（8 位地址+8 位数据），多字节方式下为 8+字节数，最大可达 248 B。

3. DS1302 的控制字

对 DS1302 的操作就是对其内部寄存器的操作，DS1302 内部共有 12 个寄存器，其中有 7 个寄存器与日历、时钟相关，存放的数据位为 BCD 码形式。此外，DS1302 还有年份寄存器、控制寄存器、充电寄存器、时钟突发寄存器及与 RAM 相关的寄存器等。时钟突发寄存器可一次性顺序读写除充电寄存器以外的寄存器。日历、时间寄存器及控制字如表 8-8 所示。

表 8-8 常用寄存器与控制字对照表

寄存器名称	D7	D6	D5	D4	D3	D2	D1	D0
	1	RAM/$\overline{CK}$	A4	A3	A2	A1	A0	RD/$\overline{W}$
秒寄存器	1	0	0	0	0	0	0	
分寄存器	1	0	0	0	0	0	1	
小时寄存器	1	0	0	0	0	1	0	
日寄存器	1	0	0	0	0	1	1	
周寄存器	1	0	0	0	1	0	0	
月寄存器	1	0	0	0	1	0	1	
年寄存器	1	0	0	0	1	1	0	
控制寄存器	1	0	0	0	1	1	1	

控制字节中的最高位 D7 必须为 1，若为 0，则不能将数据写入 DS1302。次高位 D6 为 1 时，表示存取 RAM 中的数据，为 0 时表示存取日历时钟数据。D5~D1 用于指示操作单元的地址。最低位 D0 为 0，表示进行写操作，为 1 表示进行读操作。

各主要寄存器的命令字、取值范围及各位内容的对照如表 8-9 所示。

表 8-9 各寄存器及控制位

寄存器名称	命令字节		取值范围	各位内容				
	写	读		7	6	5	4	3~0
秒寄存器	80H	81H	00~59	CH	10SEC			SEC
分寄存器	82H	83H	00~59	0	10MIN			MIN
小时寄存器	84H	85H	01~12 或 00~23	12/24	0	A/P		HR
日期寄存器	86H	87H	01~28、29、30、31	0	0	10DATE		DATE
周寄存器	88H	89H	01~12	0	0	0	10MONTH	MONTH
月寄存器	8AH	8BH	01~07	0	0	0	0	WEEK
年份寄存器	8CH	8DH	00~99	10YEAR				YEAR
控制寄存器	8EH	8FH		WP	0	0	0	0

其中，CH 位为时钟暂停位，当此位置 1 时，振荡器停止工作，DS1302 处于低功率备份方式，当此位为 0 时，时钟开始启动。12/24 位为 12 或 24 小时方式选择位，置 1 时选择 12 小时方式，在 12 小时方式下，小时寄存器第 5 位 A/P 可选择 AM/PM（上午/下午），若此位为 1，则表示 PM（下午）。在 24 小时方式下，小时寄存器第 5 位与第 4 位共同用于表示小时的十位，即第 5 位若为 1，则表示 20~23 小时。WP 为写保护位，在对时钟或 RAM 进行写操作之前，WP 位必须为 0，当 WP 位为 1 时，防止对任何其他寄存器进行写操作。

4. DS1302 的读写时序

（1）单字节写时序

单字节写操作就是将单片机的数据写入 DS1302，其工作时序如图 8-19 所示。当 $\overline{\text{RST}}$ 为高电平时，SCLK 的前 8 个时钟周期输入写命令字，将所需输出数据的寄存器地址输入至 DS1302，在 SCLK 的后 8 个时钟周期的下降沿将数据字节输入。如果有额外的 SCLK 时钟周期，则被忽略。数据将从最低位 D0 开始输入。

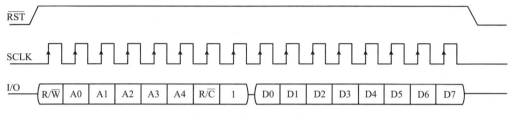

图 8-19　单字节写时序图

（2）单字节读时序

单字节读操作就是从 DS1302 中把数据读出送至单片机，其工作时序如图 8-20 所示。当 $\overline{\text{RST}}$ 为高电平时，SCLK 的前 8 个时钟周期输入写命令字，将所需输出数据的寄存器地址输入至 DS1302，在 SCLK 的后 8 个时钟周期的下降沿将数据字节输出。注意，被传送的第一个数据位发生在写命令字节的最后一位之后的第一个下降沿。如果有额外的 SCLK 时钟周期，则将重新发送数据字节。数据将从最低位 D0 开始输出。

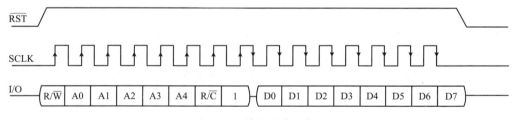

图 8-20　单字节读时序图

（3）多字节读写时序

当控制字节中的 A0~A4 被置为全 1 时，可以把日历时钟寄存器或 RAM 寄存器规定为多字节（Burst）方式，又称时钟突发。在此模式下，可将 8 个日历时钟寄存器连续读或写，也可将 31 个 RAM 寄存器连续读或写。工作时序如图 8-21 所示。

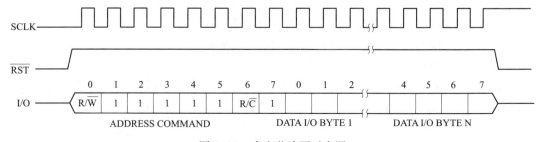

图 8-21　多字节读写时序图

8.4.3 DS1302 的接口电路与编程

DS1302 与 AT89S51 单片机的典型接口电路如图 8-22 所示。DS1302 与 AT89S51 单片机的连接仅需要 3 根线，即$\overline{RST}$、SCLK、I/O。

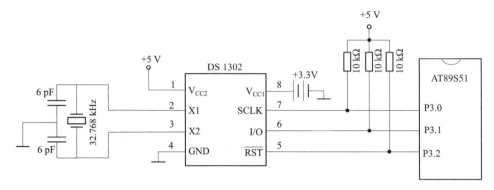

图 8-22　DS1302 与单片机接口电路

DS1302 的典型控制程序主要有单字节写入、单字节读出、允许写入等。

1. DS1302 写单字节子程序

DS1302 写单字节程序应按图 8-19 写时序进行。先写地址，后写数据，其参考程序如下：

```
Send_Byte：CLR    RST              ;复位引脚为低电平所有数据传送终止
           NOP
           CLR    SCLK             ;清时钟总线
           NOP
           SETB   RST              ;复位引脚为高电平逻辑控制有效
           NOP
           MOV    A,Command        ;准备发送命令字节
           MOV    BitCnt,#08H      ;传送位数为 8
S_Byte0：  RRC    A                ;将最低位传送给进位位 C
           MOV    IO_DATA,C        ;位传送至数据总线
           NOP
           SETB   SCLK             ;时钟上升沿发送数据有效
           NOP
           CLR    SCLK             ;清时钟总线
           DJNZ   BitCnt,S_Byte0   ;位传送未完毕则继续
           NOP
S_Byte1：  MOV    A,@R0            ;准备发送数据,传送数据过程与传送命令相同
           MOV    BitCnt,#08H
S_Byte2：  RRC    A
           MOV    IO_DATA,C
```

```
                NOP
                SETB    SCLK
                NOP
                CLR     SCLK
                DJNZ    BitCnt,S_Byte2
                NOP
                CLR     RST              ;逻辑操作完毕清 RST
                RET
```

2. DS1302 读单字节子程序

DS1302 读单字节程序应按图 8-20 读时序进行。先写地址，后读数据，其参考程序如下：

```
Rece_Byte:      CLR     RST              ;复位引脚为低电平所有数据传送终止
                NOP
                CLR     SCLK             ;清时钟总线
                NOP
                SETB    RST              ;复位引脚为高电平逻辑控制有效
                MOV     A,Command        ;准备发送命令字节
                MOV     BitCnt,#08H      ;传送位数为 8
R_Byte0:        RRC     A                ;将最低位传送给进位位 C
                MOV     IO_DATA,C        ;位传送至数据总线
                NOP
                SETB    SCLK             ;时钟上升沿发送数据有效
                NOP
                CLR     SCLK             ;清时钟总线
                DJNZ    BitCnt,R_Byte0   ;位传送未完毕则继续
                NOP
R_Byte1:        CLR     A                ;准备接收数据,清累加器
                CLR     C                ;清进位位 C
                MOV     BitCnt,#08H      ;接收位数为 8
R_Byte2:        NOP
                MOV     C,IO_DATA        ;数据总线上的数据传送给 C
                RRC     A                ;从最低位接收数据
                SETB    SCLK             ;时钟总线置高
                NOP
                CLR     SCLK             ;时钟下降沿接收数据有效
                DJNZ    BitCnt,R_Byte2   ;位接收未完毕则继续
                MOV     @R1,A            ;接收到的完整数据字节放入接收内存缓冲区
                NOP
                CLR     RST              ;逻辑操作完毕清 RST
                RET
```

3. 允许 DS1302 写数据

当控制寄存器的最高位 WP 为 0 时，允许数据写入寄存器，控制寄存器可以通过命令字节 8EH 和 8FH 来规定禁止写入/读出。参考程序如下：

```
Write_Enable: MOV    Command,#8EH      ;命令字节为 8EH
              MOV    R0,#XmtDat        ;数据地址送 R0
              MOV    XmtDat,#00H       ;数据内容为 0,写入允许
              ACALL  Send_Byte         ;调用写入数据子程序
              RET
```

4. 读某一时钟单元数据（以"小时"单元为例）

```
Read_Hour:    MOV    Command,#85H      ;命令字节为 85h
              MOV    R1,#RcvDat        ;"小时"数据存储地址送 R1
              ACALL  Receive_Byte      ;调用读出数据子程序
              RET
```

8.5 单总线的扩展

8.5.1 单总线简介

单总线（1-Wire Bus）技术是由美国 Dallas 公司推出的一项特有的总线技术。与 I^2C 总线、SPI 总线不同，它采用单根信号线，既可传输时钟，又能传输数据，而且数据传输是双向的，因而这种单总线技术具有线路简单，硬件开销少，成本低廉，便于总线扩展和维护等优点。

单总线技术是只有一个总线命令者和一个或多个从者组成的计算机应用系统。单总线系统由硬件配置、处理次序和单总线信号三部分组成。系统按单总线协议规定的时序和信号波形进行初始化、识别器件和数据交换。

单总线系统只定义了一根信号线。总线上的每个器件都能够在合适的时间驱动它，相当于把计算机的地址线、数据线、控制线合为一根信号线对外进行数据交换。

所有的单总线器件都要遵循严格的通信协议，以保证数据的完整性。单总线协议定义了复位脉冲、应答脉冲、写 0、读 0 和读 1 时序等几种信号类型。所有的单总线命令序列（初始化、ROM 命令、功能命令）都是由这些基本的信号类型组成的。这些信号中，除了应答信号外，均由主机发出同步信号，并且发送的所有命令和数据都是字节的低位在前。

通常把挂在单总线上的器件称为单总线器件，单总线器件一般都具有控制、收发、存储电路。为了区分不同的单总线器件，厂家生产单总线器件时都要刻录一个 64 位的二进制 ROM 代码，以标志其 ID 号。目前单总线器件主要有数字温度传感器 DS18B20、A/D 转换器 DS2450、身份识别器 DS1990A、单总线控制器 DS1WM 等，这里以 DS18B20 为例介绍单总线技术的使用方法。

8.5.2 DS18B20 的引脚及硬件连接

DS18B20 是美国 Dallas 半导体公司生产的单总线（1-Wire）器件。它具有微型化、低功耗、高性能、抗干扰能力强、易配处理器等优点，可直接将温度转化为串行数字信号供处理器处理。

1. DS18B20 产品的特点

① 只要求一个端口即可实现通信。
② DS18B20 中的每个器件上都有独一无二的序列号。
③ 实际应用中不需要外部任何元器件即可实现测温。
④ 适应电压范围为 3.0~5.5 V。
⑤ 测量温度范围在 -55~+125 ℃，在 -10~+85 ℃ 时精度为 ±0.5 ℃。
⑥ 可编程分辨率 9~12 位，可分辨温度为 0.5 ℃、0.25 ℃、0.125 ℃ 和 0.062 5 ℃。
⑦ 转换时间最大为 750 ms。
⑧ 内部有温度上、下限告警设置。
⑨ 负电压特性。电源极性接反时，芯片不会因发热而烧毁，但不能正常工作。

2. DS18B20 的引脚介绍

图 8-23 所示，各引脚定义如下。

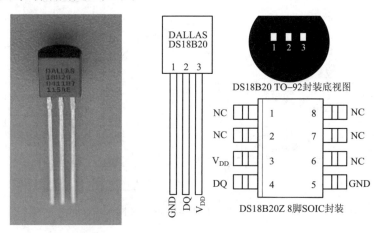

图 8-23　DS18B20 的外形及封装

引脚 1（GND）：接地端。

引脚 2（DQ）：数据输入/输出引脚。开漏单总线接口引脚。当被用在寄生电源下时，也可以向器件提供电源。

引脚 3（V_{DD}）：可选择的 V_{DD} 引脚。当工作于寄生电源时，此引脚必须接地。

3. DS18B20 的硬件连接

DS18B20 与单片机连接时，可按单节点系统（一个从机设备）操作，也可按多节点系统（多个从机设备）操作。通常设备通过一个漏极开路或三态端口连至数据线，并外接一个约 5 kΩ 的上拉电阻，如图 8-24 所示。

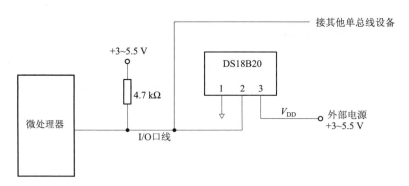

图 8-24 DS18B20 典型电路

8.5.3 DS18B20 的使用方法

1. DS18B20 的工作原理

DS18B20 内部结构如图 8-25 所示，主要由 4 部分组成：64 位 ROM、温度传感器、非易失性温度报警触发器 TH 和 TL、配置寄存器。

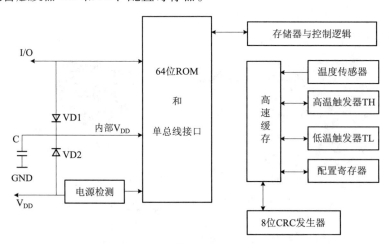

图 8-25 DS18B20 内部结构

64 位 ROM 中的值是出厂前被光刻好的，它可以看作是该 DS18B20 的地址序列码。64 位光刻 ROM 的排列是：开始 8 位是产品类型标号，接着的 48 位是该 DS18B20 自身的序列号，最后 8 位是前面 56 位的循环冗余校验码（CRC = X8+X5+X4+1），如图 8-26 所示。光刻 ROM 的作用是使每一个 DS18B20 都各不相同，这样就可以实现一根总线上挂接多个 DS18B20 的目的。

图 8-26 64 位 ROM 结构

DS18B20 温度传感器的片内存储器包括一个高速暂存 RAM 和一个非易失性的可电擦除的 E^2PRAM，后者存放高温度和低温度触发器 TH、TL 和配置寄存器。

高速暂存存储器 RAM 包含了 9 个连续字节，见表 8-10。前两个字节是测得的温度信息，第 1 个字节的内容是温度的低 8 位，第 2 个字节是温度的高 8 位。第 3 个和第 4 个字节是 TH、TL 的易失性副本，第 5 个字节是配置寄存器的易失性副本，这 3 个字节的内容在每一次上电复位时被刷新。第 6、7、8 个字节用于内部计算保留。第 9 个字节是冗余检验（CRC）字节。

表 8-10 高速存储器 RAM 内容

字节（从低到高）	寄存器内容
1	温度值低 8 位
2	温度值高 8 位
3	高温限值 TH
4	低温限值 TL
5	配置寄存器
6	保留
7	保留
8	保留
9	CRC 校验

配置寄存器的内容用于确定温度值的数字转换分辨率，该字节各位的定义如图 8-27 所示。其中，低 5 位为高电平，TM 是测试模式位，用于设置 DS18B20 在工作模式还是在测试模式。在 DS18B20 出厂时该位被设置为 0，用户不要去改动。R1 和 R0 用来设置分辨率，见表 8-11。DS18B20 出厂时被设置为 12 位。

TM	R1	R0	1	1	1	1	1

图 8-27 配置寄存器结构

表 8-11 DS18B20 分辨率设置表

R1	R0	分辨率	温度最大转换时间
0	0	9 位	93.75 ms
0	1	10 位	187.5 ms
1	0	11 位	375 ms
1	1	12 位	750 ms

当 DS18B20 接收到温度转换命令后，开始启动转换。转换完成后的温度值就以 16 位有符号数的二进制补码形式存储在高速暂存器 RAM 的第 1、2 字节中，其数据存储格式如图 8-28所示。单片机可通过单总线接口从低位到高位读取该数据。

	D7	D6	D5	D4	D3	D2	D1	D0
低字节	2^3	2^2	2^1	2^0	2^{-1}	2^{-2}	2^{-3}	2^{-4}
高字节	S	S	S	S	S	2^6	2^5	2^4

图 8-28 数据存储格式

以 12 位转换为例，转换后的温度值以 0.062 5 ℃/LSB 形式表达，其中高字节的前 5 位 S 为符号位。如果测得的温度大于 0，则符号位 S 为 0，只要将测到的数值乘以 0.062 5 即可得到实际温度；如果温度小于 0，则符号位 S 为 1，测到的数值需要取反加 1 再乘以 0.062 5 即可得到实际温度。

例如，+125 ℃的数字输出为 07D0H，+25.062 5 ℃的数字输出为 0191H，-25.062 5 ℃的数字输出为 FE6FH，-55 ℃的数字输出为 FC90H。

当完成温度转换后，DS18B20 把测得的温度值与 RAM 中 TH、TL 字节中的报警限值做比较，如满足报警条件，则将器件内的报警标志位置位。

2. DS18B20 的控制指令

通过单总线端口访问 DS18B20 的过程如下。

① 初始化。
② ROM 操作指令。
③ DS18B20 功能指令。

每一次 DS18B20 的操作都必须满足以上的步骤，若缺少步骤或时序混乱，则器件无法正常工作。

DS18B20 对 ROM 的操作命令如表 8-12 所示。

表 8-12 对 ROM 的操作命令

序号	指令类别	命令字	功　能
1	搜索 ROM 指令	0F0H	用于识别总线上所有的 DS18B20 的地址序列码，以确定所有从机器件
2	读 ROM 指令	33H	用于读取单只 DS18B20 的地址序列码，仅适用于总线上存在单只 DS18B20
3	匹配 ROM 指令	55H	后跟 64 位 ROM 编码序列，让总线控制器在多点总线上定位一只特定的 DS18B20，为下一步对该 DS18B20 进行读写做准备
4	忽略 ROM 指令	0CCH	允许总线控制器不用提供 64 位 ROM 编码就使用功能指令
5	报警搜索指令	0ECH	只有符合报警条件的从机会对此命令做出响应

DS18B20 的功能指令见表 8-13 所示。

表 8-13　DS18B20 的功能指令

序号	指令类别	命令字	功　　能
1	温度转换指令	44H	用于启动一次温度转换。转换后的结果以 2 字节的形式被存储在高速暂存器中
2	写暂存器指令	4EH	用于向 DS18B20 的暂存器写入数据，顺序依次是 TH、TL 及配置寄存器，数据以最低有效位开始传送
3	读暂存器指令	0BEH	用于读取 DS18B20 暂存器的内容，读取将从第 1 字节一直到第 9 字节，控制器可以在任何时间发出复位命令来终止
4	复制暂存器指令	48H	用于把 TH、TL 和配置寄存器的内容复制到 E^2PROM
5	重调 E^2PROM 指令	0B8H	用于把 TH、TL 和配置寄存器的内容从 E^2PROM 复制回暂存器，这种重调操作在 DS18B20 上电时自动执行
6	读供电模式指令	0B4H	若为寄生电源模式，DS18B20 将拉低总线；若为外部电源模式，则 DS18B20 将拉高总线

3. DS18B20 的工作时序

DS18B20 必须采用软件的方法模拟单总线的协议时序来完成对 DS18B20 芯片的访问。

由于 DS18B20 是在一根 I/O 线上读写数据，因此，对读写的数据位有着严格的时序要求。DS18B20 有严格的通信协议来保证各位数据传输的正确性和完整性。该协议定义了几种信号的时序：初始化时序、读时序、写时序。所有时序都是将主机作为主设备，单总线器件作为从设备。而每一次命令和数据的传输都是从主机主动启动写时序开始，如果要求单总线器件回送数据，在进行写命令后，主机需启动读时序完成数据接收。数据和命令的传输都是低位在先。

（1）DS18B20 的初始化时序

DS18B20 的初始化时序如图 8-29 所示。主机先把总线拉成低电平并保持 480～960 μs，然后主机释放总线 15～60 μs，DS18B20 发出存在信号（低电平 60～240 μs），然后 DS18B20 释放总线，准备开始通信。

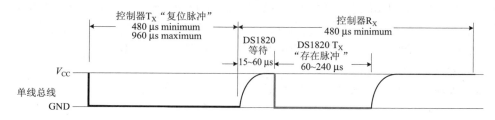

图 8-29　DS18B20 的初始化时序

（2）DS18B20 的读时序

DS18B20 的读时序如图 8-30 所示。对于 DS18B20 的读时序分为读 0 时序和读 1 时序两个过程。对于 DS18B20 的读时序是从主机把单总线拉低之后，在 15 μs 之内就得释放单总线，以让DS18B20把数据传输到单总线上。DS18B20在完成一个读时序过程，至少需要60 μs才能完成。

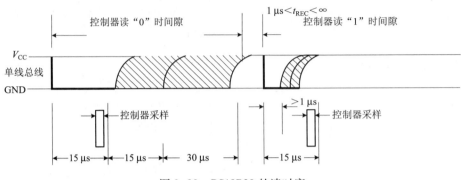

图 8-30　DS18B20 的读时序

（3）DS18B20 的写时序

DS18B20 的写时序如图 8-31 所示。对于 DS18B20 的写时序仍然分为写 0 时序和写 1 时序两个过程。对于 DS18B20 写 0 时序和写 1 时序的要求不同，当要写 0 时序时，单总线要被拉低至少 60 μs，保证 DS18B20 能够在 15~45 μs 能够正确地采样 I/O 总线上的 "0" 电平，当要写 1 时序时，单总线被拉低之后，在 15 μs 之内就得释放单总线。

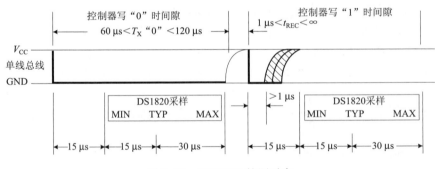

图 8-31　DS18B20 的写时序

4．DS18B20 应用程序设计

DS18B20 温度测量应用包括单总线驱动程序和 DS18B20 驱动程序两部分。主要有复位、读一个字节、写一个字节、读 ID 码、启动温度转换、读温度、设置报警、查报警、设置温度分辨率、CRC 校验等。下面说明常用驱动程序的设计。

（1）单总线驱动程序

单总线驱动程序包括总线复位程序及总线读/写一个字节程序。按上述时序编写程序流程图，如图 8-32 所示。

（2）DS18B20 驱动程序

DS18B20 的驱动程序是在单总线驱动程序的基础上设计的，程序按 DS18B20 的操作顺序，由主机向芯片发出命令或接收数据。读 ROM 程序、启动温度转换、读温度程序流程，如图 8-33 所示。

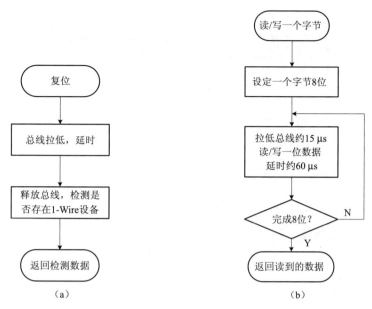

图 8-32　单总线驱动程序流程
（a）单总线复位；（b）读/写一个字节

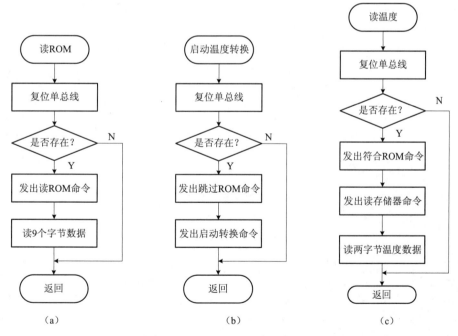

图 8-33　DS18B20 驱动程序流程
（a）读 ROM；（b）启动温度转换；（c）读温度转换值

任务训练1 数字钟设计与制作

1. 训练目的

① 熟悉 AT89S51 单片机与 DS1302 的接线方法。

② 学习 DS1302 的使用及编程方法。

③ 熟练掌握单片机全系统调试的过程及方法。

2. 训练内容

用 DS1302 日历时钟芯片设计一个数字钟,可用 LED 数码管显示时、分、秒,并可进行时间调整。硬件电路如图 8-34 所示。其中"设置"键用于选择要调整的时间单位,"修改"键用于进行数值的修改。

仿真:数字钟

3. 元器件清单

元器件清单见表 8-14。

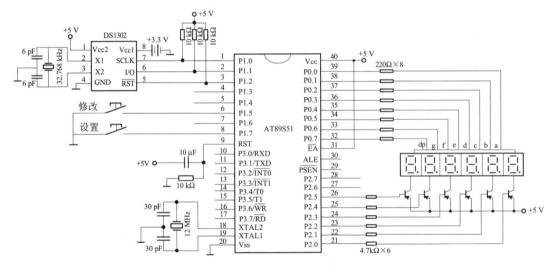

图 8-34 数字钟硬件电路图

表 8-14 数字钟元器件清单

序 号	元器件名称	规 格	数 量
1	51 单片机	AT89S51	1个
2	晶振	12 MHz、32.768 kHz	各1个
3	起振电容	30 pF、6 pF 瓷片电容	各2个
4	复位电容	10 μF 16 V 电解电容	1个
5	复位电阻、上拉电阻	10 kΩ 电阻	4个
6	其他电阻	220 Ω、4.7 kΩ 电阻	若干

续表

序　号	元器件名称	规　　格	数　　量
7	7段 LED 数码管	共阳极，六位一体	1个
8	PNP 管	8550	6个
9	日历时钟芯片	DS1302	1个
10	电池	3.3 V	1个
11	DIP 封装插座	40脚、8脚集成插座	各1个
12	ISP 下载接口	DC3-10P 牛角座	1个
13	单片机教学板或万能板	150 mm×90 mm	1块

4. 参考程序

```
            SCLK        EQU     P1.0
            IO          EQU     P1.1
            RST         EQU     P1.2
            SETKEY      BIT     P1.7
            ADDDAT      BIT     P1.5
            HOUR        DATA    62H
            MINTUE      DATA    61H
            SECOND      DATA    60H
            DS1302_ADDR DATA    32H
            DS1302_DATA DATA    31H
            ORG         0000H
            LJMP        START
            ORG         001BH
            LJMP        INTT1
START:      SETB        EA
            MOV         TMOD,#10H           ;定时器1,方式1
            MOV         TL1,#00H
            MOV         TH1,#00H
            MOV         DS1302_ADDR,#8EH
            MOV         DS1302_DATA,#00H    ;允许写1302
            LCALL       WRITE
MAIN1:      MOV         DS1302_ADDR,#85H    ;读出小时
            LCALL       READ
            MOV         HOUR,DS1302_DATA
            MOV         DS1302_ADDR,#83H    ;读出分钟
            LCALL       READ
```

	MOV	MINTUE,DS1302_DATA	
	MOV	DS1302_ADDR,#81H	;读出秒
	LCALL	READ	
	MOV	SECOND,DS1302_DATA	
	MOV	R0,HOUR	;小时分离,送显示缓存
	LCALL	DIVIDE	
	MOV	74H,R1	
	MOV	44H,R1	
	MOV	75H,R2	
	MOV	45H,R2	
	MOV	R0,MINTUE	;分钟分离,送显示缓存
	LCALL	DIVIDE	
	MOV	72H,R1	
	MOV	42H,R1	
	MOV	73H,R2	
	MOV	43H,R2	
	MOV	R0,SECOND	;秒分离,送显示缓存
	LCALL	DIVIDE	
	MOV	70H,R1	
	MOV	40H,R1	
	MOV	71H,R2	
	MOV	41H,R2	
	LCALL	DISPLAY	
	JNB	SETKEY,SETG	
	LJMP	MAIN1	
SETG:	SETB	TR1	;调整时钟程序
	SETB	ET1	
	MOV	DS1302_ADDR,#8EH	
	MOV	DS1302_DATA,#00H	;允许写1302
	LCALL	WRITE	
	MOV	DS1302_ADDR,#80H	
	MOV	DS1302_DATA,#80H	;1302停止振荡
	LCALL	WRITE	
SETG1:	LCALL	DISPLAY	
	JNB	SETKEY,SETG8	
	JNB	ADDDAT,GADDHOUR	
	AJMP	SETG1	
SETG8:	SETB	0CH	;调小时闪烁标志
GWAIT8:	LCALL	DISPLAY	

	JNB	SETKEY,GWAIT8	
SETG9：	LCALL	DISPLAY	
	JNB	SETKEY,SETG10	
	JNB	ADDDAT,GADDHOUR	
	AJMP	SETG9	
GADDHOUR：	MOV	R7,62H	;小时加一
	LCALL	ADD1	
	MOV	62H,A	
	CJNE	A,#24H,GADDHOUR1	
	MOV	62H,#00H	
GADDHOUR1：	MOV	DS1302_ADDR,#84H	;小时值送入1302
	MOV	DS1302_DATA,62H	
	LCALL	WRITE	
	MOV	R0,62H	
	LCALL	DIVIDE	;小时值分离送显示缓存
	MOV	74H,R1	
	MOV	44H,R1	
	MOV	75H,R2	
	MOV	45H,R2	
WAITT5：	LCALL	DISPLAY	
	JNB	ADDDAT,WAITT5	
	AJMP	SETG9	
SETG10：	SETB	0DH	;调分钟闪烁标志
GWAIT10：	LCALL	DISPLAY	
	JNB	SETKEY,GWAIT10	
SETG11：	LCALL	DISPLAY	
	JNB	SETKEY,SETGOUT	
	JNB	ADDDAT,GADDMINTUE	
	AJMP	SETG11	
GADDMINTUE：	MOV	R7,61H	;分钟加一
	LCALL	ADD1	
	MOV	61H,A	
	CJNE	A,#60H,GADDMINTUE1	
	MOV	61H,#00H	
GADDMINTUE1：	MOV	DS1302_ADDR,#82H	;分钟值送入1302
	MOV	DS1302_DATA,61H	
	LCALL	WRITE	
	MOV	R0,61H	
	LCALL	DIVIDE	;分钟值分离送显示缓存

```
                MOV     72H,R1
                MOV     42H,R1
                MOV     73H,R2
                MOV     43H,R2
WAITT6:         LCALL   DISPLAY
                JNB     ADDDAT,WAITT6
                AJMP    SETG11
SETGOUT:        LCALL   DISPLAY
                JNB     SETKEY,SETGOUT
                MOV     DS1302_ADDR,#80H
                MOV     DS1302_DATA,#00H        ;1302晶振开始振荡
                LCALL   WRITE
                MOV     DS1302_ADDR,#8EH
                MOV     DS1302_DATA,#80H        ;禁止写入1302
                LCALL   WRITE
                CLR     0CH
                CLR     0DH
                CLR     0EH
                CLR     0FH
                CLR     ET1                     ;关闪中断
                CLR     TR1
                LJMP    MAIN1
INTT1:          PUSH    ACC                     ;闪动调时中断程序
                PUSH    PSW
GFLASH:         CPL     0FH
                JB      0FH,GFLASH1
                MOV     75H,45H
                MOV     74H,44H
                MOV     73H,43H
                MOV     72H,42H
                MOV     71H,41H
                MOV     70H,40H
GFLASHOUT:      POP     PSW
                POP     ACC
                RETI
GFLASH1:        JB      0DH,GFLASH6             ;调小时闪
                MOV     75H,#0AH
                MOV     74H,#0AH
                AJMP    GFLASHOUT
```

```
GFLASH6:   MOV    73H,#0AH          ;调分钟闪
           MOV    72H,#0AH
           AJMP   GFLASHOUT
ADD1:      MOV    A,R7              ;加一子程序
           ADD    A,#01H
           DA     A
           RET
DIVIDE:    MOV    A,R0              ;十位、个位分离程序
           ANL    A,#0FH
           MOV    R1,A
           MOV    A,R0
           SWAP   A
           ANL    A,#0FH
           MOV    R2,A
           RET
WRITE:     CLR    SCLK              ;单字节写入1302子程序
           NOP
           SETB   RST
           NOP
           MOV    A,DS1302_ADDR
           MOV    R4,#8
WRITE1:    RRC    A                 ;送地址给1302
           CLR    SCLK
           NOP
           MOV    IO,C
           SETB   SCLK
           NOP
           DJNZ   R4,WRITE1
           CLR    SCLK
           MOV    A,DS1302_DATA
           MOV    R4,#8
WRITE2:    RRC    A                 ;送数据给1302
           CLR    SCLK
           NOP
           MOV    IO,C
           NOP
           SETB   SCLK
           NOP
           DJNZ   R4,WRITE2
```

```
            CLR     RST
            RET
READ:       CLR     SCLK            ;单字节读1302子程序
            NOP
            SETB    RST
            NOP
            MOV     A,DS1302_ADDR
            MOV     R4,#8
READ1:      RRC     A               ;送地址给1302
            NOP
            MOV     IO,C
            NOP
            SETB    SCLK
            NOP
            CLR     SCLK
            NOP
            DJNZ    R4,READ1
            MOV     R4,#8
READ2:      CLR     SCLK            ;从1302中读出数据
            NOP
            MOV     C,IO
            NOP
            RRC     A
            NOP
            SETB    SCLK
            NOP
            DJNZ    R4,READ2
            MOV     DS1302_DATA,A
            CLR     RST
            RET
DISPLAY:    PUSH    ACC             ;显示子程序
            PUSH    PSW
            MOV     R0,#70H         ;将地址初值送入R0寄存器
            MOV     DPTR,#TAB       ;将显示码表首地址送DPTR
            MOV     R2,#6           ;设置循环次数
            MOV     R1,#0FEH        ;设置第一个显示位码
PLAY:       MOV     A,R1
            MOV     P2,A
            RL      A
```

	MOV	R1,A	
	MOV	A,@R0	
	MOVC	A,@A+DPTR	
	MOV	P0,A	
	LCALL	DL1MS	
	INC	R0	
	DJNZ	R2,PLAY	
	POP	PSW	
	POP	ACC	
	RET		
DL1MS：	MOV	R6,#14H	;延时子程序
DL1：	MOV	R7,#19H	
DL2：	DJNZ	R7,DL2	
	DJNZ	R6,DL1	
	RET		
TAB：	DB	0C0H,0F9H,0A4H,0B0H,99H	;0123456789 灭
	DB	92H,82H,0F8H,80H,90H,0FFH	
	END		

5. 操作步骤

① 硬件接线：将各元器件按硬件接线图焊接到万能板上。

② 编程并下载：将设计参考程序输入并下载到 AT89S51 中。

③ 观察运行结果：将 ISP 下载线拔除，接通电源，观察显示结果。通过设置按键对时钟的时间进行设定。

6. 编程扩展

① 增加设置闹钟功能。

② 试用 C51 重新设计数字钟程序。

任务训练 2　温度控制器设计与制作

1. 训练目的

① 熟悉 AT89S51 单片机与单总线器件 DS18B20 的接线方法。

② 学习 DS18B20 的使用及编程方法。

③ 熟练掌握单片机全系统调试的过程及方法。

2. 训练内容

用 DS18B20 温度传感器设计一个数字温度计，测量范围-55~125 ℃，精确到小数点后 1 位，温度值可在 LED 数码管上显示。硬件电路如图 8-35 所示。

仿真：数字温度计

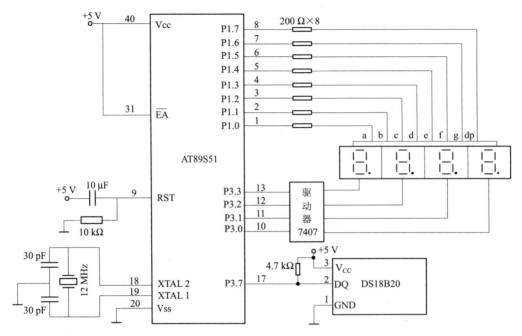

图 8-35 数字温度计硬件电路图

3. 元器件清单

元器件清单见表 8-15。

表 8-15 温度控制器元器件清单

序 号	元器件名称	规 格	数 量
1	51 单片机	AT89S51	1 个
2	晶振	12 MHz 立式	1 个
3	起振电容	30 pF 瓷片电容	2 个
4	复位电容	10 μF 16 V 电解电容	1 个
5	复位电阻	10 kΩ 电阻	1 个
6	限流电阻	220 Ω 电阻	8 个
7	上拉电阻	4.7 kΩ 电阻	1 个
8	7 段 LED 数码管	共阳极 四位一体	1 个
9	同相驱动器	74LS07	1 个
10	温度传感器	DS18B20	1 个
11	DIP 封装插座	40 脚、14 脚集成插座	各 1 个
12	ISP 下载接口	DC3-10P 牛角座	1 个
13	单片机教学板或万能板	150 mm×90 mm	1 块

4. 参考程序

```
TIMEL       EQU     0E0H                            ;20 ms,定时器 0 时间常数
TIMEH       EQU     0B1H
TEMPHEAD    EQU     36H
BITST       DATA    20H
TIME1SOK    BIT     BITST.1
TEMPONEOK   BIT     BITST.2
TEMPL       DATA    26H
TEMPH       DATA    27H
TEMPHC      DATA    28H
TEMPLC      DATA    29H
TEMPDIN     BIT     P3.7
            ORG     00000H
            LJMP    START
            ORG     00BH
            LJMP    T0IT
            ORG     0100H
START:      MOV     SP,#60H
CLSMEM:     MOV     R0,#20H
            MOV     R1,#60H
CLSMEM1:    MOV     @R0,#00H
            INC     R0
            DJNZ    R1,CLSMEM1
            MOV     TMOD,#00000001B                 ;定时器 0 工作方式 1
            MOV     TH0,#TIMEH
            MOV     TL0,#TIMEL                      ;20 ms
            SJMP    INIT
ERROR:      NOP
            LJMP    START
            NOP
INIT:       NOP
            SETB    ET0
            SETB    TR0
            SETB    EA
            MOV     PSW,#00H
            CLR     TEMPONEOK
MAIN:       LCALL   DISP1                           ;调用显示子程序
            JNB     TIME1SOK,MAIN
            CLR     TIME1SOK                        ;测温每 1 s 一次
```

```
                JNB         TEMPONEOK,MAIN2      ;上电时先转换一次温度
                LCALL       READTEMP1            ;读出温度值子程序
                LCALL       CONVTEMP             ;温度 BCD 码计算处理子程序
                LCALL       DISPBCD              ;显示区 BCD 码温度值刷新子程序
                LCALL       DISP1                ;消闪烁,显示一次
MAIN2:          LCALL       READTEMP             ;温度转换开始
                SETB        TEMPONEOK
                LJMP        MAIN
T0IT:           PUSH        PSW                  ;定时器 0 中断服务程序
                MOV         PSW,#10H
                MOV         TH0,#TIMEH
                MOV         TL0,#TIMEL
                INC         R7
                CJNE        R7,#32H,T0IT1
                MOV         R7,#00H
                SETB        TIME1SOK             ;1 s 定时到标志
T0IT1:          POP         PSW
                RETI
INITDS1820:     SETB        TEMPDIN              ;复位 DS18B20 子程序
                NOP
                NOP
                CLR         TEMPDIN
                MOV         R6,#0A0H             ;DELAY 480 μs
                DJNZ        R6,$
                MOV         R6,#0A0H
                DJNZ        R6,$
                SETB        TEMPDIN
                MOV         R6,#32H              ;DELAY 70 μs
                DJNZ        R6,$
                MOV         R6,#3CH
LOOP1820:       MOV         C,TEMPDIN
                JC          INITDS1820OUT
                DJNZ        R6,LOOP1820
                MOV         R6,#64H              ;DELAY 200 μs
                DJNZ        R6, $
                SJMP        INITDS1820
                RET
INITDS1820OUT:  SETB        TEMPDIN
                RET
```

```
;读DS18B20的程序，从DS18B20中读出1字节的数据
READDS1820: MOV      R7,#08H
            SETB     TEMPDIN
            NOP
            NOP
READLOOP:   CLR      TEMPDIN
            NOP
            NOP
            NOP
            SETB     TEMPDIN
            MOV      R6,#07H          ;DELAY 15 μs
            DJNZ     R6,$
            MOV      C,TEMPDIN
            MOV      R6,#3CH          ;DELAY 120 μs
            DJNZ     R6,$
            RRC      A
            SETB     TEMPDIN
            DJNZ     R7,READLOOP
            MOV      R6,#3CH          ;DELAY 120 μs
            DJNZ     R6,$
            RET
;写DS18B20的程序，从DS18B20中写1字节的数据
WRITEDS1820: MOV     R7,#08H
            SETB     TEMPDIN
            NOP
            NOP
WRITELOP:   CLR      TEMPDIN
            MOV      R6,#07H          ;DELAY 15 μs
            DJNZ     R6,$
            RRC      A
            MOV      TEMPDIN,C
            MOV      R6,#34H          ;DELAY 104 μs
            DJNZ     R6,$
            SETB     TEMPDIN
            DJNZ     R7,WRITELOP
            RET
READTEMP:   LCALL    INITDS1820       ;读温度值子程序
            MOV      A,#0CCH
            LCALL    WRITEDS1820      ;跳过ROM
```

```
               MOV      R6,#34H              ;DELAY 104 μs
               DJNZ     R6,$
               MOV      A,#44H
               LCALL    WRITEDS1820          ;开始转换
               MOV      R6,#34H              ;DELAY 104 μs
               DJNZ     R6,$
               RET
READTEMP1:     LCALL    INITDS1820
               MOV      A,#0CCH
               LCALL    WRITEDS1820          ;跳过 ROM
               MOV      R6,#34H              ;DELAY 104 μs
               DJNZ     R6,$
               MOV      A,#0BEH
               LCALL    WRITEDS1820          ;读暂存器
               MOV      R6,#34H              ;DELAY 104 μs
               DJNZ     R6,$
               MOV      R5,#09H
               MOV      R0,#TEMPHEAD
               MOV      B,#00H
READTEMP2:     LCALL    READDS1820
               MOV      @R0,A
               INC      R0
READTEMP21:    LCALL    CRC8CAL              ;调 CRC 校验
               DJNZ     R5,READTEMP2
               MOV      A,B
               JNZ      READTEMPOUT
               MOV      A,TEMPHEAD+0
               MOV      TEMPL,A
               MOV      A,TEMPHEAD+1
               MOV      TEMPH,A
READTEMPOUT:   RET
CONVTEMP:      MOV      A,TEMPH              ;处理温度 BCD 码子程序
               ANL      A,#80H
               JZ       TEMPC1
               CLR      C
               MOV      A,TEMPL
               CPL      A
               ADD      A,#01H
               MOV      TEMPL,A
```

```
              MOV     A,TEMPH                 -
              CPL     A
              ADDC    A,#00H
              MOV     TEMPH,A                 ;TEMPHC HI = 符号位
              MOV     TEMPHC,#0BH
              SJMP    TEMPC11
TEMPC1:       MOV     TEMPHC,#0AH
TEMPC11:      MOV     A,TEMPHC
              SWAP    A
              MOV     TEMPHC,A
              MOV     A,TEMPL
              ANL     A,#0FH                  ;乘 0.0625
              MOV     DPTR,#TEMPDOTTAB
              MOVC    A,@A+DPTR
              MOV     TEMPLC,A                ;TEMPLC LOW = 小数部分 BCD
              MOV     A,TEMPL                 ;整数部分
              ANL     A,#0F0H
              SWAP    A
              MOV     TEMPL,A
              MOV     A,TEMPH
              ANL     A,#0FH
              SWAP    A
              ORL     A,TEMPL
              LCALL   HEX2BCD1
              MOV     TEMPL,A
              ANL     A,#0F0H
              SWAP    A
              ORL     A,TEMPHC                ;TEMPHC LOW = 十位数 BCD
              MOV     TEMPHC,A
              MOV     A,TEMPL
              ANL     A,#0FH
              SWAP    A                       ;TEMPLC HI = 个位数 BCD
              ORL     A,TEMPLC
              MOV     TEMPLC,A
              MOV     A,R7
              JZ      TEMPC12
              ANL     A,#0FH
              SWAP    A
              MOV     R7,A
```

```
                MOV     A,TEMPHC            ;TEMPHC HI = 百位数 BCD
                ANL     A,#0FH
                ORL     A,R7
                MOV     TEMPHC,A
TEMPC12:        RET
                                            ;小数部分码表
TEMPDOTTAB:  DB  00H,01H,01H,02H,03H,03H,04H,04H,05H,06H
             DB  06H,07H,08H,08H,09H,09H
                RET
DISPBCD:        MOV     A,TEMPLC           ;显示区 BCD 码温度值刷新子程序
                ANL     A,#0FH
                MOV     70H,A
                MOV     A,TEMPLC
                SWAP    A
                ANL     A,#0FH
                MOV     71H,A
                MOV     A,TEMPHC
                ANL     A,#0FH
                MOV     72H,A
                MOV     A,TEMPHC
                SWAP    A
                ANL     A,#0FH
                MOV     73H,A
                MOV     A,TEMPHC
                ANL     A,#0F0H
                CJNE    A,#10H,DISPBCD0
                SJMP    DISPBCD2
DISPBCD0:       MOV     A,TEMPHC
                ANL     A,#0FH
                JNZ     DISPBCD2           ;十位数是零
                MOV     A,TEMPHC
                SWAP    A
                ANL     A,#0FH
                MOV     73H,#0AH           ;符号位不显示
                MOV     72H,A              ;十位数显示符号
DISPBCD2:       RET
                                           ;显示子程序
DISP1:          MOV     R1,#70H            ;指向显示数据首址
                MOV     R5,#01H            ;扫描控制字初值
```

```
PLAY:       MOV     P1,#0FFH
            MOV     A,R5                ;扫描字放入 A
            MOV     P3,A                ;从 P3 口输出
            MOV     A,@R1               ;取显示数据到 A
            MOV     DPTR,#TAB           ;取段码表地址
            MOVC    A,@A+DPTR           ;查显示数据对应段码
            MOV     P1,A                ;段码放入 P1 口
            MOV     A,R5
            JNB     ACC.1,LOOP5         ;小数点处理
            CLR     P1.7
LOOP5:      LCALL   DL1MS               ;显示 1ms
            INC     R1                  ;指向下一地址
            MOV     A,R5                ;扫描控制字放入 A
            JB      ACC.3,ENDOUT        ;ACC.3=1 时一次显示结束
            RL      A                   ;A 中数据循环左移
            MOV     R5,A                ;放回 R5 内
            AJMP    PLAY                ;跳回 PLAY 循环
ENDOUT:     MOV     P1,#0FFH            ;一次显示结束,P2 口复位
            MOV     P3,#00H             ;P3 口复位
            RET                         ;子程序返回
TAB:        DB   0C0H,0F9H,0A4H,0B0H,99H,92H,
            DB   0F8H,80H,90H,0FFH,0BFH  ;共阳段码表
DL1MS:      MOV     R6,#14H             ;1 ms 延时程序,LED 显示程序用
DL1:        MOV     R7,#19H
DL2:        DJNZ    R7,DL2
            DJNZ    R6,DL1
            RET
HEX2BCD1:   MOV     B,#64H              ;单字节 16 进制转 BCD
            DIV     AB
            MOV     R7,A
            MOV     A,#0AH
            XCH     A,B
            DIV     AB
            SWAP    A
            ORL     A,B
            RET
CRC8CAL:    PUSH    ACC                 ;CRC 校验子程序
            MOV     R7,#08H
CRC8LOOP1:  XRL     A,B
```

```
            RRC     A
            MOV     A,B
            JNC     CRC8LOOP2
            XRL     A,#18H
CRC8LOOP2:  RRC     A
            MOV     B,A
            POP     ACC
            RR      A
            PUSH    ACC
            DJNZ    R7,CRC8LOOP1
            POP     ACC
            RET
            END
```

5．操作步骤

① 硬件接线：将各元器件按硬件接线图焊接到万能板上。

② 编程并下载：将设计参考程序输入并下载到 AT89S51 中。

③ 观察运行结果：将 ISP 下载线拔除，接通电源，用手触碰 DS18B20，观察显示结果。将制作好的数字温度计与已有的成品温度计进行性能比较，观察误差指标。

6．编程扩展

① 设置上下限报警，当测量温度超出设定范围时发出报警信号。

② "新冠疫情"期间，用电子体温计监测体温成为检测人体是否感染冠状病毒的重要手段。请设计一台电子体温计，以满足新冠疫情温度测量需要。控制要求如下：按下开关，正常显示，以 3 位数字显示，显示精度 0.1 ℃。测量范围 32～42 ℃。再次按下开关结束测量。当温度高于 37.3 ℃，蜂鸣器发出报警信号。

先导案例解决

如果采用并行扩展方式进行外围芯片连接时，通常通过 AT89S51 单片机的 P0～P3 端口进行连接。由 P0、P2 口提供地址信号通道，由 P0 口提供数据信号通道，由 P3 口提供读写信号。编程时较简单，常通过外部数据读写指令 MOVX 实现对数据的读写操作。

如果采用串行扩展方式，则可通过 P0～P3 口的任意口线进行连接，只需要在编程的时候按读写时序编程即可。串行扩展时编程较复杂，可将常用的读写程序写成标准的子程序，以供使用时调用。

本章小结

AT89S51 在内部资源不够用时，就需要扩展一些外围芯片，以增加单片机的硬件资源。

AT89S51 单片机的外部扩展可采用并行和串行两种方式。

并行扩展使用单片机的地址总线、数据总线和控制总线进行外部芯片的硬件连接。串行扩展硬件接线较简单，只需要 1~3 根线即可。常用的标准总线有 I^2C、SPI、1-Wire 等。

并行扩展编程简单，可使用一条指令对数据进行读写，而串行扩展编程需要根据芯片规定的时序进行读写操作。

I/O 并行扩展可用 8155 可编程芯片实现，8155 芯片内部包含了 3 个 I/O 口、256 B 数据存储器、1 个定时/计数器，它与 AT89S51 的接口电路简单，是应用最广泛的芯片之一。

AT24CXX 系列 E^2PROM 是典型的 I^2C 总线接口器件。具有体积小、接口简单、数据保存可靠、可在线改写、功耗低等特点，常用于单片机应用系统掉电时保存一些重要的数据。

DS1302 是一种采用 SPI 总线接口的实时时钟芯片（RTC），一次可传送多个字节的时钟信号和 RAM 数据。广泛应用于电话、传真、便携式仪表及电池供电的测量仪表中。

DS18B20 是一种采用 1-Wire 标准接口的单总线测温器件。它具有微型化、低功耗、高性能、抗干扰能力强等优点，可直接将温度转化为串行数字信号供处理器处理。

思考题与习题

1. 为什么当 P2 作为扩展存储器的高 8 位地址后，不再适用作为 I/O 口？
2. 试说明 8155 芯片的内部结构特点，其定时/计数器与 AT89S51 内部的定时/计数器有何异同？
3. 说明 8155 芯片工作方式控制字的作用及各位的功能。
4. 试对 8155 芯片进行初始化编程，使其 A 口作为输出口，B 口作为输入口，并启动定时/计数器，输出连续方波，定时时间为 10 ms，输入时钟频率为 500 kHz。
5. I^2C 总线有何优点？试述采用 I^2C 总线进行数据传送的过程。
6. SPI 总线采用几根传输线？试述采用 SPI 总线进行数据传送的过程。
7. DS18B20 芯片可设置几种分辨率？如何设置？
8. 简述读取 DS18B20 芯片温度值的操作过程。
9. 使用 AT24C02 存储器设计一个电子密码锁，要求实现以下功能。
① 必须通过键盘输入正确的密码才能开锁。
② 输入密码三次错误时将报警。
③ 只能在锁打开后才能修改密码，密码可以由用户自己修改设定。
④ 修改密码前必须重新输入旧密码后再输入新密码，新密码需要两次确认，以防误操作。
10. 试使用 DS1302 设计一个万年历，要求实现以下功能。
① 可显示年、月、日、时、分、秒、星期等数据。
② 可进行时间调整。
③ 可设置闹钟。

仿真：密码锁

第 9 章 单片机应用系统开发

本章知识点

- 单片机的系统设计过程。
- 单片机的选型。
- 单片机的抗干扰措施。

先导案例

要组成一个完整的单片机应用系统,应了解单片机的开发过程,学习各种工具软件。从方案设计、器件选型到硬件设计、软件设计及系统联调等,经过一系列设计步骤才能完成。而在实验室完成设计开发的单片机系统极有可能不能在工业自动化、生产过程控制、智能仪器仪表等生产环境中正常工作。由于测控系统的工作环境复杂,有时还比较恶劣,比如系统周围的电磁环境等,因此,必须采取抗干扰措施,否则难以稳定、可靠运行。单片机系统的可靠性由多种因素决定,其中系统抗干扰性能是可靠性的重要指标。对系统抗干扰能力的设计主要体现在两个方面,一是硬件设计上,二是软件编写上。

9.1 单片机应用系统设计过程

9.1.1 单片机应用系统设计要求

1. 可靠性要高

设计中主要体现在以下几点。

① 在器件使用上，应选用可靠性高的元器件，以防止器件的损坏影响系统的可靠运行。
② 选用典型电路，排除电路的不稳定因素。
③ 采用必要的冗余设计或增加系统的故障自检测和自处理功能。
④ 采取必要的抗干扰措施，以防止环境干扰。

2. 操作维修要方便

设计中主要体现在以下几点。
① 系统结构要规范化、模块化。
② 系统的控制开关不能太多，不能太复杂。
③ 操作顺序简单明了，操作功能简明直观。
④ 易于查找故障和排除故障。

3. 性能价格比要高

优化系统设计，简化外围硬件电路，或采用硬件软化技术提高系统的性能价格比。

4. 具有自我保护意识

应考虑软件具有加密功能，使固化到单片机内的用户程序不能被非法读出或复制。

9.1.2 单片机应用系统的组成

任何单片机应用系统基本上都由两大部分组成：硬件和软件。

1. 硬件组成

硬件由单片机、存储器、若干 I/O 接口及外围设备等组成，如图 9-1 所示。其中，单片机是整个系统的核心部件，能运行程序和处理数据。存储器用于存储单片机程序及数据。I/O 接口是单片机与外部被控对象的信息交换通道，包括以下几部分：数字量 I/O 接口（频率、脉冲等）、开关量 I/O 接口（继电器开关、无触点开关、电磁阀等）、模拟量 I/O 接口（A/D 或 D/A 转换电路）。通用外部设备是进行人机对话的联系纽带，包括键盘、显示器、打印机等。检测与执行机构包括检测单元和执行机构。检测单元用于将各种被测参数转变成电量信号，供计算机处理，一般采用传感器实现。执行机构用于驱动外部被控对象，一般有电动、气动和液压等驱动方式。

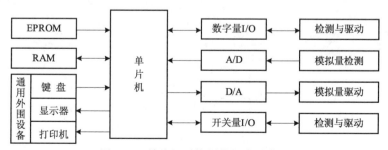

图 9-1 单片机系统硬件组成示意图

2. 软件组成

软件主要由实时软件和开发软件两大类构成。实时软件是由软件设计者提供的、针对不同单片机控制系统功能所编写的软件，专门用于对整个单片机系统的管理和控制。开发软件是指在开发、调试控制系统时使用的软件,如汇编软件、编译软件、调试和仿真软件、编程下载软件等。

9.1.3 单片机应用系统设计步骤

如图9-2所示,单片机应用系统开发的一般步骤可以分为以下几个阶段。

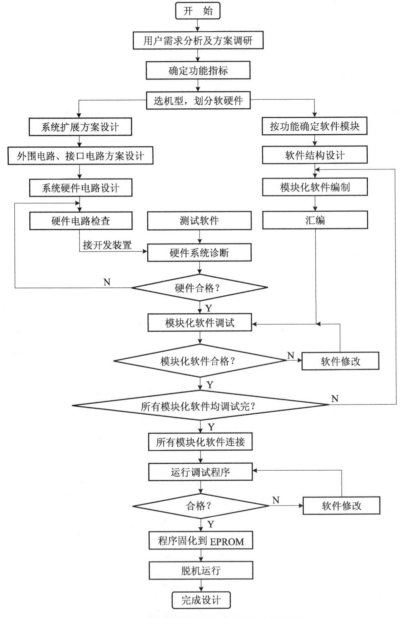

图9-2 单片机应用系统设计过程框图

1. 确定总体设计方案

确定总体方案通常要做以下工作。

（1）用户需求分析与方案调研

需求分析与方案调研是应用系统设计工作的开始，目的是通过对市场及用户的了解明确应用系统的设计目标及技术指标。其内容主要包括：对国内外同类系统的状态分析；明确被控、被测参数的形式（电量、非电量、模拟量、数字量等）、被测控参数的范围、性能指标、系统功能以及显示、报警和打印要求；确定课题的软、硬件技术难度及主攻方向等。

（2）可行性分析

根据需求分析与方案调研进行可行性分析。可行性分析的目的是对系统开发研制的必要性及可行性作出明确的判断并决定开发工作是否继续。

（3）系统方案设计

这一阶段的工作是为整个系统设计建立一个逻辑模型。其主要内容包括以下几点。

- 进行必要的理论分析和计算，确定合理的控制算法。
- 选择机型。
- 划分系统软、硬件的功能，合理搭配软、硬件比重。
- 确定系统的硬件配置，包括系统的扩展方案、外围电路的配置及接口电路方案的确定，并画出各部分的功能框图。
- 确定系统软件功能模块的划分及各功能模块的程序实现方法，并画出流程图。
- 估计系统的软、硬件资源并进行存储空间的分配。

2. 系统的详细设计与制作

系统设计包括硬件设计与软件设计两大部分。

（1）硬件设计

硬件设计的任务是根据总体设计要求，设计系统的硬件电路原理图，并初步设计印制电路板等。其主要内容包括单片机系统扩展（单片机内部功能单元不能满足应用系统要求时必须进行的片外扩展）及系统配置（按系统功能要求配置的外围设备及接口）两部分。系统扩展主要包括程序存储器及数据存储器的扩展、I/O接口电路的扩展、定时/计数器及中断系统扩展等。如用8155、8255进行I/O接口电路的扩展。系统配置主要有键盘、显示器、打印机、A/D或D/A转换等。

系统扩展及配置应遵循以下原则。

- 尽量选用典型通用的电路。
- 系统扩展及配置应留有余地，以便今后的系统扩充。
- 硬件结构应结合软件考虑，尽可能用软件代替硬件，简化硬件结构。
- 应选用性能匹配且功耗低的器件。
- 适当考虑CPU的总线驱动能力。
- 注意可靠性及抗干扰性设计。

（2）软件设计

软件设计的任务是在总体设计和硬件设计的基础上确定程序结构，分配内部存储器资源，划分功能模块，进行主程序及各模块程序的设计，最终完成整个系统的控制程序。软件设计的内容及步骤如图9-3所示。

① 系统定义。

- 定义各输入/输出端口地址及工作方式。

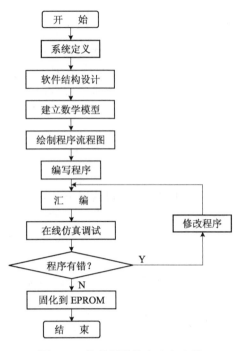

图 9-3 软件设计的内容和步骤

● 分配主程序、中断程序、表格、堆栈等的存储空间。

② 软件结构设计。

常用的程序设计方法有以下 3 种。

● 模块化程序设计：模块化程序设计是单片机常用的程序设计方法。模块化程序设计的思想是将一个功能完整的较长程序分解成若干个功能相对独立的较小程序模块；然后对各个程序模块分别进行设计、编程和调试；最后把各个调试好的程序模块装配起来进行联调，最终成为一个有实用价值的程序。

● 自顶向下逐步求精程序设计：自顶向下逐步求精程序设计要求从系统的主干程序开始，从属的程序和子程序先用符号来代替，集中力量解决全局问题，然后再层层细化逐步求精，编制从属程序和子程序，最终完成一个复杂程序的设计。

● 结构化程序设计：结构化程序设计是一种理想的程序设计方法，它是指在编程过程中对程序进行适当限制，特别是限制转移指令的使用，对程序的复杂程度进行控制，使程序的编排顺序和程序的执行流程保持一致。

③ 建立数学模型。用于描述各输入变量和输出变量之间的数学关系并确定算法。

④ 绘制程序流程图。根据系统功能、操作过程、软件结构及算法进行绘制。

⑤ 编写程序。依据流程图选择适合的语言来编写主程序及各功能模块程序，可采用汇编语言、C51 及其他高级语言编写。

⑥ 汇编与调试。利用汇编程序将编写好的用户程序汇编成机器码，并利用仿真器进行调试和修改程序。

软件设计时还应考虑以下几个方面。

● 合理设计软件总体结构，采用结构化设计风格，各程序按功能进行模块化、子程序化及规范化，便于调试、修改、移植及维护。

● 合理分配系统资源，包括程序存储器、数据存储器、定时/计数器、中断源等。

● 编写应用软件之前，应绘制出程序流程图，提高软件设计的总效率。

● 注意程序的可读性，为后续开发奠定良好的基础。

● 加强软件抗干扰设计，提高应用系统可靠性。

3. 仿真调试

仿真调试可分为硬件调试、软件调试和系统联调 3 个阶段。

(1) 硬件调试

硬件调试是利用开发系统基本测试仪器（万用表、示波器等），通过执行开发系统有关命令或测试程序，检查用户系统硬件中存在的故障。

硬件调试分为静态调试和动态调试两步。
- 静态调试是在用户系统未工作时的一种硬件检查。其一般方法是采用目测、万用表测试、加电测试对印制电路板及各芯片、元器件进行检查。其主要内容包括检查电路、核对元器件、检查电源系统及调试外围电路等。
- 动态调试是在用户系统工作时发现和排除硬件故障的一种硬件检查。一般是按由近及远、由分到合的原则来进行检查的，即先进行各单元电路调试，再进行全系统调试。其主要内容包括测试扩展 RAM、I/O 接口和 I/O 设备、试验晶振电路和复位电路、测试 A/D 和 D/A 转换器以及试验显示、打印、报警等电路。

（2）软件调试

软件调试是通过对用户程序的汇编、连接、执行来发现程序中存在的语法错误与逻辑错误并加以排除纠正的过程。

软件调试的一般方法是先独立后联机、先分块后组合、先单步后连续。

（3）系统联调

系统联调是指让用户系统的软件在其硬件上实际运行，并进行软、硬件联合调试。应注意以下几点。
- 对于有电气控制负载（加热元件、电动机）的系统，应先试验空载。
- 要试验系统的各项功能，避免遗漏。仔细调整有关软件或硬件，使检测和控制达到要求的精度。
- 当主电路投切电气负载时，注意观察微型计算机是否有受干扰的现象。
- 综合调试时，仿真器采用全速断点或连续运行方式，在综合调试的最后阶段应使用用户样机中的晶振。
- 系统要连续稳定运行相当时间，以考验硬件部分的稳定性。
- 有些系统的实际工作环境是在生产现场、在实验室做调试时，某些部分只能进行模拟，这样的系统必须到生产现场最终完成综合调试工作。

4. 程序固化及独立运行

5. 文件编制阶段

文件应包括任务描述；设计的指导思想及设计方案论证；性能测定及现场试用报告与说明；使用指南；软件资料（流程图、子程序使用说明、地址分配、程序清单）；硬件资料（电路原理图、元器件布置图及接线图、接插件引脚图、印制电路板图、注意事项等）。

9.2 单片机的选型

9.2.1 单片机的性能指标

1. 单片机的位数

目前的单片机有 4 位机、8 位机、16 位机及 32 位机等几种。单片机的位数是由其内核 CPU 的位数决定的。位数越多，单片机处理数据的能力就越强。

2. 运行速度

单片机的运行速度取决于外部晶振或外部时钟信号的频率。如 AT89S51 单片机的外部时钟频率可达 33 MHz。单片机运行速度高则执行速度快，但功耗也会相应地增加，同时要注意其外围接口芯片与工作速度的配合。

3. 存储器容量

单片机的程序存储器结构类型主要有 3 种：片内 ROM 型、片内 EPROM 型、片内无 ROM 型，现在又出现了 OTP（One Time Program）型及 Flash 型。其中，片内 EPROM 型及 Flash 型主要用于开发调试，但这两种存储器的售价较高；OTP 型主要用于小批量试制；片内 ROM 型用于大批量生产；无 ROM 型由于需外挂程序存储器，现已很少采用。

一般的单片机均带有数据存储器 RAM，但其容量均不大。当需要存储大量数据时，应考虑外接用户 RAM。

4. 中断及定时器

单片机具有较强的中断处理能力，一般均有一至数个中断源，并且还具有中断优先级控制、中断嵌套及外扩中断源的能力。

定时器也是单片机内部重要的资源，一般有 2~3 个定时器。

5. 输入/输出端口

输入/输出端口有输入口、输出口及双向口几种类型，有些输入/输出口还同时具备了总线的功能。在一些专用的单片机上还带有特殊功能的端口，如大电流驱动口、SPI 串行口、I^2C 串行口、A/D 输入口、D/A 输出口、红外发射接收口、PWM 输出口等。

6. 功耗、封装及环境温度

在一些自动监测仪表及电池供电的产品中，低功耗是主要的技术指标，通常采用 HCMOS 工艺的单片机在低电压下工作。

单片机的封装一般有 DIP、QFP、PLCC 等类型，应从印制板的尺寸、加工手段、购买途径及成本等方面综合考虑。

根据工作环境温度的不同可将单片机分为商业级（0 ℃~70 ℃）、工业级（-40 ℃~85 ℃）、汽车级（-40 ℃~125 ℃）和军用级（-55 ℃~125 ℃）。

7. 极限参数

极限参数主要包括最高使用电压、最低使用电压、最高使用温度、最低使用温度、最大功耗、最大电流、端口最大输入电压、端口最大输出电流、最高焊接温度、最长焊接时间等。

9.2.2 单片机的选型原则

1. 单片机的系统适应性

所谓系统适应性是指能否用这个单片机完成应用系统的控制任务，主要考虑以下几点。
- 是否有所需的 I/O 端口数？
- 是否有所需的中断源及定时器？
- 是否有所需的外围端口部件？

- 是否有合适的计算处理能力？
- 是否有足够的极限性能？

2. 单片机的可开发性

开发工具的使用是单片机应用系统开发的必要手段，是选择单片机的一个重要依据。主要考虑以下几点。

（1）开发环境
- 汇编程序。
- 编译、连接程序。

（2）调试工具
- 在线仿真器。
- 逻辑分析工具。
- 调试监控程序。

（3）在线 BBS 服务
- 实时执行。
- 应用案例。
- 缺陷故障报告。
- 实用软件。
- 样本源码。

（4）应用支持
- 是否存在专职的应用支持机构？
- 是否存在应用工程师及销售人员的支持？
- 支持人员的学识水平如何？
- 是否有便利的通信工具，能否及时得到支持？

3. 制造商历史及可购买性
- 产品的性价比是否可靠？
- 购买途径是否顺畅？
- 供货量是否充足稳定？
- 是否停产？
- 是否在改进之中？

总之，依据上述 3 个原则进行单片机的选型，应该可以选择出最能适用于具体应用系统的单片机，同时可以保证应用系统具有高可靠性、高性价比、高使用寿命及可升级换代性。

9.3 单片机的抗干扰技术

9.3.1 干扰的来源

所谓干扰就是有用信号外的噪声或造成恶劣影响的变化部分的总称。

在进行单片机应用产品的开发过程中，人们经常会碰到一个很棘手的问题，即在实验室环境下系统运行很正常，但小批量生产并安装在工作现场后，却出现一些不太规律、不太正常的现象。究其原因主要是系统的抗干扰设计不全面，导致应用系统的工作不可靠。

表 9-1 列出了单片机应用系统出错的主要现象及原因。

表 9-1　单片机应用系统出错的主要现象及原因

序号	出错现象	主 要 原 因
1	死机	单片机内部程序指针错乱，使程序进入死循环。 RAM 中的数据被冲乱，使程序进入死循环
2	系统被控对象误操作	单片机内部程序指针错乱，指向了其他地方，运行了错误的程序。 RAM 中的某些数据被冲乱，使程序计算出现错误的结果。 外围锁存电路受干扰，产生误锁存，从而引起被控对象的误操作
3	被控对象状态不稳定	锁存电路与被控对象间的线路（包括驱动电路）受干扰，从而造成被控对象状态不稳定
4	显示数据混乱或闪烁	单片机内部程序指针错乱，指向了其他地方，运行了错误的程序。 RAM 中的某些数据被冲乱，使程序计算出现错误的结果。 显示器的锁存电路受干扰，造成显示器不断地闪烁
5	定时不准	单片机内部程序指针错乱，使中断程序运行超出定时时间。 RAM 中计时数据被冲乱，使程序计算出现错误的结果

单片机这些错误的产生与外部干扰有着必然联系，引起单片机控制系统干扰的主要原因有以下几类。

（1）供电系统的干扰

众所周知，电源开关的通断、电机和大的用电设备的起停都会使供电电网发生波动，受这些因素的影响，电网上常常出现几百伏甚至几千伏的尖峰脉冲干扰，这就会使同一电网供电的单片机控制系统无法正常运行。这种干扰是危害最严重也是最广泛的一种干扰形式。

（2）过程通道的干扰

在单片机应用系统中，开关量输入、输出和模拟量输入、输出通道是必不可少的。这些通道不可避免地会使各种干扰直接进入单片机系统。同时，在这些输入、输出通道中的控制线及信号线彼此之间会通过电磁感应而产生干扰，从而使单片机应用系统的程序出现错误等，甚至会使整个系统无法正常运行。

（3）空间电磁波的干扰

空间干扰主要来自太阳及其他天体辐射电磁波、广播电台或通信发射台发出的电磁波及各种周围电气设备发射的电磁干扰等。如果单片机应用系统工作在电磁波较强的区域而没有采取相关的防护措施，就容易引起干扰。但这种干扰一般可通过适当的屏蔽及接地措施加以解决。

因此，针对以上出现的问题，必须采用有效措施以提高单片机应用系统的抗干扰能力。

9.3.2 硬件抗干扰技术

常用的硬件抗干扰技术主要有隔离技术、接地技术、去耦技术、滤波技术及屏蔽技术。

1. 供电系统抗干扰技术

在单片机系统中，为了提高供电系统的质量，防止窜入干扰，建议采用如下措施。

① 单片机输入电源与强电设备动力电源分开。

② 采用具有静电屏蔽和抗电磁干扰的隔离电源变压器。

③ 交流进线端加低通滤波器，可滤掉高频干扰。安装时外壳要加屏蔽并使其良好接地。滤波器的输入、输出引线必须相互隔离，以防止感应和辐射耦合。直流输出部分采用大容量电解电容进行平滑滤波。

④ 对于功率不大的小型或微型计算机系统，为了抑制电网电压起伏的影响，可设置交流稳压器。

⑤ 采用独立功能块单独供电，并用集成稳压块实现两级稳压。

⑥ 尽量提高接口器件的电源电压，提高接口的抗干扰能力。

2. 过程通道抗干扰技术

过程通道是系统输入、输出以及单片机之间进行信息传输的路径。由于输入、输出对象与单片机之间的连接线长，容易窜入干扰，必须抑制。一般采用以下措施。

① 采用光电隔离、继电器隔离、固态继电器（SSR）隔离等措施使前后电路隔离，提高抗干扰能力，如图9-4所示。

② 利用双绞线传输减少电磁感应，抑制噪声干扰。

③ 采用隔离放大器对模拟信号进行隔离，提高抗干扰能力。

④ 采用滤波电路、单稳态电路、触发器电路及施密特电路抑制机械触点的抖动，从而抑制噪声干扰。

⑤ 利用压敏电阻及阻容吸收电路，抑制由电感性负载启停操作所产生的高频干扰。

3. 印制电路板的抗干扰技术

在单片机系统中，印制电路板设计的好坏对抗干扰能力影响很大。印制电路板是用来支撑电路元器件，并提供电路元器件之间电气连接的重要组件。为了减少干扰，经常采用以下几种措施。

① 印制电路板大小要适中，布局要合理。将模拟电路、数字电路及功率驱动电路合理分开，噪声元器件与非噪声元器件要离得远一些；时钟发生器、晶振和CPU的时钟输入端要尽量靠近并远离I/O线及接插件；I/O驱动器件、功率放大器件尽量靠近印制电路板的边缘，靠近引出接插件。

② 合理配置去耦电容。直流电源输入端应跨接 $10 \sim 100~\mu F$ 以上的电解电容器。原则上每个集成电路芯片的电源与地之间，都应安置一个 $0.01 \sim 0.1~\mu F$ 的陶瓷电容器。

③ 正确设计电源线和地线。根据印制电路板电流的大小，尽量加粗电源线宽度。将数字地和模拟地分开，并分别与电源的地线端连接。低频电路尽量采用单点并联接地，高频电路宜采用多点串联接地。接地线应尽量加粗，一般可采用 $2 \sim 3~mm$ 宽度。

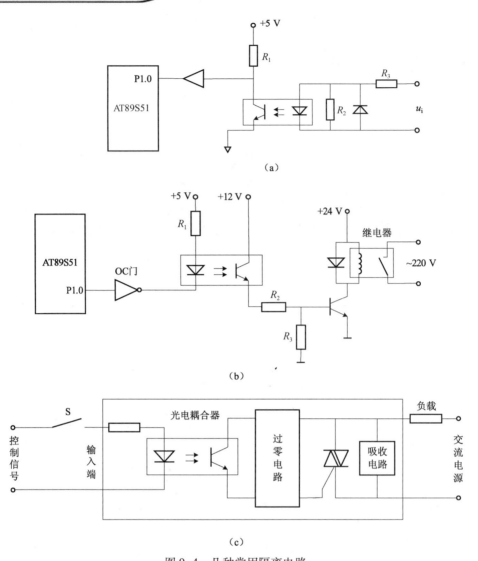

图 9-4　几种常用隔离电路
(a) 光电隔离电路；(b) 继电器隔离电路；(c) SSR 隔离电路

④ 对单片机或其他 IC 闲置的端口，不要悬空，在不改变系统逻辑情况下接地或接电源。

9.3.3　软件抗干扰技术

单片机应用系统的抗干扰性不可能完全依靠硬件解决，软件抗干扰设计也是防止和消除应用系统故障的重要途径。除了传统的为抑制系统干扰信号而采用软件滤波技术、软件冗余设计等，另外还有软件陷阱、软件看门狗等方法。

1. 软件滤波技术

当干扰影响到单片机系统的输入信号时，将增大系统的数据采集误差。因此，单片机在读取输入信号后，对输入数据的"真伪"判断就显得十分重要。利用软件来判断输入信号是正常的输入信号，还是干扰信号的方法称为软件滤波技术。软件滤波技术可滤掉大部分由输入信号干扰而引起的输出控制错误。最常用的方法有算术平均值法、比较取舍法、中值法、一阶递推数字滤波法。具体选取何种方法，必须根据信号的变化规律选择。对开关量采用多次采集的办法来消除开关的抖动。

2. 设置软件陷阱

一旦单片机因干扰而使得程序计数器 PC 偏离了原定的值，程序便脱离正常运行轨道，出现操作数数值改变或将操作数当作操作码的"跑飞"现象。此时，可采用软件陷阱和"看门狗"技术使程序恢复到正常状态。所谓软件陷阱，是指可以使混乱的程序恢复正常运行或使"跑飞"的程序恢复到初始状态的一系列指令。其主要形式见表 9-2。

表 9-2 软件陷阱的两种指令形式及适用范围

形式	软件陷阱形式	对应入口形式	适用范围
1	NOP NOP LJMP　0000H	0000H：LJMP　MAIN；运行程序	① 双字节指令和 3 字节指令之后 ② 0003~0030H 未使用的中断区 ③ 跳转指令及子程序调用和返回指令之后 ④ 程序段之间的未用区域 ⑤ 数据表格及散转表格的最后 ⑥ 每隔一些指令（一般为十几条指令）后
2	LJMP　0202H LJMP　0000H	0000H：LJMP　MAIN；运行主程序 …… 0202H：LJMP 0000H ……	

（1）未使用的中断区

当未使用的中断因干扰而开放时，在对应的中断服务程序中设置软件陷阱，就能及时捕捉到错误的中断。在中断服务程序中要注意：返回指令用 RETI，也可用 LJMP。其中断服务程序形式为以下两种。

形式一：　　　　　　　　形式二：
```
    NOP              NOP
    NOP              NOP
    POP    direct1   POP    direct1   ;将原先断点弹出
    POP    direct2   POP    direct2
    LJMP   0000H     CLR    A
                     PUSH   ACC
                     PUSH   ACC
                     RETI
```

（2）未使用的 EPROM 空间

单片机系统中使用的 EPROM 很少能够全部用完，这些非程序区可用 0000020000 或 020202020000 数据填满。需要注意的是，最后一条填入数据应为 020000。当程序"跑飞"进入此区后，便会迅速自动入轨。

（3）非 EPROM 芯片空间

单片机系统寻址空间为 64 KB。如果系统仅选用了一片 2764 芯片，其地址空间为 8 KB，那么还有 56 KB 地址空间闲置。

当程序"跑飞"到这些空间时,读入数据将为0FFH,这是"MOV R7,A"指令的机器码,此代码的执行将修改R7中的内容。因此,可采用图9-5所示电路来避免。图中74LS138为3/8译码器,当PC落入2000H~FFFFH这段闲置空间时,定有$\overline{Y0}$为高电平。当执行取指令操作时,$\overline{PSEN}$为低电平,从而引起中断,在中断服务程序中设置软件陷阱可将"跑飞"的程序迅速拉入正轨。

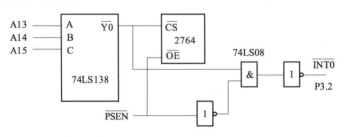

图 9-5 非 EPROM 区防"跑飞"电路

(4) 运行程序区

由于程序是采用模块化的设计方法,因此,程序也是以模块方式运行的。此时可以将陷阱指令组分散放置在用户程序各模块之间空余的单元里。一般每1 KB有几个陷阱就够了。

在正常程序中不执行这些陷阱指令,保证用户程序正常运行;但当程序"跑飞"时,一旦落入这些陷阱区,马上就可将"跑飞"的程序拉到正确轨道。

(5) 中断服务程序区

设用户主程序运行区间为add1~add2,且定时器T0产生10 ms定时中断;当程序"跑飞"落入add1~add2以外的区间,此时又发生了定时中断,则可在中断服务程序中判定中断断点地址add$x$是否在add1~add2,若不在则说明发生了程序"跑飞",应使程序返回到复位入口地址0000H,使"跑飞"程序纳入正轨。

例如:假设add1 = 0100H,add2 = 1000H。2FH为断点地址高字节暂存单元,2EH为断点地址低字节暂存单元。则中断服务程序如下:

```
POP     2FH             ;断点地址弹入 2FH、2EH
POP     2EH
PUSH    2EH             ;恢复断点
PUSH    2FH
CLR     C               ;断点地址与下限地址比较
MOV     A,2EH
SUBB    A,#00H
MOV     A,2FH
SUBB    A,#01H
JC      LOOP            ;断点地址<0100H 则转复位程序
MOV     A,#00H          ;断点地址与上限地址比较
SUBB    A,2EH
MOV     A,#10H
SUBB    A,2FH
```

```
            JC      LOOP              ;断点地址>1000H 则转复位程序
            …                         ;中断处理内容
            RETI
    LOOP:   POP     2FH               ;修改断点地址
            POP     2EH
            CLR     A
            PUSH    ACC
            PUSH    ACC
            RETI
```

3. 设置程序运行监视系统

程序运行监视系统又称"看门狗"（Watch Dog）。

"看门狗"好比是主人（单片机）养的一条"狗"，在正常工作时，每隔一段固定时间就给"狗"吃点东西，"狗"吃过东西后就不会影响主人干活了。如果主人打瞌睡，到一定时间，"狗"饿了，发现主人还没有给它吃东西，就会叫醒主人。由此可以看出，"看门狗"就是一个监视跟踪定时器，应用"看门狗"技术可以使单片机从死循环中恢复到正常状态。

"看门狗"可以用硬件电路实现，也可采用软件技术通过内部定时/计数器实现。目前，大多数单片机片内都集成有程序运行监视系统。

AT89S51 的看门狗电路是由一个 14bit 的 WDT 计数器和一个看门狗复位寄存器 WDTRST 组成的，看门狗复位寄存器 WDTRST 占用 SFR 地址为 A6H。外部复位时，看门狗 WDT 默认为关闭状态。要打开 WDT，用户必须向看门狗复位寄存器 WDTRST 中先写入 1EH，再写入 0E1H，即可激活看门狗。看门狗被激活后，WDT 会在每个机器周期计数一次，当 WDT 溢出时，会使单片机的复位端 RST 输出高电平的复位脉冲。除硬件复位或 WDT 溢出外，没有其他方法关闭 WDT。当 WDT 打开后，需要在一定的时间间隔内写 1EH 和 0E1H 到 WDTRST 寄存器，避免 WDT 计数溢出。当 14bit 的 WDT 计数器计数到 16383（3FFFH）时，WDT 将溢出，使单片机复位。由于 WDT 在每个机器周期计数一次，因此，用户必须在 16383 个机器周期内复位 WDT，即写 1EH 和 0E1H 到 WDTRST 寄存器。WDTRST 寄存器为只写寄存器，WDT 计数器既不可写，也不可读。

例如，在初始化时用下列程序激活看门狗：

```
                    ORG     0000H
                    LJMP    BEGIN
    BEGIN:  MOV     0A6H,   #1EH        ;先写 1EH
            MOV     0A6H,   #0E1H       ;后写 E1H
    ;主程序中要有下列喂狗指令
            …
    NEXT:   …
            MOV     0A6H,   #1EH        ;先写 1EH
            MOV     0A6H,   #0E1H       ;后写 E1H, 喂狗指令
            …
            LJMP    NEXT
```

注意事项如下。

① AT89S51 的看门狗必须由程序激活后才开始工作，所以必须保证 CPU 有可靠的上电复位，否则看门狗也无法工作。

② 看门狗使用的是 CPU 的晶振，因此在晶振停振时看门狗也无效。

③ AT89S51 只有一个 14 位计数器，因此在 16383 个机器周期内必须至少喂狗一次，而且这个时间是固定的，无法更改。如当晶振为 12 MHz 时，每隔 16 ms 需喂狗一次。

本章小结

单片机系统的研制开发过程主要分为总体设计、详细设计、仿真调试、程序固化、文件编制 5 个阶段。

单片机系统在使用过程中会受到供电系统、过程通道及电磁波的干扰。必须采用必要的抗干扰措施。主要分硬件及软件两方面抑制干扰。硬件可通过隔离技术抑制干扰，软件可采用软件陷阱及"看门狗"技术提高系统抗干扰能力。

思考题与习题

1. 单片机应用系统设计有哪些基本要求？
2. 单片机应用系统由哪些部分组成？
3. 单片机选型应考虑哪几个方面？
4. 说明抑制单片机系统供电干扰的主要方法。
5. 自行设计软件"看门狗"程序。

附录 A

ASCII 码表

低位\高位		0 0000	1 0001	2 0010	3 0011	4 0100	5 0101	6 0110	7 0111
0	0000	NUL	DLE	SP	0	@	P	`	p
1	0001	SOH	DC1	!	1	A	Q	a	q
2	0010	STX	DC2	"	2	B	R	b	r
3	0011	ETX	DC3	#	3	C	S	c	s
4	0100	EOT	DC4	$	4	D	T	d	t
5	0101	ENQ	NAK	%	5	E	U	e	u
6	0110	ACK	SYN	&	6	F	V	f	v
7	0111	BEL	ETB	'	7	G	W	g	w
8	1000	BS	CAN	(	8	H	X	h	x
9	1001	HT	EM	)	9	I	Y	i	y
A	1010	LF	SUB	*	:	J	Z	j	z
B	1011	VT	ESC	+	;	K	[	k	{
C	1100	FF	FS	,	<	J	\	l	|
D	1101	CR	GS	-	=	M	]	m	}
E	1110	SO	RS	.	>	N	↑	n	~
F	1111	SI	US	/	?	O	↓	o	DEL

表中符号说明：

NUL	空	FF	换页	CAN	作废		
SOH	标题开始	CR	回车	EM	载终		
STX	正文结束	SO	移出符	SUB	取代		
ETX	本文结束	SI	移入符	ESC	换码		
EOT	传输结束	DLE	转义符	FS	文字分割符		
ENQ	询问	DC1	设备控制 1	GS	组分割符		
ACK	应答	DC2	设备控制 2	RS	记录分割符		
BEL	报警符	DC3	设备控制 3	US	单元分割符		
BS	退一格	DC4	设备控制 4	SP	空格		
HT	横向列表	NAK	否定	DEL	删除		
LF	换行	SYN	同步				
VT	纵向列表	ETB	信息组传送结束				

附录 B

AT89S51 单片机指令表

指令	功能说明	机器码（H）	字节数	周期数
数据传送类指令				
MOV A, Rn	寄存器送累加器	E8~EF	1	1
MOV A, direct	直接字节送累加器	E5 direct	2	1
MOV A, @Ri	间接RAM送累加器	E6~E7	1	1
MOV A, #data	立即数送累加器	74 data	2	1
MOV Rn, A	累加器送寄存器	F8~FF	1	1
MOV Rn, direct	直接字节送寄存器	A8~AF direct	2	2
MOV Rn, #data	立即数送寄存器	78~7F data	2	1
MOV direct, A	累加器送直接字节	F5 direct	2	1
MOV direct, Rn	寄存器送直接字节	88~8F direct	2	2
MOV direct2, direct1	直接字节送直接字节	85 direct1 direct2	3	2
MOV direct, @Ri	间接RAM送直接字节	86~87 direct	2	2
MOV direct, #data	立即数送直接字节	75 direct data	3	2
MOV @Ri, A	累加器送间接RAM	F6~F7	1	1
MOV @Ri, direct	直接字节送间接RAM	A6~A7 direct	2	2
MOV @Ri, #data	立即数送间接RAM	76~77 data	2	1
MOV DPTR, #data16	16位立即数送数据指针	90 data15~8 data7~0	3	2
MOVC A, @A+DPTR	以DPTR为变址寻址的程序存储器读操作	93	1	2

续表

指令	功能说明	机器码（H）	字节数	周期数
MOVC A，@A+PC	以 PC 为变址寻址的程序存储器读操作	83	1	2
MOVX A，@Ri	外部 RAM（8 位地址）读操作	E2~E3	1	2
MOVX A，@DPTR	外部 RAM（16 位地址）读操作	E0	1	2
MOVX @Ri，A	外部 RAM（8 位地址）写操作	F2~F3	1	2
MOVX @DPTR，A	外部 RAM（16 位地址）写操作	F0	1	2
PUSH direct	直接字节进栈	C0 direct	2	2
POP direct	直接字节出栈	D0 direct	2	2
XCH A，Rn	交换累加器和寄存器	C8~CF	1	1
XCH A，direct	交换累加器和直接字节	C5 direct	2	1
XCH A，@Ri	交换累加器和间接 RAM	C6~C7	1	1
XCHD A，@Ri	交换累加器和间接 RAM 的低 4 位	D6~D7	1	1
算术运算指令				
ADD A，Rn	寄存器加到累加器	28~2F	1	1
ADD A，direct	直接字节加到累加器	25 direct	2	1
ADD A，@Ri	间接 RAM 加到累加器	26~27	1	1
ADD A，#data	立即数加到累加器	24 data	2	1
ADDC A，Rn	寄存器带进位加到累加器	38~3F	1	1
ADDC A，direct	直接字节带进位加到累加器	35 direct	2	1
ADDC A，@Ri	间接 RAM 带进位加到累加器	36~37	1	1
ADDC A，#data	立即数带进位加到累加器	34 data	2	1
SUBB A，Rn	累加器带借位减去寄存器	98~9F	1	1
SUBB A，direct	累加器带借位减去直接字节	95 direct	2	1
SUBB A，@Ri	累加器带借位减去间接 RAM	96~97	1	1
SUBB A，#data	累加器带借位减去立即数	94 data	2	1
INC A	累加器加 1	04	1	1
INC Rn	寄存器加 1	08~0F	1	1
INC direct	直接字节加 1	05 direct	2	1
INC @Ri	间接 RAM 加 1	06~07	1	1
DEC A	累加器减 1	14	1	1
DEC Rn	寄存器减 1	18~1F	1	1

续表

指令	功能说明	机器码（H）	字节数	周期数
DEC direct	直接字节减1	15 direct	2	1
DEC @Ri	间接RAM减1	16~17	1	1
INC DPTR	数据指针加1	A3	1	2
MUL AB	A乘以B	A4	1	4
DIV AB	A除以B	84	1	4
DA A	十进制调整	D4	1	1
逻辑运算				
ANL A, Rn	寄存器"与"累加器	58~5F	1	1
ANL A, direct	直接字节"与"累加器	55 direct	2	1
ANL A, @Ri	间接RAM"与"累加器	56~57	1	1
ANL A, #data	立即数"与"累加器	54 data	2	1
ANL direct, A	累加器"与"直接字节	52 direct	2	1
ANL direct, #data	立即数"与"直接字节	53 direct data	3	2
ORL A, Rn	寄存器"或"累加器	48~4F	1	1
ORL A, direct	直接字节"或"累加器	45 direct	2	1
ORL A, @Ri	间接RAM"或"累加器	46~47	1	1
ORL A, #data	立即数"或"累加器	44 data	2	1
ORL direct, A	累加器"或"直接字节	42 direct	2	1
ORL direct, #data	立即数"或"直接字节	43 direct data	3	2
XRL A, Rn	寄存器"异或"累加器	68~6F	1	1
XRL A, direct	直接字节"异或"累加器	65 direct	2	1
XRL A, @Ri	间接RAM"异或"累加器	66~67	1	1
XRL A, #data	立即数"异或"累加器	64 data	2	1
XRL direct, A	累加器"异或"直接字节	62 direct	2	1
XRL direct, #data	立即数"异或"直接字节	63 direct data	3	2
CLR A	累加器清0	E4	1	1
CPL A	累加器取反	F4	1	1
移位操作				
RL A	循环左移	23	1	1
RLC A	带进位循环左移	33	1	1
RR A	循环右移	03	1	1

续表

指令	功能说明	机器码（H）	字节数	周期数
RRC A	带进位循环右移	13	1	1
SWAP A	半字节交换	C4	1	1
位操作指令				
MOV C，bit	直接位送进位位	A2 bit	2	1
MOV bit，C	进位位送直接位	92 bit	2	2
CLR C	进位位清0	C3	1	1
CLR bit	直接位清0	C2 bit	2	1
SETB C	进位位置1	D3	1	1
SETB bit	直接位置1	D2 bit	2	1
CPL C	进位位取反	B3	1	1
CPL bit	直接位取反	B2 bit	2	1
ANL C，bit	直接位"与"进位位	82 bit	2	2
ANL C，/bit	直接位取反"与"进位位	B0 bit	2	2
ORL C，bit	直接位"或"进位位	72 bit	2	2
ORL C，/bit	直接位取反"或"进位位	A0 bit	2	2
控制转移指令				
ACALL addr11	绝对子程序调用	addr10~8 10001 addr7~0	2	2
LCALL addr16	长子程序调用	12 addr15~8 addr7~0	3	2
RET	子程序返回	22	1	2
RETI	中断返回	32	1	2
AJMP addr11	绝对转移	addr10~8 00001 addr7~0	2	2
LJMP addr16	长转移	02 addr15~8 addr7~0	3	2
SJMP rel	短转移	80 rel	2	2
JMP @A+DPTR	间接转移	73	1	2
JZ rel	累加器为0转移	60 rel	2	2
JNZ rel	累加器不为0转移	70 rel	2	2
CJNE A，direct，rel	直接字节与累加器比较，不相等则转移	B5 direct rel	3	2
CJNE A，#data，rel	立即数与累加器比较，不相等则转移	B4 data rel	3	2
CJNE Rn，#data，rel	立即数与寄存器比较，不相等则转移	B8~BF data rel	3	2

续表

指令	功能说明	机器码（H）	字节数	周期数
CJNE @Rn, #data, rel	立即数与间接RAM比较，不相等则转移	B6~B7 data rel	3	2
DJNZ Rn, rel	寄存器减1不为0转移	D8~DF rel	2	2
DJNZ direct, rel	直接字节减1不为0转移	D5 direct rel	3	2
NOP	空操作	00	1	1
JC rel	进位位为1转移	40 rel	2	2
JNC rel	进位位为0转移	50 rel	2	2
JB bit, rel	直接位为1转移	20 bit rel	3	2
JNB bit, rel	直接位为0转移	30 bit rel	3	2
JBC bit, rel	直接位为1转移并清0该位	10 bit rel	3	2

附录 C

常用芯片引脚

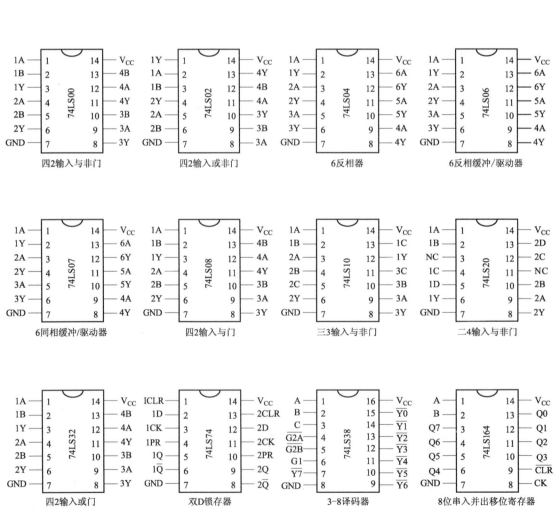

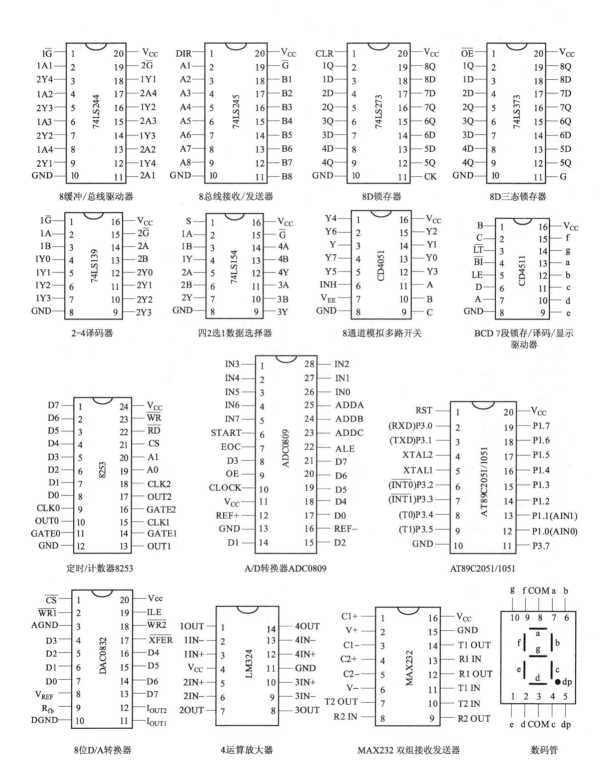

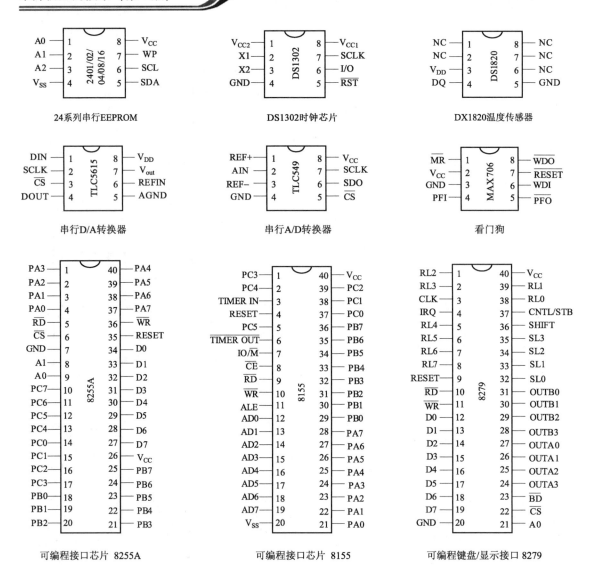

参 考 文 献

[1] 张晔，王玉民. 单片机应用技术［M］. 北京：高等教育出版社，2006.
[2] 李群芳，张士军，黄建. 单片微型计算机与接口技术［M］. 2版. 北京：电子工业出版社，2005.
[3] 徐煜明，韩雁. 单片机原理及应用教程［M］. 北京：电子工业出版社，2003.
[4] 朱运利. 单片机技术应用［M］. 北京：机械工业出版社，2005.
[5] 吴金戌，沈庆阳，郭庭吉. 8051单片机实践与应用［M］. 北京：清华大学出版社，2002.
[6] 李叶紫，王喜斌，胡辉，等. MCS-51单片应用教程［M］. 北京：清华大学出版社，2004.
[7] 薛钧义. 微型计算机原理及应用Intel 80x86系列［M］. 北京：机械工业出版社，2002.
[8] 唐俊杰，高秦生，俞光昀. 微型计算机原理及应用［M］. 北京：高等教育出版社，1993.
[9] 黄仁欣. 单片机原理及应用技术［M］. 北京：清华大学出版社，2005.
[10] 陈立周. 单片机原理及其应用［M］. 北京：机械工业出版社，2001.
[11] 胡锦，蔡谷明，梁先宇. 单片机技术实用教程［M］. 北京：高等教育出版社，2003.
[12] 朱清慧. PROTEUS教程——电子线路设计、制板与仿真［M］. 北京：清华大学出版社，2008.
[13] 楼然苗，李光飞. 单片机课程设计指导［M］. 北京：北京航空航天大学出版社，2007.
[14] 周润景，袁伟亭，景晓松. Proteus在MCS-51&ARM系统中的应用百例［M］. 北京：电子工业出版社，2006.
[15] 朗腾电子网站. 单片机资料［EB/OL］. http://www.natiem.com，2012.
[16] 海纳电子资讯网. DS1302中文资料［EB/OL］. http://www.fpga-arm.com，2012.